引信工程基础

主编　马少杰　查冰婷

Publishing House of Electronics Industry

北京·BEIJING

内 容 简 介

本书主要介绍了引信相关的火炮发射系统、弹药、火炸药与火工品技术、内外弹道学等方面的基础知识。"引信工程基础"是引信方向的一门专业基础课,是培养引信专业技术人才的核心课程,也是从事引信产品设计与技术开发工作必备的基础知识。本书不仅具有较强的理论性,还具有较强的实用性。本书通过对火力系统、弹药、火炸药和火工品的原理、种类、特性的分析,旨在使读者掌握引信设计的基本要求和要点;通过对内弹道和外弹道理论的学习和设计实践,使读者掌握引信内外弹道过程中环境力计算的基本方法。

全书共分 7 章,分别讲述了引信在常规兵器中的作用和地位、典型火炮的构造特点和发展趋势、各种常规弹药的发射环境和构造特点、常用火炸药的特性、火工品的构造及特点、内弹道过程及计算模型和弹丸外弹道计算模型等内容。

本书可作为高等学校引信及弹药、火工品等武器类专业的教科书,也可供从事引信和弹药系统设计、试验、研究和生产的技术人员参考。

图书在版编目(CIP)数据

引信工程基础 / 马少杰,查冰婷主编. —北京:电子工业出版社,2021.11
ISBN 978-7-121-35844-9

Ⅰ. ①引… Ⅱ. ①马… ②查… Ⅲ. ①引信-设计 Ⅳ. ①TJ43

中国版本图书馆 CIP 数据核字(2018)第 302235 号

责任编辑:赵玉山   特约编辑:王 艳
印   刷:中煤(北京)印务有限公司
装   订:中煤(北京)印务有限公司
出版发行:电子工业出版社
         北京市海淀区万寿路 173 信箱   邮编   100036
开   本:787×1 092   1/16   印张:13.5   字数:346 千字
版   次:2021 年 11 月第 1 版
印   次:2021 年 11 月第 1 次印刷
定   价:48.00 元

凡所购买电子工业出版社图书有缺损问题,请向购买书店调换。若书店售缺,请与本社发行部联系,联系及邮购电话:(010)88254888,88258888。

质量投诉请发邮件至 zlts@phei.com.cn,盗版侵权举报请发邮件至 dbqq@phei.com.cn。

本书咨询联系方式:(010)88254556,zhaoys@phei.com.cn。

前　言

目前，以弹药、发射平台信息化技术为核心的高新技术飞速发展，深刻地影响了引信技术，使其朝微型化、灵巧化和智能化方向发展。对引信设计而言，不仅需要关心引信的结构与设计原理，更需要了解弹药平台和火力系统等的相关知识与发展方向，从而为更好地设计新一代引信打下坚实的基础。

本书多位编者长期从事引信方向的一线科研与教学工作，通过多年的经验积累和实践总结，完成了本书的编写工作。

本书系统地介绍了与引信技术相关（包括火炮发射系统、弹药、火炸药、火工品、内弹道、外弹道等）的基础知识。本书内容共7章，第1章主要介绍了世界兵器的发展现状，以及引信在兵器中的作用；第2章介绍了各种常用火炮发射系统的构造及弹道特点；第3章介绍了各种常用弹药和新型弹药的构造及毁伤特点；第4章介绍了火炸药的种类、性能；第5章介绍了火工品与爆炸序列的基本知识；第6章介绍了内弹道的基本知识和基本方程；第7章介绍了外弹道的基本知识和基本方程。

本书由马少杰教授和查冰婷副教授主编。第1、3章由马少杰教授、查冰婷副教授和李飞胤博士撰写；第2章由马少杰教授和丁立波副教授撰写；第4、5章由李豪杰教授和查冰婷副教授撰写；第6、7章由马少杰教授、查冰婷副教授和陈光宋副教授撰写。南京理工大学张合教授审阅了全书，提出了很多宝贵的意见和建议，在此表示衷心的感谢。

袁海璐、高彦亮、郑震、徐陈又诗、李红霞、魏健等研究生参与了本书的文字校对和部分底图的绘制工作，在此表示衷心的感谢。

本书的编写得到了各级领导的关心和支持，并得到了电子工业出版社和南京理工大学教材中心的大力帮助，在此一并表示感谢。

本书参考了大量相关资料，在此对这些资料的作者表示感谢。

由于作者水平有限，书中的不足之处敬请读者批评指正。

目　　录

第1章 绪 论

1.1 引信的概念

战争的最终目的是消灭敌人、保存自己，实现上述目的的直接手段就是将各类弹药（如榴弹、破甲弹、云爆弹等）投向敌方，并利用弹药起爆时产生的冲击波、破片、高温高压等各种毁伤元杀伤敌方人员、毁坏敌方设施、摧毁敌方工事。

引信则是控制上述各类弹药起爆的核心部件。有人形象地把引信比作弹药系统的"大脑"，是控制弹药对目标发挥终端毁伤威力的"指挥官"。为实现对目标的毁伤作用，绝大多数弹药必须在弹头或弹底配装相应的引信。

引信是指直接或间接地利用目标信息和环境信息，在预定条件下引爆或引燃弹药战斗部装药的控制系统或装置。它是弹药的重要组成部分，用于控制弹药战斗部在相对目标的最佳毁伤位置（或时机）起爆。引信一方面保证了弹药在运输、装卸等勤务处理时绝对不作用，保障己方安全；另一方面当弹药飞至敌方区域时，保证其在最佳位置或时机可靠起爆，实现高效毁伤。

引信作为一个信息控制系统已自成体系，其执行机构的动力输出由爆炸序列产生，而爆炸序列则由一系列爆炸元件（火工品）组成。爆炸序列的输出能量使战斗部中的炸药完全起爆，以实现对各类目标的毁伤。

弹丸由我方阵地飞向敌方阵地时可通过不同的发射工具来完成。由火炮发射的弹丸配有发射药及药筒，称为炮弹；由火箭发射装置发射的弹丸称为火箭弹；自带发动机且配有制导系统的弹药称为导弹。导弹、火箭弹根据其载体不同，可分为机载、舰载等诸多种类。一个完整的发射-飞行过程，根据弹丸是否处于发射身管内，可分为内弹道和外弹道。

炮弹的发射动力由发射药（火药）提供，而火箭弹及导弹的发射动力则是由发动机内推进剂的燃气产生的。由于动力作用的持续时间不同，炮弹与火箭弹、导弹的过载系数差别很大，这对引信设计提出了不同的要求，产生了不同程度的技术难点。

因此，作为引信设计、试验、生产人员，除了需要了解引信本身的知识，还必须了解各类火力系统和弹药平台的特点、各种火炸药和火工品的特性及弹丸内弹道和外弹道的基本知识。

1.2 引信的发展趋势

未来作战模式具有以下新特点：一体化联合作战；武器系统信息化与多功能化；目标高速、高机动、隐身、强防护；战场自然环境和电磁环境更加恶劣。

因此，为应对未来作战模式要求，国内外引信的发展趋势和主要特点如下：

1．信息化

2001 年秋，美国国防研究计划局的威士纳提出在 C^4ISR（C^4ISR 是指挥 Command、控制 Control、通信 Communication、计算机 Computer、情报 Intelligence、监视 Surveillance 和侦察 Reconnaissance 的缩写）基础上增加终端毁伤（Kill）的概念，形成 C^4KISR 系统。由此，引信作为 C^4KISR 的一个重要组成，必须大幅度提高自身信息技术含量，以实现其与武器体系其他子系统，特别是与信息平台、发射平台、运载平台和指控平台之间信息链路的连接。

2．提高抗干扰能力

利用各种物理场、探测原理和先进的信号处理手段，提高引信的抗干扰能力和战场生存能力，确保引信工作的可靠性。

3．提高炸点控制精度

进一步挖掘并充分利用各种目标信息和环境信息，提高引信对各类目标的准确识别能力，实现引信起爆模式和炸点的最优控制。

4．微小型化

利用 MEMS（Micro Electromechanical System，微机电系统）技术、MMIC（Mixed-Mode Integrated Circuit，混合集成电路）技术、专用单片机集成电路、高能电池等手段，实现引信微小型化。

5．多功能化

使单个引信具有多种功能，如同时具有触发、近炸、定时、延期等功能。

6．功能扩展

引信除了具备起爆控制的基本功能外，还可进一步扩展功能，如为续航发动机点火、为弹道修正机构动作提供控制信号、进行战场效果评估以及与各类平台进行信息交流。

7．高能量小体积电源

未来，需要小体积、高效能、快速供电的引信电源，以适应引信多功能化和高精度探测的需求。

1.3 常规兵器概况

兵器是以非核的常规手段杀伤敌方有生力量、破坏敌方作战设施、保护我方人员及设施的器械，是进行常规战争、应付突发事件、保卫国家安全的武器。通常把兵器作为武器的同义词，我国多数辞书都采用"兵器即武器"或"兵器又称武器"的定义。

"常规兵器"是相对于大规模杀伤武器而言的。坦克、战车、火炮、导弹、弹药、地雷、飞机、潜艇等均属常规兵器。常规兵器中以坦克、火炮最受关注，而各型弹药的发展和更新最为快速。下面分别介绍。

（1）坦克装甲车辆装备的质量和数量是一个国家陆军实力的重要标志，大国均以有国产主战坦克来显示本国的军事力量和军事工业实力，如美国的艾布拉姆斯坦克、俄罗斯的

T-80 和 T-90 坦克、德国的豹-2 坦克、法国的勒克莱尔坦克、英国的挑战者 2 坦克、日本的 90 式坦克、印度的阿琼坦克、以色列的梅卡瓦坦克、韩国的 K1A1 坦克等，因此，坦克装甲车辆行业是各国兵器工业领域中最重要、最庞大的行业。

（2）各类火炮口径多，品种也多，如美国部队装备有十多种口径、型号或系列的身管火炮。各国火炮中现役装备的典型产品有俄罗斯的飓风和旋风火箭炮，以及美、英、法、德、意等装备的 M270 式多管火箭系统。弹炮一体防空系统综合了高炮和导弹的优点，许多国家都利用成熟的小口径高炮，配装先进的防空导弹，组成性能良好的弹炮一体防空武器系统，典型代表产品有德国猎豹双管自行高炮系统、瑞士空中盾牌 35mm 高炮系统等。

（3）弹药种类多、发展快，近些年弹药发展的特点包括：将功能单一的弹药改为多功能弹药，使其能攻击多种目标；采用底部排气、火箭增程、复合增程等技术提高大口径炮弹的射程；大力发展子母弹技术；研制攻击坚固目标和深埋地下目标的弹药；将制导技术引入常规弹药提高炮弹、火箭弹的打击精度。所以，就其产品结构来看，弹药所表现出的特点是：弹种数量迅速增加；具有精确打击能力的弹种越来越多；远程、增程弹种不断涌现；功能各异的特种弹（炮射侦察弹、毁伤评估弹、巡飞弹）层出不穷。如大口径炮弹，无论从装备还是从研制看，均呈多弹种齐头并进的局面，且功能各异、互为补充；炮弹、火箭弹、航空炸弹和地雷都出现了子母弹弹种；为实现远程打击，火箭增程弹已成为火炮远程弹药的主要弹种，许多国家正在研制能够打得更远、更准的弹种。自 20 世纪 60 年代以来，随着电子技术的进步和制导技术的成熟，很多国家研制并装备了制导炸弹，如电视制导、激光制导、红外制导、雷达制导和 GPS 制导的航空炸弹，并在近期的一些战争中发挥了重要作用。其中，激光制导炸弹已发展了三代产品，现装备与生产的是第二代和第三代产品，主要有美国的宝石路Ⅱ和宝石路Ⅲ、法国的玛特拉系列、俄罗斯的 KAB-500L 和 KAB-1500L 等。航空火箭弹是对地攻击的重要武器，主要装备在强击机、歼击机和武装直升机上。目前，美、俄、英、法、意等 10 多个国家的空军装备有航空火箭弹。

为适应未来战争的需要，一些国家已对未来武器装备提出了高杀伤力、高机动性和高生存力的要求。未来武器系统将会进一步解决武器系统轻型化与高杀伤力之间、轻型化与高生存力之间的矛盾，使武器系统的性能显著提高。未来战争中信息和信息战能力不可或缺，信息和信息战装备的研究已得到普遍的重视。而光电技术不仅是发展高技术兵器的技术基础，也是改造现有武器装备，提高其信息能力、夜战能力、光电对抗能力的技术资源。因此，加大光电技术、电子技术的研究与开发将是加速兵器装备信息化的关键。未来常规兵器将会进一步实现远程化、打击精确化和毁伤高效化。目前，许多导弹、制导炮弹、制导炸弹已具有精确的打击能力，更多的新型制导炮弹或灵巧炮弹正在研制中，随着火炮性能的提高及制导或简易制导、增程、滑翔等技术在弹药中的应用，常规火炮的打击将越来越精确。先进战斗部的研发及新型引信、高能量密度材料等在弹上的应用，将不断提高弹药毁伤效率。当前的武器种类繁多，导致常规兵器工业基础庞大、经济效益低下、武器通用性差，加重了战时供应和保障的负担。一些国家和兵器企业已经在重视研制多用途武器系统和多功能弹药，以减少武器品种、提高武器的通用性。

与此同时，随着网络中心战概念的提出，武器装备发展的中心将有所转移。以往武器系统的发展多以平台为中心，围绕平台进行系统配置；而网络中心战则要以网络为中心，规划武器平台的任务与作战需求、设计武器系统和平台的配置，并制定武器系统的战技指标要求。网络中心战将使未来战争武器体系对抗的特点更为突出，同时也要求武器系统与平台的机械化、自动化、信息化水平更高，战场感知能力更强，同时实现武器平台之间的互通、互操作。目前，新型武器系统的开发十分重视开放式结构原则，以便于系统的改造和升级。

近些年来，世界范围内低强度战争、民族纠纷和地区冲突不断，尤其是反恐、反走私、缉毒等非战争军事行动的频繁发生，导致对城市作战、山地作战、特种作战所使用的兵器装备有越来越多的需求。这类兵器装备包括各种枪械、单兵作战系统、便携式攻坚（反坦克、反掩体、破门）武器、轻型（地面或空降）作战车辆、轻便探测装备、夜视装置、非致命武器、探雷和扫雷装备、防毒面具、防弹衣等。

1.4　兵器的分类

按发展时代分为古代兵器、近代兵器和现代兵器。

按配属军种分为陆军兵器、海军兵器、空军兵器、二炮兵器和公安警用兵器等。

按运动方式分为自行兵器、牵引兵器、舰载兵器、机载兵器、携行兵器、航天兵器等。

按用途分为防空兵器、反坦克兵器、压制兵器、杀伤兵器等。

按配属部队分为炮兵器、装甲兵兵器、步兵兵器、航空兵兵器等。

按质量大小分为轻兵器和重兵器。

按弹道是否受控分为制导兵器和非制导兵器（简易制导）。

按射击自动化程度分为自动兵器、半自动兵器和非自动兵器。

按操作人数分为单兵兵器和集体（班组）兵器。

第 2 章　火炮发射系统

2.1　火　炮　概　述

2.1.1　火炮及火炮系统

现代火炮是一种身管射击武器，它以火药在管形内膛燃烧形成的燃气压力作为动力发射弹丸。我国将口径（枪、炮或发射管内膛的直径）大于等于20mm的射击武器称为火炮，而将口径小于20mm者称为枪械。因此，归纳起来火炮具有三个基本要素，即身管、火药燃烧动力、口径不小于20mm。枪炮构成的筒式武器是常规战争的主要武器。

与其他兵器相比，火炮具有火力猛、威力大、射速快、射程远的特点，广泛配置于各军、兵种，是常规兵器的主要突击力量，在战斗中以火力歼灭或杀伤敌人的有生力量，压制或毁伤其武器装备，破坏其防御工事，以火力支援我方步兵与装甲兵的作战行动和进行其他特殊射击项目，完成作战任务。因其强大的火力输出能力，在历次战争中都发挥了举足轻重的作用，尤其是在第二次世界大战期间火炮更是大发神威，被誉为"战争之神"。

现代火炮系统（简称火炮）是火力系统、火控系统、通信与管理系统、防护系统和运行系统的总称。火力系统包括火炮发射系统和弹药系统，火炮发射系统的组成如图2-1所示。

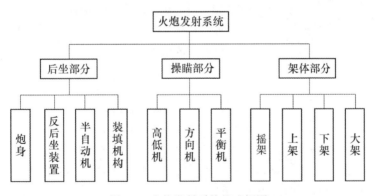

图 2-1　火炮发射系统组成框图

弹丸由火炮发射到作用区，而引信通常安装在弹丸的头部或底部，引信设计相关的主要环境力是由火炮发射过程赋予的，例如火炮发射过程中赋予弹丸的后坐过载、线膛火炮发射过程中赋予弹丸的离心过载等。

2.1.2　火炮的分类与命名

火炮能歼灭或压制各类目标，对付各种不同的目标需要不同型号的火炮。为了便于研究，常按表2-1对火炮进行分类。

表 2-1 火炮分类

分类方式	火炮种类	相关说明
按兵种	陆军火炮	包括地面火炮、自行火炮、车载火炮、坦克火炮
	海军火炮	包括舰上火炮、海岸火炮
	空军火炮	包括航空机关炮
按用途	地面压制火炮	包括加农炮、榴弹炮、加榴炮、火箭（包括单兵火箭炮）
	海岸炮及要塞炮	布置在海岸和城市要塞等地方的火炮。 特点：口径大、射程远、精度高、威力大
	野战炮	区别于海岸炮及要塞炮，统称为野战炮
	舰炮	安装在军舰上的火炮
	航空机关炮	安装在飞机上的火炮
按口径	大口径火炮	各国关于口径大小的标准有差异，具体可参见表 2-2。另外，由于一般的海岸炮口径都比较大，所以大多数国家将 180mm 以上口径的海岸炮称为大口径火炮，小于 100mm 口径的称为小口径火炮，介于两者之间的称为中口径火炮
	中口径火炮	
	小口径火炮	
按弹道性能	平射炮	弹道平直低伸、射程远、威力大的火炮，如加农炮、反坦克火炮。 特点：火炮身管长、射角小、初速高
	曲射炮	弹道比较弯曲、射程较远的火炮，称为榴弹炮，兼有加农炮和榴弹炮两种特点的火炮称为加榴。弹道十分弯曲、射程较近的火炮称为迫击炮。 特点：火炮身管较短、射角大、初速低
按炮膛结构	滑膛炮	身管内部光滑、无膛线的火炮，如 86 式高膛压 100mm 滑膛反坦克炮、98 式 120mm 坦克炮
	线膛炮	身管内部有膛线的火炮，也是现役装备最多的炮种，包括加农炮、榴弹炮、加榴等，如 59-1 式 130mm 加农炮、152mm 加榴炮等
	锥膛炮	身管内直径不一致，呈锥形的火炮
	半滑膛炮	由线膛火炮和滑膛火炮结合而成的火炮类型
按操作方式	自动炮	一般指自动发现目标、自动装填弹药、自动射击并自动修正射击参数的火炮，如某些高射炮、舰炮、航空机关炮、自行火炮等
	半自动炮	一般指由人员完成射击参数的装定、火炮自动装填射击或自动退壳的火炮。目前的火炮一般都可以归到半自动火炮的范畴
	非自动炮	全部发射过程均由人员操作完成的火炮
按运动方式	固定炮、牵引炮（带/不带辅助推进装置）、自行炮（轮式、履带式）、铁道炮	
按装填方式	前装式（如迫击炮）、后装式	

表 2-2 火炮按口径分类

口 径 划 分		我国/mm	英美/mm（inch）	俄罗斯/mm
地面炮	大口径	>155	>203（8）	>152
	中口径	76～155	100～203（4～8）	76～152
	小口径	20～75	<100（<4）	20～75
高射炮	大口径	>100		>100
	中口径	60～100	13～47	60～100
	小口径	20～60		20～60

图 2-2 所示为不同火炮的弹道特性示意图。

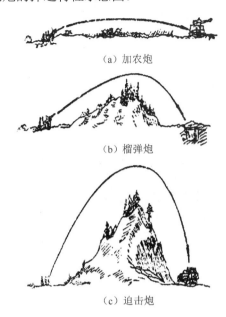

（a）加农炮

（b）榴弹炮

（c）迫击炮

图 2-2　火炮弹道性能示意图

火炮的命名方式也多种多样，具体包括：

（1）以用途和口径命名，如 30mm 山炮。

（2）以制造者或地点命名，如克虏伯火炮、巴黎大炮。

（3）以定型或装备的年代命名，如 1956 式 85mm 加农炮，我国大多以此种方式命名火炮。

（4）以设计改进的型号命名，如美国的 M114A1 式 155mm 牵引榴弹炮。

2.1.3　火炮的战术技术指标

火炮的战术技术指标是进行火炮设计、生产和定型试验的根本依据，一般包括战斗要求、勤务要求、经济要求三个方面。

1．战斗要求指标

1）火炮威力

火炮威力包括以下几个指标。

（1）弹丸威力：衡量终点毁伤效果的指标，涉及以下几个方面。

① 杀伤半径：杀伤弹丸破片的有效杀伤半径。

② 穿甲侵彻性能：穿甲弹、破甲弹、钻地弹等侵彻弹药的有效侵彻深度。

③ 照明弹：照明强度、发光时间。

④ 特种弹药：必要的设计指标。

（2）射程：衡量火炮射击距离的指标，如图 2-3 所示。

① 最大射程：火炮在最佳射击条件下的最大射击距离。

② 最佳射击条件：包括最大射击初速、最佳射角和最佳气象条件。

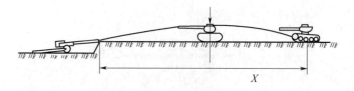

图 2-3 火炮射程

③ 直射距离：射弹的最大弹道高等于目标高时的射击距离（如反坦克武器一般取目标高 2～2.3m）。

④ 有效射程：在指定的目标和射击条件下，射弹能够达到规定的毁伤概率的射程最大值。

⑤ 射高：分为最大射高和有效射高。最大射高一般指高射炮在最大射角射击时，弹丸能够达到的最大射击高度（H_{max}）；有效射高指保证必要的毁伤概率下，实施有效射击的最大高度（H）。影响有效射高的因素有防空任务需求、火炮口径、弹丸初速、发射速度、瞄准器具、指挥方式及目标的航速和目标要害面积的大小等。一般情况下，小口径高炮：$H=0.35～0.6H_{max}$；大口径高炮：$H=0.6～0.85H_{max}$。

（3）火力密集度（又称射击密集度）：在一定的射击条件下，衡量弹着点对平均弹着点（散布中心）的集中程度的指标，如图 2-4 所示。地面火炮火力密集度（地面密集度）包括纵向射击密集度和横向射击密集度，纵向射击密集度为距离中间偏差 E_x 与最大射程 X_{max} 的比值，横向射击密集度用方向中间偏差 E_z 与最大射程 X_{max} 的比值表示。火力密集度越小表示火力密集程度越高。反坦克火炮和高射炮火力密集度（立靶密集度）以方向中间偏差 E_z 和高低中间偏差 E_y 表示。一般 $E_z=0.2～0.6$，$E_y=0.2～0.5$。

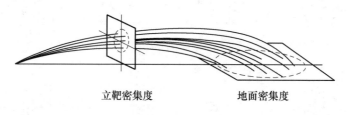

立靶密集度 　　　　　地面密集度

图 2-4 火力密集度

（4）射击精度：射击准确度和射击密集度的总称。它取决于火炮系统的性能、射手的操作水平及外界的射击条件等因素。

（5）射速：火炮在不改变瞄准装定量的条件下，每分钟发射弹丸的数量。表 2-3 所列为火炮射速表。

表 2-3 火炮射速表

连续射击时间/min	1	3	5	10	15	60
该时间允许发射的弹数	8	18	25	35	45	100

2）火炮机动性

火炮机动性包括如下指标。

（1）运动性：火炮在各种运输条件和道路上运动的能力。

（2）火力灵活性：在同一阵地上改变射角、瞄准方位和射弹装药号的能力。

（3）行军战斗转换速度：火炮由行军状态转变到战斗状态所需的时间，通常高射炮需8～10min、加农炮需2.5～5min。

3）寿命

火炮寿命指指在规定的射击条件下，单个身管在丧失弹道性能前所射击的发数。

4）快速反应能力

火炮快速反应能力指从火炮发现目标到对目标实施射击的时间长短，如高射炮一般要求反应时间小于10s。

5）生存能力

火炮生存能力指火炮受损后的恢复能力和快速转移阵地的能力。

6）系统可靠性

火炮系统可靠性指整个火炮系统无故障工作的可能性。

2. 勤务要求指标

勤务要求指标包括以下两个方面：

（1）维修性能，包括可达性、简便性、安全性。

（2）操作使用性能，包括安全性、简便性、不易疲劳。

3. 经济要求指标

经济要求指标指造价和维修费用低。

2.1.4 火炮的发射原理及工作特点

图2-5所示为火炮发射时的炮手位置。该炮班由9人组成：A为炮长，负责组织、指挥全班训练和战斗；B为副炮长，即炮长代理人，负责瞄准和发射；1炮手负责开、关炮闩，装定高低射角及报告后坐长度；2炮手为发射手，协助装填手将弹丸送入炮膛；3炮手为装填手，负责装填弹丸和药筒；4炮手为装药手，负责变换装药和传递药筒；5炮手为引信手，负责装定引信和传递弹丸；6、7炮手是弹药手，负责准备供应炮弹，并对炮弹进行外观检查和擦拭。

图2-6所示为火炮的装填诸元，包括底火、点火药、发射药（火药）、药筒、弹丸及其他元件（如护膛剂、除铜剂、消焰剂、紧塞盖）。图2-7所示为炮弹装填入膛示意图。

火炮的发射原理是：依靠炮膛内发射药的燃烧，产生高压气体，推动弹丸运动，从而使弹丸具有所需的速度和飞行方向。

1. 火炮的射击过程

以下从火炮射击时的能量变化和具体的过程两个方面来描述火炮的射击过程。

（1）能量变化：火药的化学能→燃气分子的内能→弹丸和炮身运动的机械能。

（2）具体的射击过程如下。

① 击发点火过程：击针击发→点燃底火→引燃发射药→发射药燃烧→膛内压力逐渐升高。

② 弹丸挤进炮膛过程：弹丸开始运动挤进炮膛→燃气压力继续膨胀做功→弹丸全部挤进炮膛。

③ 弹丸膛内运动过程：弹丸开始旋转并加速运动→炮身及其固定部分向后运动→弹丸持续加速运动到炮口。

④ 炮口后效过程：在出炮口一定距离内火药仍对弹丸加速→弹丸完全脱离火药气体作用。

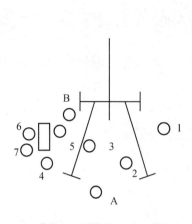
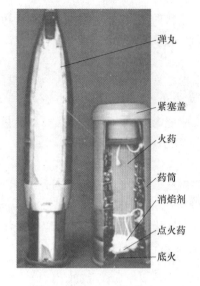

A—炮长；B—副炮长；1~7—炮手

图 2-5　炮手位置示意图　　　　图 2-6　火炮装填图

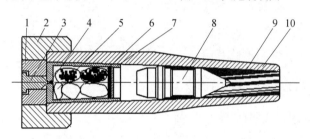

1—炮闩；2—炮尾；3—击针；4—底火；5—点火药；

6—发射药；7—药筒；8—弹丸；9—膛线；10—炮管

图 2-7　炮弹装填入膛示意图

⑤ 弹丸空气中飞行过程：弹丸克服空气阻力飞行→击中目标。

⑥ 弹丸毁伤目标过程：引信作用→引爆弹丸装药→毁伤目标。

⑦ 炮身复原过程：火炮在复进机的作用下，炮身恢复原位→打开炮闩，抽出药筒→一次发射完毕。

2．火炮的工作特点

从发射过程来看，火炮有几个突出的工作特点：

（1）温度高。火药在炮管内燃烧时的爆发温度一般可达 3000~4000K（K 为开尔文，$T=t+273.15$，T 为开尔文温度，t 为摄氏度温度）。虽然在发射过程中火药燃气温度会因膨胀做功而逐渐下降，但当弹丸运动到炮口时燃气的温度仍在 1500K 左右。

（2）压力大。炮管内火药燃气压力的最大值随火炮类型而异，一般为 50~550MPa。

（3）作用时间短。弹丸在炮管内从开始运动到飞出炮口端面所需的时间也随炮种而异，一般为 0.002~0.02s。

（4）工作环境恶劣。火炮工作在硝烟弥漫的战场，要求在严冬酷暑、雨雪风沙、能见度低等各种恶劣环境和复杂地形条件下都能正常射击。

（5）热效率低。火炮发射过程中火药的利用率很低，一般直接用于推动弹丸做直线运动的主要功占总能量的 30%左右，70%左右的火药能量做了次要功和其他消耗。

2.2 火 炮 构 造

本节以加农炮为例介绍火炮的整体结构，如图 2-8 所示。

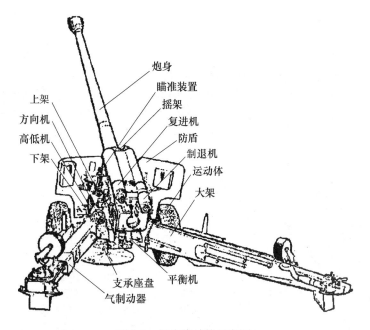

图 2-8 加农炮结构示意图

火炮主体由炮身和炮架构成，其中炮身由身管、炮尾、炮闩及炮口制退器组成；炮架由反后坐装置（制退机、复进机）、摇架、上架、瞄准机（高低机、方向机）、平衡机、瞄准装置、防盾、下架、大架及运动体（车轮、缓冲器）组成。炮身和炮架的反后坐装置构成火炮的后坐部分；后坐部分和摇架构成火炮的起落部分；起落部分和上架、瞄准机、平衡机、瞄准装置、防盾构成火炮的回转部分。

上述部件可概括为以下四大部分。

（1）发射部分。发射部分主要指炮身和反后坐装置。身管是供火药燃烧和做功的"容器"；炮闩紧抵身管后端面用于发射时封闭炮膛，并击发炮弹，发射后抽出药筒，为装填下一发炮弹提供通道；炮尾主要用于安装炮闩，发射时与炮闩一起闭锁炮膛，并连接身管和反后坐装置，共同后坐。炮口制退器与反后坐装置一起减小火炮射击时的后坐能量。

（2）操瞄部分。操瞄部分由三机（方向机、高低机、平衡机）和瞄准装置组成。方向机是在水平方向上赋予炮身轴线方位角的机构；高低机是在垂直平面上赋予炮身轴线俯仰角的机构；平衡机用于平衡起落部分的质量，使火炮在高低瞄准时轻便、平稳。高平机是高低平衡机的简称，即把高低机和平衡机组合成一个部件，起高低机和平衡机的复合作用。高平机跟独立的高低机和平衡机相比，其结构紧凑，质量轻便且易操作。

（3）炮架部分。炮架部分由四架（上架、下架、大架、摇架）组成。摇架用于支撑炮身，射击时为炮身提供后坐运动和复进运动的轨道，是火炮俯仰部分在垂直面内的转动中心；上架支撑着摇架，是火炮回转部分在水平面内的转动中心；下架是全炮的基座；大架通常为开脚式，射击时与车轮一起构成全炮对地面的支撑点。

（4）运行部分。运行部分又称运动体，是火炮运行承载机构的总称，以保证火炮在转移过程中有良好的运动性能。运行部分主要由车轮、缓冲器和车轮制动器组成。缓冲器用于减小火炮行军时的冲击载荷，车轮制动器即刹车装置。

下面分别介绍火炮各主要部件（炮身、反后坐装置、自动机、架体、操瞄部分）的作用、结构组成及工作原理等。

2.2.1 炮身

炮身的主要作用是完成炮弹的装填和发射，并赋予弹丸初速和方向。根据不同炮种的特点，炮身上还设有其他装置，如炮口装置、抽气装置、热护套及冷却装置等。

图 2-9 为某加农炮炮身的外廓图。弹药被装入炮膛，被炮闩闭锁，通过击针击发，引燃发射药，在火药气体作用下，弹丸获得一定的速度从炮口被抛出。

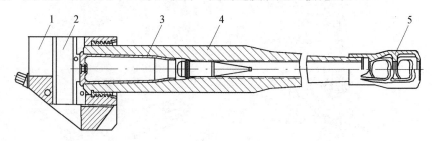

1—炮尾；2—炮闩；3—弹药；4—身管；5—炮口制退器

图 2-9　某加农炮炮身外廓图

1. 身管及其内膛结构

身管，又称炮管，为管状件，在发射时赋予弹丸一定的初速及射向。内部有膛线的身管还使弹丸在出炮口时获得一定的旋转速度。

身管的外形一方面取决于膛压曲线及炮身强度，另一方面还与其他零件的连接方式有关。当弹丸在膛内运动时，膛内火药气体的压力随行程变化，身管设计强度应符合膛压变化规律，故身管的外径向炮口方向逐渐减小。同时，身管外形还取决于它同摇架、反后坐装置等的连接方式。

身管中弹丸飞出的一端称为炮口部，相反的一端称为炮尾部。身管的内部空间及其内壁结构称为炮膛，也称为内膛。炮膛由药室、坡膛和导向部组成，如图 2-10 所示，常用的炮膛类型有滑膛、线膛和双锥度炮膛。

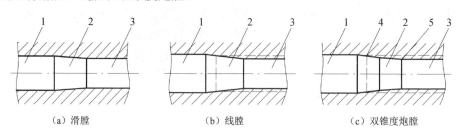

（a）滑膛　　　　　　　　（b）线膛　　　　　　　　（c）双锥度炮膛

1—药室；2—坡膛；3—导向部；4—膛线起点；5—膛线全深起点

图 2-10　炮膛

1）药室

药室位于身管尾部，用于容纳发射药筒或药包。药室的容积由内弹道设计确定，其结构形式取决于炮弹结构及装填方式等，常见的有药筒定装式、药筒分装式、药包分装式和可燃（半可燃）药筒式等。

（1）药筒定装式药室。如图 2-11 和图 2-12 所示，药筒定装式药室由本体、连接锥和圆柱部三段组成，其形状基本与药筒外形一致，但药筒与药室壁之间留有适当的径向间隙，便于装填和射击后抽筒。此间隙不能太大，否则会使药筒在射击时塑性变形过大或破裂。在中小口径火炮中，弹丸、发射药和药筒的总质量较小，通常采用定装式炮弹使装填动作简便迅速，实现速射。

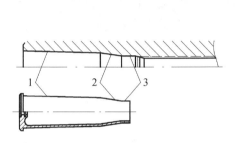

1—本体；2—连接锥；3—圆柱部

图 2-11 药筒定装式药室结构

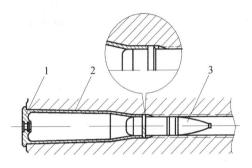

1—药筒；2—药室；3—弹丸

图 2-12 药筒定装式药室的装填位置

（2）药筒分装式药室（如图 2-13 所示）。药筒分装式药室适用于发射前弹丸与药筒分别装入炮膛的弹药。大口径火炮弹药总质量大，一般采用药筒分装式药室。

（3）药包分装式药室（如图 2-14 所示）。大口径海军炮中，一般都有弹药库和弹药运输装置，发射药只需装成若干药包，发射前分别将弹丸、药包、传火管及底火等装入药室。这种结构的药室一般由紧塞圆锥、圆柱本体和前圆锥组成。为了防止射击时火药气体从身管后面泄漏出来，采用一种专门的紧塞具，其与紧塞圆锥相配合闭塞火药气体。紧塞圆锥的锥角一般为 28°～30°。

（4）半可燃药筒式药室（如图 2-15 所示）。半可燃药筒以硝化棉为基本原料制成药室，其由本体、连接锥和圆柱部组成，发射时此部分全部燃烧，药筒本体下部带有金属短底座，用来密闭火药燃气，该部分不可燃。因此，该类药筒被称为半可燃药筒。在坦克炮和自行反坦克炮中，有时会采用半可燃药筒以增加弹药的携带量。

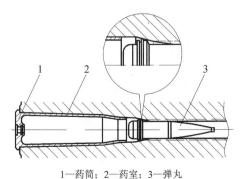

1—药筒；2—药室；3—弹丸

图 2-13 药筒分装式药室的装填位置

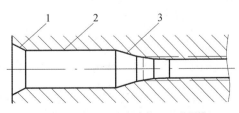

1—紧塞圆锥；2—圆柱本体；3—前圆锥

图 2-14 药包分装式药室结构

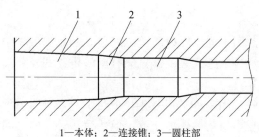

1—本体；2—连接锥；3—圆柱部

图 2-15　半可燃药筒式药室结构

2）坡膛

坡膛用于连接药室和导向部（如图 2-16 和图 2-17 所示），其作用是在装填和发射时导引弹丸，便于弹丸进膛和弹带逐步嵌入膛线，并对某些弹丸起轴向定位的作用。线膛身管的膛线起点均位于坡膛。坡膛锥度一般为 1∶5～1∶20，大锥度坡膛有利于弹道稳定，但是会加剧坡膛磨损，且燃气在此处形成的压力波会影响弹丸的压力传递；小锥度坡膛磨损较小但不利于弹道稳定。因此，大口径火炮常用双锥度的坡膛，其兼具大锥度和小锥度坡膛的优点，在保证弹道稳定的情况下减小坡膛磨损。

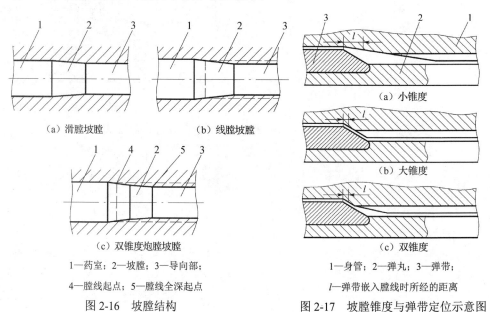

（a）滑膛坡膛　　　　　（b）线膛坡膛

（a）小锥度

（c）双锥度炮膛坡膛

1—药室；2—坡膛；3—导向部；

4—膛线起点；5—膛线全深起点

图 2-16　坡膛结构

（b）大锥度

（c）双锥度

1—身管；2—弹丸；3—弹带；

l—弹带嵌入膛线时所经的距离

图 2-17　坡膛锥度与弹带定位示意图

3）导向部

导向部的内膛结构一般为圆柱形孔。常见的导向部分为两种：有膛线的称为线膛，没有膛线的称为滑膛，还有兼具线膛与滑膛两种结构的导向部。导向部纵向直径尺寸相同的为直膛，不同的为锥膛。

2．膛线

膛线又称来复线，是指线膛炮的炮膛导向部表面所具有的若干条沿圆周均匀分布的平行螺旋槽，其作用是赋予弹丸一定的转速，使弹丸出炮口后维持稳定飞行。如图 2-18 所示，螺旋槽凸起部分是阳线，其宽度为 a；凹槽部分为阴线，其宽度为 b；阳线和阴线顶面的圆弧与炮膛横剖面有相同的圆心 O，阴线两侧平行于通过阴线中点的半径。为增加弹丸上铜质弹带的强度，一般阴线宽度比阳线宽度大，$b=(1.5\sim2.9)a$。阴线和阳线在半径方向上的差值称为膛线深（Depth of Rifling Grooves），以 t 表示。为减小膛线根部的应力集中，便于射击后擦拭炮膛，在阴线和阳线的交接处用圆角连接，圆角半径 $R=0.5t$。阳线有一侧面与弹带上相应处紧贴，以赋予弹丸一定的旋转力，此侧面称为膛线的导转侧，其高度约等于膛线深。凸起部分是阳线，凹槽部分为阴线。相隔 180° 的两根阳线的内径即为火炮的口径 d。一般情况下，膛线数目是 4 的倍数。射击时弹带嵌入膛线，阳线的导转侧迫使弹丸旋转。

如将炮膛纵向展开成平面图（如图 2-19 所示），则将膛线上某点的切线相对于炮膛轴线的夹角 α 称为该点的缠角。膛线旋转一周在轴向移动的距离 L 称为膛线进程长，可用口径 d 的倍数 η 表示，且 $L=\eta d$。η 称为缠度，它是一个无因次量，其大小主要取决于弹丸在外弹道上飞行稳定性的要求。

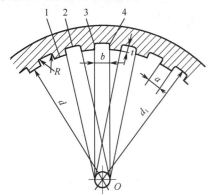

1—阳线；2—阴线；3—导转侧；4—堕侧

图 2-18　膛线横剖面图

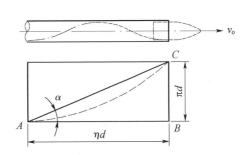

图 2-19　膛线展开示意图

从起点至炮口的旋绕方向为顺时针的膛线称为右旋膛线，为逆时针的称为左旋膛线。现代火炮均为右旋膛线，迫使弹丸右旋转动。根据缠角沿炮膛轴线变化规律的不同，膛线可分为等齐膛线、渐速膛线、混合膛线等，其展开图如图 2-20 所示。

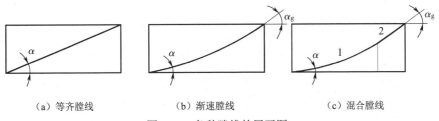

（a）等齐膛线　　　　　　（b）渐速膛线　　　　　　（c）混合膛线

图 2-20　各种膛线的展开图

等齐膛线的缠角 α 为常量，展开后为直线，其膛线方程为

$$\tan\alpha=\pi/\eta \tag{2-1}$$

渐速膛线的缠角 α 为变量，且随着弹丸行程 l 的增加而增加，展开后为曲线，通常为抛物线。展开为抛物线的渐速膛线的方程为

$$\tan\alpha=\tan\alpha_1+K_\alpha l \tag{2-2}$$

式中：$K_\alpha=(\tan\alpha_2-\tan\alpha_1)/L$；$\alpha_2$ 为炮口缠角；α_1 为初始缠角；L 为膛线长。

混合膛线是由等齐膛线和渐速膛线组合而成的膛线，如图 2-20（c）所示，1 部分为渐速膛线，2 部分为等齐膛线。

渐速膛线在加工上要比等齐膛线困难，但其受力状况好，起始部缠角小，磨损相对较小；炮口部缠度大，可使弹丸得到足够的转速，且较适于近年出现的塑料弹带。

3. 身管上的其他装置

根据炮种的不同，身管上还需要设置一些特殊装置，如炮口装置、抽气装置、热护套和身管冷却装置等。

1）炮口装置

炮口装置又称膛口装置，是安装在炮口部并利用后效期火药燃气能量对火炮产生一定作用的各种能量转换装置或测试装置的总称。根据不同的用途，炮口装置一般包括炮口制退器、炮口消焰器、炮口助退器、冲击波偏转器和初速测量器等。

（1）炮口制退器。炮口制退器的作用是减弱后效期火药燃气对火炮后坐部分的冲量，以减小后坐长度和作用在炮架上的力，这样可以减轻炮架质量，提高火炮机动性。炮口制退器按其作用原理可分为两类：

① 冲击式炮口制退器（如图 2-21（a）所示）。当弹丸离开炮口后，身管内的高压火药气体进入内径较大的制退室（$\frac{D_k}{d}$>1.3）后突然膨胀，其中小部分气流经中央弹孔喷出，大部分气流将冲击前反射面而赋予炮身向前的冲量，形成制退力，然后经侧孔流出。

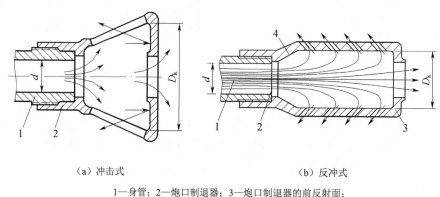

（a）冲击式   （b）反冲式

1—身管；2—炮口制退器；3—炮口制退器的前反射面；

4—喷口；d—口径；D_k—炮口制退器内腔最大直径

图 2-21   不同类型炮口制退器的结构图

② 反冲式炮口制退器（如图 2-21（b）所示）。当弹底离开炮口后，身管内高压火药气体流入内径较小的制退室（$1 \leqslant \frac{D_k}{d} < 1.3$），膨胀较小，压力仍很高，除少量气体从中央孔流出外，大部分气体经侧孔向后喷出，突然膨胀形成反推力。

（2）炮口消焰器简称消焰器，又称防火帽或灭火罩，用以消除或减弱射击时的炮口火焰，防止暴露射击位置，避免影响炮手的瞄准与观察，多用于小口径高射炮，如海军 25mm 高射炮、37mm 高炮等。消焰器一般有锥形、叉形和圆柱形，火炮上大多采用锥形，如图 2-22 所示。

（3）炮口助退器简称助退器，其利用后效期火药燃气来增加身管后坐能量而使自动机高速工作，多用于小口径自动火炮。图 2-23 为双管 30mm 舰炮的炮口助退器的原理图，该助退器与身管外冷却筒相连，位于炮口前方位置。

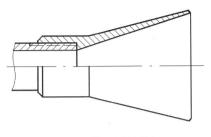

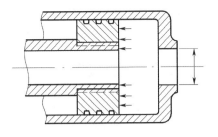

图 2-22　炮口消焰器　　　　　　　　　图 2-23　炮口助退器

航炮上将炮口助退器称为炮口补偿器，或称为稳定器，其通过控制炮口火药燃气的流向，偏转炮口冲击波方向，减少冲击波对射手或载机的影响。炮口补偿器的结构形式较多，图 2-24 所示为航炮上的一种炮口补偿器结构。

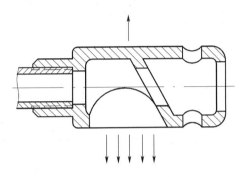

图 2-24　炮口补偿器结构

（4）初速测量器。初速测量器是固定在身管膛口处的一种电子测速装置，用于测定每发弹的炮口初速值。其结构为在炮口前端安装一个支架，支承着两个相隔一定距离并与炮膛轴线同心的耦合线圈，线圈通有电流并与电子表和中频计数器连接。当弹丸通过两线圈时，带电线圈依次产生不同的脉冲，经放大和计算，即可得到弹丸实际的初速值。

2）抽气装置

炮膛的抽气装置又称吹气装置，用于将射击后炮膛内残留的火药燃气及残渣从炮口排出。常用的抽气装置有以下三种。

（1）引射式抽气装置。如图 2-25（a）所示，在身管上距炮口端面一定距离处，固定有储气筒，储气筒腔通过身管上若干小喷孔与炮膛相通，喷孔与炮膛轴线成一定的倾角，并均匀分布在身管的同一断面上。发射时，弹丸经过喷孔断面时，部分火药燃气进入储气筒内。弹丸出炮口后，膛内压力很快下降，储气筒内的火药燃气经过喷孔高速冲入炮膛，在此高速气流后部形成一个压力很低的稀薄气体锥，残留的火药燃气及残渣便被喷射出炮口。这种抽气装置结构简单，多用于中大口径坦克炮和自行火炮。

（2）高压空气式抽气装置。如图 2-25（b）所示，射击后，利用该装置压缩空气直接从身管后段某一断面处或炮尾端向炮膛吹气，迫使膛内的残存物从炮口排出，同时起到冷却身管的作用。这种抽气装置一般用在舰炮上。

（3）炮口抽气装置。如图 2-25（c）所示，弹丸头部出炮口时将前端空气向前推压，弹底离开炮口后，弹后空间的一部分由抽气装置后开端流入的空气补充，同时炮膛内火药燃气加速冲出，形成一股高速向前的气流，在气流中心炮口前端形成低压区，而将炮膛内的剩余燃气抽净。这种抽气装置多用于小口径的自动炮。

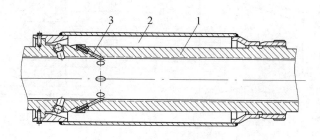

（a）引射式抽气装置

1—身管；2—储气筒；3—喷孔

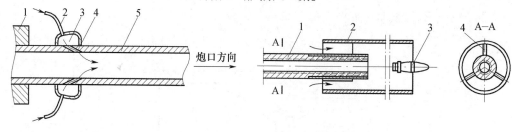

炮口方向

（b）高压空气式抽气装置

1—炮尾；2—压缩空气管道；3—储气筒；4—喷孔；5—身管

（c）炮口抽气装置

1—身管；2—抽气装置外筒；3—弹丸；4—支筋

图 2-25　炮膛抽气装置

3）热护套

热护套是一种装在身管外部、由绝热材料或导热材料制成的筒形包覆物，用于减少身管热弯曲变形。复合型热护套是指将导热性好的材料和绝热材料相间制成的多层结构热护套。这类热护套具有导热型的匀热效应和隔热型的隔热效应双重作用，防护效果较好。在多种复合型热护套中，双层铝板空气夹层型热护套是一种质量小、防护效果好、较为理想的热护套，如图 2-26 所示。

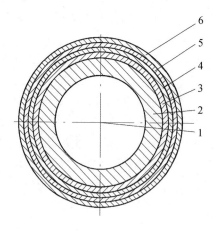

1—炮膛；2—身管壁；3、5—玻璃纤维；4、6—铝

图 2-26　双层铝板空气夹层型热护套剖面图

4）身管冷却装置

连续射击时，身管温度升高，将导致内腔金属机械性能下降，影响身管寿命。同时，身管发热严重，会使退壳条件恶化，影响弹丸正常飞行，增大射弹散布；腔内温度持续上升，甚至会引起装药自燃或膛炸事故。所以，对各种火炮特别是自动火炮，对身管进行冷却、降低身管温度是非常必要的。

根据冷却剂的不同，冷却方式可分为三类：液体冷却、气体冷却及化学冷却。液体冷却是用水泵将冷水送入被筒中或直接喷入膛内；气体冷却是用压缩空气（压强为 1～4MPa）经过喷管吹入炮膛；化学冷却是将化学液剂喷入内膛。

2.2.2 反后坐装置

反后坐装置是连接后坐部分和摇架或下架（双重后坐），在射击时消耗和储存后坐能量并使后坐部分恢复原位的装置。

反后坐装置的作用有：

（1）消耗和储存后坐过程的能量，减小作用在炮架上的力，并把后坐运动制止在一定长度上。

（2）后坐终了时，使后坐部分复进到原来的位置，并在任何射角下保持炮身不下滑。

（3）使复进动作平稳。

反后坐装置通常由制退机、复进机（复进器）和复进制动器或复进缓冲器组成。

1. 制退机

制退机在发射过程中，产生一定的阻力用于消耗后坐能量，将后坐运动限定在规定的长度内，并控制后坐和复进的规律。

制退机的工作原理如图 2-27 所示。其利用盛满液体的制退筒和炮架部的摇架连接，制退杆与炮身连接，射击时，制退杆随后坐部分向后运动，工作腔 I 内产生压力 P，活塞压迫工作腔 I 内的液体经由流液孔 a_x 以 w 速度高速射入非工作腔 II 内，将动能变成热能，使液体温度增高，消耗后坐能量，起到缓冲的作用。

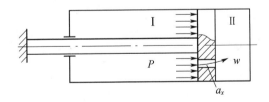

图 2-27　制退机的工作原理

2. 复进机

复进机是在射击时储存后坐能量并使后坐部分复进到位的机构。它的工作原理很简单，炮身后坐时压缩弹性介质而储能，在复进时弹性介质释放能量，推动炮身复进到位。按其储能方式可分为弹簧式、气压式、液体气压式和火药燃气式，下面介绍前三种复进机的结构和原理。

1）弹簧式复进机

弹簧式复进机（如图 2-28 所示）以弹簧作为储能介质，套在身管外侧，前端顶在与身管连接的螺环上，后端顶在摇架上，螺环可在摇架内滑动。炮身后坐时压缩弹簧，后坐停止后，在弹簧张力的作用下使炮身回复到射前位置。

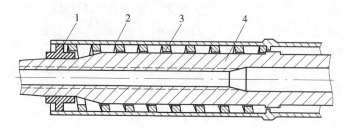

1—螺环；2—摇架；3—复进簧；4—身管

图 2-28　弹簧式复进机结构图

弹簧式复进机结构简单、工作可靠、工作性能不受周围温度影响，且适应性强、易于维护和保养。但其质量大，多用于中小口径火炮。

2）气压式复进机

气压式复进机是以压缩气体为储能介质，用小型增压器密闭气体的复进机。如图 2-29 所示，气压式复进机主要由带有空心活塞的储气筒和增压器组成。空心活塞 2 和储气筒外筒 1 里充满了高压气体 6 且是相通的（活塞上有孔）；增压器活塞 5 与炮尾相连，储气筒被固定在摇架上；后坐时，空心活塞 2 运动并压缩气体储存能量，后坐终了，气体膨胀，带动空心活塞 2 和后坐部分回到原位。其中，增压器的作用是使紧塞元件与运动表面之间的压力大于被紧塞气体的压力，以保证可靠的紧塞。增压器利用活塞两边面积不等而使液压增高，活塞面积大的一边与储气筒内高压气体接触，面积小的一边与油液接触，液体压力始终高于气压，可起密闭作用。图中 A、B、C 表示油液对应流向，相同字母间油液可相互流动。

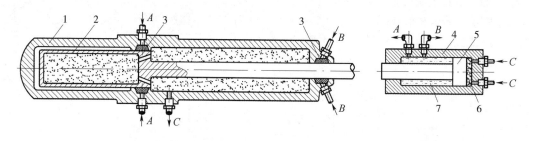

（a）带有空心活塞的储气筒　　　　　　　　　　（b）增压器

1—储气筒外筒；2—空心活塞；3—紧塞具；4—增压器外筒；

5—增压器活塞；6—高压气体；7—油液

图 2-29　气压式复进机

气压式复进机结构紧凑、质量小、外形尺寸小，特别适用于大口径火炮。其缺点是气体紧塞很困难，对紧塞具的材料、制造工艺及结构要求都很高。我国海双-130 舰炮用的就是气压式复进机。

3）液体气压式复进机

液体气压式复进机（如图 2-30 所示）主要由储液筒和储气筒两部分组成，以气体作为储能介质，用液体密封气体并传递压力。

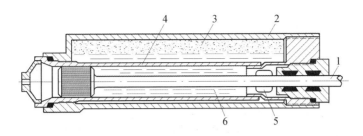

1—复进杆；2—外筒；3—高压气体；4—内筒；5—通孔；6—液体

图 2-30　液体气压式复进机

液体气压式复进机的结构尺寸和质量较小，且复进速度可调节，广泛用于中大口径火炮。其缺点是工作性能受气温影响较大，因此要经常检查液量和气量。

3．复进制动器

复进是在火炮后坐结束时，后坐部分在复进机力的作用下，回复到待发位置的过程。但复进机释放的能量除了克服后坐部分的重力与摩擦阻力作功外，还有相当大一部分多余的能量，这部分能量称为复进剩余能量。复进剩余能量太大时，会使后坐部分在复进到位时产生严重的冲击，从而影响复进的稳定性。为了消耗上述剩余能量以确保火炮平稳无撞击地复进，设置了复进制动器，使火炮在复进过程中产生一定的阻力。这种在火炮复进中对后坐部分施加制动力以消耗复进剩余能量的装置称为复进制动器。

复进制动过程一般有下列两大类：

（1）非全程复进制动。在复进的部分行程上施加制动力，多用于固定式火炮及某些高射炮。

（2）全程复进制动。在整个复进行程上都施加制动力，多用于牵引式地面火炮。

2.2.3　自动机与半自动机

火炮发射动作通常包括击发、回收击针、开锁或开闩、抽筒和抛筒、供弹、输弹、关闩和闭锁等。凡自动完成上述动作并构成射击循环的火炮，称为自动炮；部分发射动作如装填、击发由人工完成，其余动作皆自动完成的火炮，称为半自动炮；全部发射动作由人工完成的火炮，称为非自动炮。

1．自动机

自动机是自动炮的核心部分，它是借助火药燃气或外部能源自动完成射击循环全部动作的一系列机构，一般包括炮身、炮闩、供弹机、输弹机、反后坐装置、发射机构和保险机构等。有些自动机中还设有一些具有特殊功能的机构，如自动停射器和单/连发转换器、射速控制装置等。

自动机可以提高火炮发射速度、减轻炮手劳动强度，广泛应用于中小口径的高射炮、舰炮、航空炮及坦克炮上。

1）自动机的种类及工作原理

自动机按能源不同，可分为外能源（电动机、液压马达、压缩空气等）和内能源（火药燃气）两类；按工作方式不同，可分为后坐式、导气式、转膛式、转管式和链式五类。此外还有一种既利用后坐能量又利用导气能量的自动机，称为混合式自动机。

后坐式自动机利用射击时的后坐能量带动自动机中部分部件后坐完成射击循环；导气式自动机利用从身管炮膛导入气室的火药燃气能量完成射击循环；转管式自动机通过多个身管回转完成自动工作循环；转膛式自动机通过多个弹膛（药室）回转完成自动工作循环；链式自动机则利用外能源通过链条带动闭锁机构工作完成射击循环。

2）供弹机

将炮弹从容器内自动输送到炮膛内的机构称为供弹机。供弹时，炮弹一般要经过扬弹、运弹、拨弹、压弹、输弹几个过程。

供弹机按原理可分为直接供弹机、双层供弹机和推式供弹机。

3）输弹机

输弹机是将炮弹沿输弹线推送入膛，完成输弹动作的机构。它的结构因炮闩类型而异，在纵动式螺式炮闩上，因输弹和关闩两个动作是统一的，它的关闩机构实际上也起着输弹的作用；在横动楔式炮闩上，则要专门设置输弹机构。输弹机按利用能源的不同可分为：

（1）弹簧式输弹机，广泛用于小口径自动炮。

（2）液体气压式输弹机，多用于中、大口径火炮。

（3）气压式输弹机，利用压缩空气作为动力能源，适用于大口径火炮。

（4）链式输弹机。

2. 半自动机

在具有横动式炮闩的火炮上，用来自动完成开闩和关闩动作的机构称为半自动机。目前最常用的半自动机有两种类型：卡钣式半自动机和弹簧式半自动机。卡钣式半自动机又可分为冲击作用式和均匀作用式两种。

2.2.4 炮架

炮架（架体）的作用是支撑炮身，并赋予炮身一定的射向和射角。在火炮处于战斗状态时，炮架承受射击时的反作用力和保证射击的平稳性；在火炮处于行军状态时，炮架与牵引车连接，牵引火炮转移阵地。

炮架的结构随炮种而异。地面炮的炮架包括反后坐装置、三机（高低机、方向机、平衡机）、四架（摇架、上架、下架、大架）、瞄准具、运行部分（缓冲、调平、制动装置及车轮）及其他辅助装置；迫击炮只有简单的架体和承受后坐力的座板；无后坐炮的炮架在射击时受力很小，炮架结构简单，质量很小；而固定在地面上的海岸炮和安装于较大基座上的火炮（如高射炮、坦克炮、舰炮、航空炮、自行炮等）的炮架结构与地面炮的差别很大。

下面分别介绍炮架各部件的工作原理和结构。

1. 摇架

当火炮进行高低瞄准时，必须使炮身能在射击面内绕炮耳轴仰俯，以便改变射角。因此，炮身与起协调作用的反后坐装置就构成了火炮的起落部分，起落部分的基础构件就是摇架。摇架的作用是与高低机配合，进行高低瞄准；支撑炮身并导引炮身后坐与复进；连接反后坐装置、高低机、平衡机、瞄准具等。小口径自动炮及航空炮的摇架称为炮箱。

摇架按其横断面的概略形状可分为槽形摇架、筒形摇架和混合型摇架,图2-31和图2-32所示为槽形摇架和筒形摇架的基本结构。

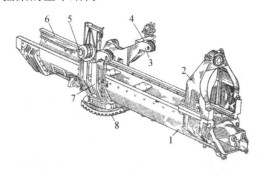

1—摇架框；2—前托箍；3—平衡机支臂；4—瞄准具支臂；5—耳轴；6—导轨；7—耳轴托箍；8—高低齿弧

图2-31　槽形摇架

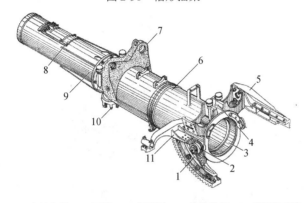

1—高低齿弧；2—耳轴；3—铜衬瓦；4—定向栓室；5—开闩钣支臂；

6—本体；7—支座；8—盖板；9—护筒；10—行军固定爪；11—瞄准具支臂

图2-32　筒形摇架

混合型摇架兼有槽形和筒形摇架的结构特点,如图2-33所示。

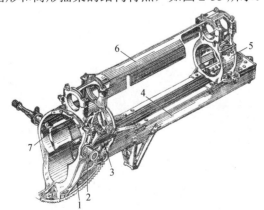

1—高低齿弧；2—耳轴；3—后托箍；4—槽形框；5—前托箍；6—复机机护盖；7—导轨

图2-33　混合型摇架

2. 上架

当火炮进行方向瞄准时,必须使炮身能在水平面内做旋转运动,因此要求炮架必须有一个能做方向回转的运动部分，这一部分的主体就是上架，它是火炮起落部分的支撑体。其方法通常是在长立轴下面加止推轴承和碟形弹簧支持回转部分，并使上下架端面之间留有一定的间隙 Δ，为使端面在贴合时不产生很大的冲击，端面间的间隙必须很小，一般 Δ 为 0.2～0.4mm。上架上装有平衡机、高低机、方向机的一部分和防盾等起落部分，摇架的耳轴与上架的耳轴室相配合，通过高低机可使火炮俯仰。上架与下架配装，绕回转中心轴转动，通过方向机可赋予火炮方位角。上架与下架的配合方式有立轴式与座圈式两种。有的火炮总体形式特殊，上架不是独立构件，而是与下架、大架结合为一整体，如美国 M102 式 105mm 牵引榴弹炮。有的火炮因总体结构要求，将运动体车轴也装于上架内，如苏联 M63 式 122mm 牵引榴弹炮。

地面火炮上架可以分为两种：长立轴式和短立轴式。长立轴式分为简单上架（如图 2-34 所示）、带拐脖的上架（如图 2-35 所示）和带滚轮的上架（如图 2-36 所示）。

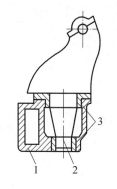

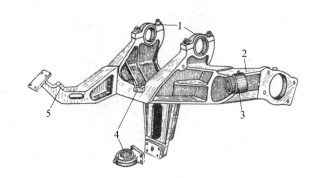

1—下架；2—上架立轴；3—轴颈

1—耳轴座；2—高低机支臂；3—方向机支臂；
4—基轴室；5—平衡机支臂

图 2-34　简单上架示意图　　　图 2-35　带拐脖的上架示意图

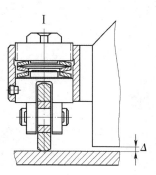

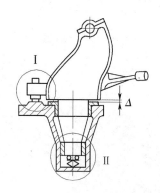

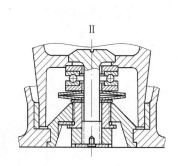

Ⅰ—滚轮组件；Ⅱ—蝶簧组件；Δ—上架和下架端面间隙

图 2-36　带滚轮的上架示意图

3．下架、大架及调平装置

1）下架

下架是用于支撑上架或回转部分、具有回转枢轴的火炮构件。下架的结构形式决定于它与上架、大架、运动体的连接方式。按外观形状，下架一般有三种形式：长箱形下架、蝶形下架和扁平箱形下架。图 2-37 所示为长箱形下架。

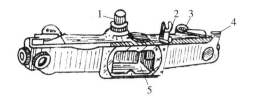

1—上架立轴；2—方向机支座；3—架头轴孔；4—限制凸起；5—齿轮室

图 2-37　长箱形下架

2）大架

大架在射击时起支撑作用，可保证射击时的稳定性及固定性，在行军时用于连接牵引工具以便于牵引。

目前广泛使用的是开脚式大架，其由两个箱形或管状构件组成，战斗时可以张开，可以使方向射界提高到 20°～30°。第二次世界大战以后出现了多脚式（三脚或四脚）大架，方向射界为 360°。20 世纪 60 年代，美国 M102 式 105mm 榴弹炮采用"鸟胸骨式"大架（如图 2-38 所示），其尾部有滚轮可在地上滚动，方向射界也为 360°。

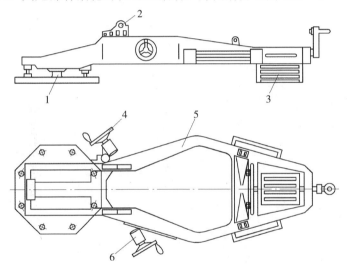

1—前座盘球轴；2—炮耳轴座；3—滚轮；4—高低机手轮；5—大架本体；6—方向机手轮

图 2-38　"鸟胸骨式"大架

开脚式大架一般由架头、本体和架尾组成（如图 2-39 所示）。开脚式大架的架头有铰链轴孔，用插轴与下架相连，其高度与下架结构、大架剖面尺寸和火炮最低点离地的要求有关，同时也应考虑炮手操作的方便性；架尾一般装有驻锄、牵引杆、抬架杠等；本体多做成圆形剖面或矩形剖面。

3）火炮调平装置

调平装置的作用是使火炮的各支点在射击时都能切实着地，并在一定条件下使下架基座平面保持水平。

调平方式有三点调平法、螺杆调平法及自动调平法。三点调平法包括车轮调平、尾架调平及球轴调平。车轮调平有插栓式和齿轮式两种。

图 2-40 所示为螺杆调平装置，它是利用 3～4 个相同的杠起螺杆，在射击时作为火炮支撑点，并借助水平仪调节炮车，使之达到水平。螺杆调平法被广泛应用在高射炮中。

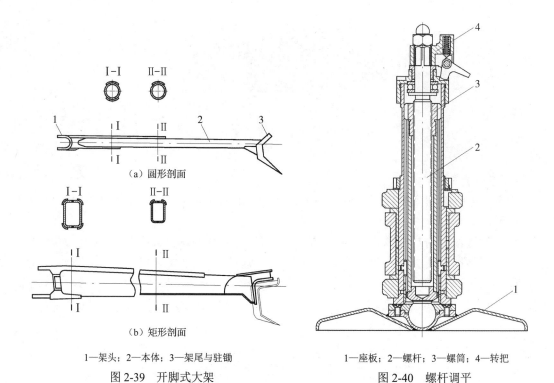

1—架头；2—本体；3—架尾与驻锄	1—座板；2—螺杆；3—螺筒；4—转把
图 2-39　开脚式大架	图 2-40　螺杆调平

2.2.5　操瞄部分

1. 平衡机

平衡机的作用是提供一个与重力矩大小大致相等、变化规律相似、方向相反的力矩，以减小高低机手轮力和动力传动扭矩。平衡机的一端铰接于上架或托架上，另一端通过挠性体（如链条、钢缆等）或直接与起落部分连接。根据总体要求，平衡机一般制成单件装于上架或托架一侧或两件对称装于两侧。

根据产生平衡机力的弹性元件不同，平衡机可分为弹簧式、气压式、气液式和弹簧液体式。如果按作用力方向和安装连接情况不同，还可以有不同的组合方式。

下面介绍弹簧式平衡机和气压式平衡机。

1）弹簧式平衡机

弹簧式平衡机的作用原理是用弹簧抗力作为平衡力矩。弹簧式平衡机按所用弹簧类型的不同，分为螺旋弹簧式平衡机（如图 2-41 所示）和扭杆弹簧式平衡机（如图 2-42 所示）两类。螺旋弹簧式平衡机的弹簧压缩量随仰角的增大（或减小）而相应减小（或增大），平衡机即可向起落部分提供一个随仰角变化的平衡力矩。这种平衡机结构简单，其功能不受气温变化影响，也便于维修，因而应用较广。

2）气压式平衡机

气压式平衡机利用压缩空气产生平衡力，其工作原理与弹簧式的相同。气压式平衡机的结构如图 2-43 所示。

2. 瞄准机

火炮在发射前必须进行瞄准，使炮身轴线在水平面和垂直面上都处于正确位置，以使射击时弹丸的平均弹道指向预定目标。在水平面上的瞄准由方向机完成，在垂直面上的瞄准由高低机完成，方向机和高低机总称为瞄准机。

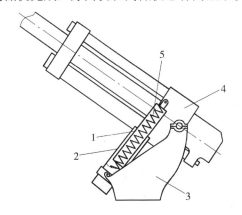

1—内筒；2—外筒；3—上架；

4—起落部分；5—弹簧

图 2-41　螺旋弹簧式平衡机

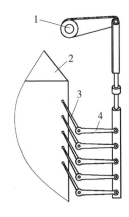

1—耳轴；2—上架；3—扭杆；4—扭杆臂

图 2-42　扭杆弹簧式平衡机

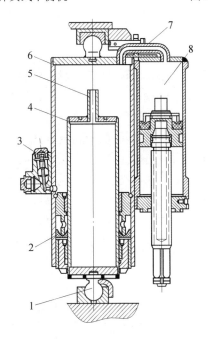

1—球轴；2—紧塞装置；3—开闭器；4—内筒；

5—导管；6—外筒；7—连接管；8—温度调节器

图 2-43　气压式平衡机

1）高低机

高低机是驱动起落部分（炮身、摇架、反后坐装置等）运动、赋予炮身仰角的机械传动机构，可用手轮人工驱动或用电动机驱动。

高低机按结构的不同，可分为螺杆螺母式高低机、齿弧式高低机和液压式高低机。齿弧式高低机如图 2-44 所示，通常采用蜗轮蜗杆副用于调整传动，同时起到自锁作用。为便于操作，齿弧式高低机的传动链采用锥齿轮传动或圆柱齿轮传动以调整手轮位置。齿弧式高低机的传动原理简单，射角不受限制，较易加工，维护和保养相对简单、方便，因而广泛应用于制式火炮，但其传动效率较低。

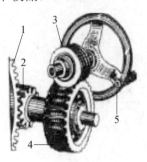

1—高低齿弧；2—主齿轮；3—蜗杆；4—涡轮；5—手轮

图 2-44　齿弧式高低机

2）方向机

方向机是驱动回转部分运动，并赋予炮身方向射界的机械传动机构，通常由手轮、传动链、自锁器、空回调整器及有关的辅助装置等组成。方向机按结构的不同，可分为横轴（又称螺杆螺母）式方向机、立轴式方向机、座环滚道式方向机及球关节式方向机。

3．瞄准具

瞄准具又称瞄准装置，可根据武器弹道特征、目标的性质及其相对于发射武器的位置参数，确定炮膛轴线与瞄准线之间的差角，使炮膛轴在发射瞬间所处的位置能保证弹丸的平均弹道通过目标或与目标相遇，从而尽可能使得发射的弹丸命中目标。瞄准具按物理特征可分为机械、机电、光学、微光、红外、激光和混合式瞄准具；按与武器的连接方式可分为独立式、半独立式和非独立式瞄准具；按工作原理可分为独立瞄准线式、非独立瞄准线式和半独立瞄准线式瞄准具；按适用对象可分为地面炮瞄准具、坦克炮瞄准具、舰炮瞄准具、高射炮瞄准具、航空炮射击瞄准具、无后坐炮瞄准具、迫击炮瞄准具等；按结构原理可分为有周视瞄准具、摆动瞄准具、环形瞄准具、自动向量瞄准具、自动测速瞄准具、光学铰链望远瞄准具等，图 2-45 所示为 56 式直接瞄准具的全貌图。

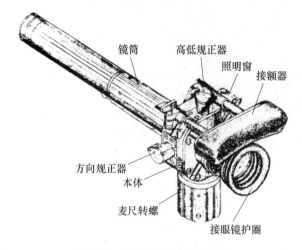

图 2-45　56 式直接瞄准具全貌

随着武器的发展，激光测距、红外观测、微光夜视以及各种传感器和电子技术的应用，瞄准具的结构和原理得到不断的演变和发展，功能日臻完善。

2.3 各类火炮的性能特点

2.3.1 野战火炮

野战火炮包括榴弹炮、加农炮和加农榴弹炮。

榴弹炮是地面炮兵的主要炮种之一，其身管较短、弹道比较弯曲，是适合打击隐蔽目标和地面目标的中程火炮，如图 2-46 所示。

图 2-46　榴弹炮

加农炮是一种身管较长、弹道平直低伸的野战炮，其炮管长度一般为 40～70 倍口径，所以它的射程远于其他类型的火炮。因此，加农炮特别适合于远距离攻击敌纵深目标，也可作为岸炮轰击海上目标。反坦克炮、坦克炮、高射炮、航空炮、舰炮、海岸炮均属加农炮，如图 2-47 所示。

图 2-47　加农炮

加农榴弹炮简称加榴炮，是兼有加农炮和榴弹炮特性的火炮。其特点是：既可平射又可曲射；比加农炮的身管短，射角大；比榴弹炮的身管长，射程远。20 世纪 60 年代以来，各国的新型榴弹炮多是加榴炮，但都以榴弹炮命名，图 2-48 所示为加榴炮。

图 2-48　加榴炮

1．性能特点

由于榴弹炮与加农炮的用途不同，其结构和性能也有差异。

1）榴弹炮的主要性能特点

（1）身管较短，通常为口径的 20～30 倍，但目前一般为 39 倍口径；质量比较小，机动性能好，使用维护方便。

（2）初速小（小于 600m/s），故射程较近；弹道较弯曲，可用于曲射。

（3）射角较大（最大可达 75°），弹丸的落角大，杀伤和爆破效果较好。

（4）使用变装药，弹道多变，便于在较大的范围内实施火力机动。

2）加农炮的主要性能特点

（1）身管长，已发展到 40～70 倍口径，质量比较大。

（2）初速大（通常为 700m/s 以上），射程远。

（3）射角小，不超过 45°，可进行低射角射击，且弹道低伸。

（4）配用多种炮弹，包括榴弹、反坦克弹和特种弹等，因而射击目标比较广泛。

3）加榴炮的性能特点

加榴炮是一种兼有加农炮和榴弹炮弹道特性的火炮。

2．举例

下面介绍几款典型的榴弹炮和加农炮。

（1）苏联生产的ⅡЗ0 式 122mm 榴弹炮。该炮的主要特点在于采用三条大架的结构，可在一定射角下（–7°～18°）进行 360° 环射，并加大了全射角方向射界，火炮采用单筒身管，带有冲击式多气室炮口制退器。炮口制退器的下方安装有牵引环，行军时用来牵引火炮，战斗时折向后方，贴合于身管上。炮闩为立楔式。制退机和液体气压式复进机并列置于身管上方的倒扣式槽形摇架之内，采取这种措施的目的是降低火炮高度。齿弧式高低机位于炮身左侧，气压式平衡机位于炮身右侧，其下支点在车轮轴的曲臂上，用于平衡两个车轮的重力，减小了行军战斗转换时车轮翻转的起落力。方向机在大角度方向调转时可解脱，用人工推转火炮。三条大架中有一条与下架固定连接，两条活动大架在行军中并向固定，固定大架上装有行军固定器，将身管端部固定。这种火炮结构特色明显，但与同类火炮相比，其质量略大。

（2）瑞典 FH77B 式 155mm 榴弹炮。该炮射速高、射程远、机动性好。其安装有反冲式炮口制退器，炮闩为向上开闩的断隔螺式炮闩。该炮与其他 155mm 火炮的最大区别是没有传统的高低机、方向机和平衡机，而是将三者合为一体。由于不装平衡机，射击时火炮起落部分靠液压筒的液体压力锁定。大架为开脚式。输弹槽有两个，其中一个专门用来输送药包。这种火炮装填系统比较复杂，反后坐装置不能变后坐，火炮尺寸和质量较大，制退杆只在后坐时压入制退筒中，平时外露易于损坏。

（3）苏联 M-46 式 130mm 加农炮。该炮采用单筒身管，身管长 6850mm。炮口制退器为单气室多圆侧孔冲击式，炮闩为手动横楔式。具有变后坐长的沟槽式液压制退机装在炮身下方的摇架槽内，液体气压式复进机固定在炮身上方。摇架是槽形的。方向机和高低机均为齿弧式。平衡机为气压式，并带有温度调节器。上架和下架都是铸钢件，箱形开脚式大架用钢板焊接而成。

（4）奥地利诺里库姆 GHN45 式 155mm 加榴炮。该炮炮尾由特种钢锻件制成，配有辅助推进装置，除驱动炮车轮外，还可为座盘、高低机与方向机及控制架尾轮的转向机构提供操纵动力。该炮性能良好，但野外操作困难。

（5）美国 M109A1 式 155mm 自行榴弹炮。其外形较低矮，但总体布局合理。它是一种用铝合金制造炮塔和车体，并可实施 360° 环射的自行火炮，同时也解决了由飞机空运的问题。车体后部下方每侧各有 1 个折叠式大驻锄，以保证射击的稳定性。该炮有 9 个浮渡气囊，车体前 1 个，两侧各 4 个；两侧和前部还各装有一块防浪板，以便深水浮渡。该炮采用筒形摇架和断隔螺式炮闩，反后坐装置为液体气压式，并采用可变反后坐装置。

（6）苏联 2C5（M198）式 152mm 自行加农炮。该炮装有炮口制退器，没有抽气装置，也不设炮塔。射击时，放下车体后面的大型驻锄，以便承受炮身后坐力。该炮可发射榴弹、火箭增程弹，也可发射混凝土爆破弹、子母弹、化学弹和核炮弹。

3．装备现状

目前世界各国装备的榴弹炮、加农炮和加榴炮有 105mm、122mm、130mm、152mm、155mm 和 203mm 六种口径，几十种型号。

美国及其他北约国家现装备的火炮有 105mm、155mm 和 203mm 三种口径，其中以 155mm 口径为主。

俄罗斯装备的火炮有 122mm、130mm、152mm 和 203mm 四种口径，共 11 种型号。

中小国家仍装备老式火炮，即使在比较发达的国家，新老火炮混装的情况也不少见。

4．发展趋势

现代科技和现代战争的推动，必然促使榴弹炮、加农炮和加榴炮向着增大射程、提高反应能力等方向迅速发展。

1）增大射程

为了适应未来战场纵深攻击的需要，各国都在努力提高火炮的射程，而增大射程的主要技术措施是加长身管或改进弹药。例如新研制的 155mm 火炮，其身管长度已由 39 倍口径加长到 45 倍口径，最大射程由 24km 增加到 30km（榴弹）和 39km（底部排气弹）。对于弹药方面的技术提升，除继续发展高效能发射药（包括单元模块发射药）、增加发射药量、改进弹体结构和外形或采用底部排气技术外，今后可能在弹上采用冲压发动机，以增大助推力（如美国在 203mm 榴弹上加装冲压发动机，射程可达 70km），也可采用液体发射药以增加射程。

2）提高反应能力

提高反应能力主要指提高火炮的自动化程度，即在火炮上采用自动定位、自动定向、自动计算射击诸元、炮弹自动装填等技术，以适应现代战争的需要。

3）提高机动性

如何提高火炮机动性是一个很重要的问题，尤其是火炮自行化。一般采取的主要措施是：在囊炮材质上更多地采用轻合金和复合材料，以减小火炮质量，便于空运；在牵引火炮上配备辅助推进装置，使火炮能迅速进入和退出阵地；发展轮式自行火炮，提高火炮在公路上的机动能力，也可装载大功率发动机，以提高火炮的行驶速度。

4）增加炮弹的杀伤力

要提高炮弹的杀伤力，除了多装炸药、装填高能炸药及发展预制破片弹、子母弹和子母雷弹外，今后主要是向末制导炮弹和末敏弹方向发展。

5）自行火炮

自行火炮是同车辆底盘构成一体的靠自身动力机动的火炮。自行火炮主要由武器系统底盘、防护系统、电气设备和通信设备等组成。自行火炮除按炮种分类外，还可按行驶方式分为履带式、轮胎式和半履带式，按装甲防护程度可分为全装甲式（封闭式）、半装甲式（半封闭）和敞开式。

现代自行火炮有以下特点：

（1）机动性好。现代自行火炮具有与坦克相同的机动性，由于其质量相对坦克要小很多，因此有些自行火炮还可以浮渡。

（2）自动化程度高。现代自行火炮广泛采用火控系统，可实施半自动或自动操瞄。

（3）火力及持续作战能力强。

（4）防护能力强。

（5）通信能力强。

2.3.2　高射炮

1. 性能特点

就弹道性能来讲，高射炮应属于加农炮类。高射炮主要用于保护地面设施和部队、对付空中飞机，必要时也可用于攻击地面目标，图 2-49 所示为高射炮。

图 2-49　高射炮

目前，空中攻击和侦察用飞机不仅飞行速度快、机动性好，还能实施电子战并在全天候条件下使用多种机载武器，特别是用制导武器实施进攻，使防空作战变得复杂化，这就要求高射炮必须具有以下技术性能：

（1）初速、射速、瞄准速度高。小口径高射炮一般初速都在 1000m/s 以上，为进一步提高射速，采用双管、四管或多管联装，同时配备先进的弹链或无弹链自动供弹系统。此外，还采用动力传动和自动操作，自动化程度高，能够迅速跟踪和瞄准快速目标并高射速多发连射攻击目标。

（2）配用弹种多，弹丸威力大。

（3）配备先进的电子和光电火控设备。

（4）机动性强。现有的高射炮都采用牵引或自行式，而新发展的高射炮大部分是自行式的。为了提高机动性，有的采用轮式底盘，有的在牵引式高射炮炮架上配备动力装置，如罗马月神 25mm 高射炮。

2．举例

以下介绍几款高射炮。

（1）瑞士厄利空 GDF-002 式 35mm 双管高射炮。该炮由两管 35mm 自动炮、一部防空卫士火控系统及专用的外部电源拖车和牵引车组成一个火力单位，具有全天候全自动的作战能力。该炮为刚性闭锁导气式自动炮，采用单筒身管、纵动式炮闩，膛线为混合膛线。身管两侧的导气孔靠近炮尾。炮口部除装有制退器外，还装有初速测量装置。身管与摇架之间配有炮尾箱，并和身管刚性连接，后坐时一起在摇架上后坐。摇架安装在高低轴上承载两个身管。弹簧液压式浮动反后坐装置安装在摇架与炮尾箱之间。该炮由自动供弹机供弹，采用双轴四轮炮架，射击时炮架由三个千斤顶支撑，并可自动调平。火炮通过电液系统快速完成行军战斗转换。

该炮的防空卫士火控系统主要由带有敌我识别装置的搜索雷达、跟踪雷达、光电设备、光学瞄准具、数据处理装置、搜索雷达数据提取装置、中心控制台、车内通话系统和数字式数据传输线路及电源装置组成。为提高机动能力，整个火控系统装在双车轴越野拖车上，可用卡车牵引，也可用飞机空运。

该炮的外部动力装置由火炮控制和供弹用的发电机、火炮高低机和方位传动用电机扩大机、汽油机及控制机柜等组成。所有这些都装在单轴电源拖车上，因此不会因电动机、发电机转动等引起火炮振动，从而降低火炮的射击精度。

该炮有三种工作方式：

① 自动操作方式。由防空卫士火控系统遥控火炮自动射击。

② 本机操作方式。由炮手控制火炮操纵杆和费兰蒂瞄准具电动控制，进行半自动射击。

③ 辅助操作方式。由炮手使用火炮高低方向手柄和费兰蒂瞄准具手动瞄准，手动操纵射击。

（2）瑞典博福斯博菲 40mm 高射炮。该炮由改进的 L/70 式 40mm 自动炮、博菲光电火控系统和配装近炸引信的预制破片榴弹组成。其特点是机动性好，威力比原 40mm 高射炮有所增强，火控系统效能更高，可独立作战。该火炮还可与 RBS70 式防空导弹编组使用。

（3）苏联 3CУA3П-23-4 式 23mm 高射炮。该炮是苏联装备的第一种全天候、全自动多管联装的自行高射炮，全系统由改进的 A3П 式 23mm 四管自动炮、封闭式炮塔、ГМ575 底盘和雷达火控系统组成。虽然该炮单个部件的技术不是最先进的，但由于其技术成熟、匹配合理、总体性能优异，不仅是当时发展较为成功的自行高射炮，也是当今世界具有代表性的自行高射炮之一。

（4）法国 AMX-30SA 式 30mm 双管自行高射炮系统。该系统由 TG230A 式炮塔、AMX-30 坦克底盘、绿眼雷达、光学瞄准具及火控计算机等组成。该炮携弹量多，持续作战能力强，雷达具有边搜索边跟踪的能力。

3．装备现状

现各国装备的高射炮主要有 20mm、23mm、25mm、30mm、35mm、37mm、40mm 和 57mm 八种口径，其中 20～40mm 口径占大多数，而且大多为双管、自行式。

4．发展趋势

1）高射炮口径可能向稍大的方向发展

近年来，由于武装直升机的大量使用，要求高射炮具有更远的射程和更高的命中及毁伤概率。高射炮最小口径有可能扩大到 25～30mm。

2）发展弹药技术，采用新型弹种

高射炮弹药技术包括榴弹、穿甲弹和制导弹药技术。

35mm 以下口径的榴弹采用最佳延期弹底引信，这样能在穿透飞机外壳或车辆薄装甲后起爆，从而提高作用效果。40mm 以上口径的榴弹使用预制破片结构和近炸引信，可以大幅提高命中概率和杀伤效果。

穿甲弹采用新的穿甲机理以提高穿甲效能。如德国的 HAG35mm 弹就采用了自碎易燃材料，既能侵彻直升机的防护装甲，又有破片和燃烧作用。另外，由于是次口径弹，弹丸飞行时间短，命中概率高。

制导技术是有效提高炮弹命中和毁伤概率的重要途径，随口径不同其制导方案各有不同，制导炮弹可能是高射炮未来的主要弹种之一。

3）迅速更新和完善火控设备

发展火控技术是提高高射炮效能的又一关键因素。因此，近年来火控技术及设备的发展格外受到重视。

光电火控设备是小口径高射炮的主要火控手段。对于大口径高射炮，光电火控设备只是辅助手段，主要采用雷达火控系统，以缩短高射炮的反应时间。雷达系统中普遍采用各种抗干扰措施，如采用频率捷变、频谱展宽、窄波束、记忆跟踪等，这样雷达火控系统既能抗干扰，又能全天候作战。

4）发展新型弹炮一体化防空武器

多联装的近程防空导弹、小口径高射炮、搜索雷达和光电火控系统相结合，共用同一车体组成一体化防空武器，将成为必然的发展趋势。这类混合武器既有防空导弹和小口径高射炮的优点，又能协调一致，可有效、及时地对付不同类型的空中目标。

5）研究和探讨新的防空技术

利用新技术研制全新结构和原理的防空武器，是适应未来防空作战要求的新途径。如俄罗斯、美国、德国等都在研究高能激光战术武器，这种以"光速"攻击目标的武器其反应时间之短是导弹和高射炮所不可比拟的，同时防空用电磁炮也正在研制，这些新型武器一旦用于地面防空，对高射炮的作战需求必将产生重大影响。

2.3.3 迫击炮及无后坐炮

1. 性能特点

1）迫击炮

迫击炮（如图 2-50 所示）是一种大角度（一般大于 45°）曲射武器，发射时后坐力经座钣直接传至地面。

图 2-50　迫击炮

一般迫击炮的装弹方式为炮口装填，炮管通常为滑膛，配装弹丸采用尾翼稳定，通过改变辅助药包的方法调整射程，同时通过改变高低射角的方法调整射击区域。但有一些重型迫击炮也像常规火炮一样，由炮尾装填，采用线膛炮管，并装有反后坐装置等。与其他常规火炮相比，迫击炮的主要性能和结构特点是：

（1）结构简单、操作方便、造价低。

（2）其弹道比榴弹炮的更弯曲，适于射击隐蔽物后的目标，也适于对近距离的目标进行射击，而且射速高（20～30 发/min）、杀伤效果大。

（3）质量小、体积小、机动性强。

2）无后坐炮

无后坐炮（如图 2-51 所示）是利用射击过程中火药燃气后喷或向后抛射平衡体来消除炮身后坐，使之达到基本平衡的火炮。无后坐炮主要作为直接火力支援的随伴火炮，可射击坦克、步兵战车和装甲车辆，也可杀伤暴露的主动目标、摧毁轻型野战工事等。

图 2-51　1978 式 82mm 无后坐炮

轻型无后坐炮都是单管的,重型无后坐炮有单管、双管或多管,机动方式为牵引和自行两种。

无后坐炮的特点是:

(1)结构简单、操作方便。

(2)质量小、便于携带。60mm 以下口径的无后坐炮一般只有几千克;60～100mm 的中口径无后坐炮,全炮为 10～20kg,通常可分解成几部分,借助于简单的三脚架便可射击;100mm 以上的大口径无后坐炮,质量为 100～200kg,可牵引或自行。

(3)外形小、仰角大、射界宽、弹道低伸。

(4)作战能力较强、精度较高。

无后坐炮可发射破甲弹、碎甲弹,也可发射火箭增程弹,其对装甲目标的作战能力和精度优于反坦克火箭筒。但无后坐炮与反坦克炮、反坦克导弹等反坦克武器相比,在弹丸威力、射程和精度方面均显不足,特别是在对付现代坦克时,这种不足更为明显。

2.举例

以下介绍几种迫击炮和无后坐炮。

(1)以色列索尔塔姆突击队员型迫击炮。该炮不带双脚架,采用拉发火机构而不是固定击针。其身管用高强度合金钢制成,炮尾螺接在身管上。

(2)奥地利 SMI 式 81mm 迫击炮。该炮采用航空工业轻合金制造,因而质量是当今世界上同口径迫击炮中最小的。该炮由炮身、炮架、座钣和瞄准具四部分组成。身管下部制有螺纹状散热片。炮尾装有击针,并通过炮尾球轴安装在座钣上,使炮身可 360° 回转。炮架由双脚架、高低机、方向机、水平调整机及身管紧定器组成,为了便于携带脚架可以折叠成 700mm 长。

(3)法国 GIAT-81mm 自行迫击炮。该炮装在 AMX10 系列履带式装甲车上,炮上装有倾斜修正仪和双筒式反后坐装置,可以将后坐力限制在 38kN 以内;炮塔装有电驱动装置,炮身可向车体左右各转动 30°。

(4)法国 RPX40M 式 120mm 自行迫击炮。该炮与 RT 式 120mm 线膛迫击炮相同,底盘采用与 VPX40M 大致相同的部件,火控系统配备一套完整的现代化射击指挥系统,包括 PESD 微型火控计算机和显示面板,以提高作战能力。

(5)苏联 B-10 式 82mm 无后坐炮。该炮为便于携带,身管由两段组成。身管采用滑膛,发射尾翼稳定弹,由炮尾装填。发射机构位于炮身右侧,光学瞄准具位于左侧。光学瞄准具有测距能力。火炮装在双轮炮架上牵引,或通过炮口握把由两名炮手短距离拖行。火炮支撑在三脚架上发射。行军时,三脚架折叠在身管下方,必要时也可直接从双轮炮架上发射。

(6)美国 M67 式 90mm 无后坐炮。该炮是一种轻型便携式步兵反坦克武器,主要用于对付坦克,但也可攻击碉堡和掩体等防御工事,是一种气冷、炮尾装填、单发、直接瞄准射击的无后坐炮。该炮配有人工操纵炮闩和机械击发机构,可由两脚架或单脚架支撑发射,也可肩射。因其身管较薄,每射 5 发后,需冷却身管 15min 后再射击。

3.装备现状

目前各国装备的迫击炮有 51mm、60mm、81mm、82mm、105mm、107mm、120mm、160mm 和 240mm 等近十种口径。美国采用的是 60mm、81mm、107mm 和 120mm 四种口

径；俄罗斯采用的是 82mm、120mm、160mm 和 240mm 四种口径。

20 世纪 70 年代以来，由于无后坐炮已不能有效对付现代坦克，因此美国等军事强国已将它从现代装备中逐步淘汰，但是许多第三世界国家仍大量装备这种火炮。

2.3.4 坦克炮

1. 性能特点

坦克炮（如图 2-52 所示）是一种具有装甲防护的高机动性、大威力火炮，主要用于击毁敌方坦克装甲车辆，也可用来对付其他软目标。现代坦克炮的特点是初速大、膛压高、弹道低伸，有较高的首发命中概率和摧毁目标的能力，同时具有行进间射击能力。

图 2-52　坦克炮

现代坦克炮普遍装有火炮稳定系统、稳像式瞄准具、激光测距仪、数字式弹道计算机及热成像装置。热成像装置不仅可以昼夜两用，对伪装目标的识别能力也很强。新型火控系统提高了坦克炮的首发命中率和毁伤概率。

坦克炮和自行火炮用途不同，二者在结构性能方面的区别有以下几点。

1）火力

坦克炮是直瞄武器，要求有较大的直瞄距离，但对最大射程要求不高，因此坦克炮属于加农炮，俯仰角一般在-5°～20°之间；自行火炮以间瞄为主，有些国家的自行火炮甚至连直瞄瞄准具都没有，对最大射程要求较高，除自行反坦克炮外，对直瞄距离要求不高。因此，自行火炮以榴弹炮为主，火炮的俯仰角一般在 0～30°之间，有的可以到 90°（自行高炮）。

2）火控

坦克炮的特点是先敌发现、先敌开火、首发命中，重在"知彼"，所以坦克炮更注重如何先发现敌人并迅速开火，因此坦克的重点在于稳像式火控系统和行进间射击的能力；而自行火炮一般是看不到目标的，目标一般由观察所或上级通报下来，但它也讲究行军战斗转换时间，虽然看不到敌人，但如果知道自己的地理位置，再知道目标在哪里，火控系统就能很快计算出射击诸元。所以现代自行火炮一般都有激光陀螺等寻北装置，通过卫星定位等多种手段准确感知自身的位置，接到目标通报后可以迅速射击，故自行火炮重在"知己"。

3）防护

坦克炮是冲击武器，攻击主要来自正面，所以坦克炮的正面装甲非常厚，可以达到几百毫米；自行火炮是远程支援武器，攻击主要来自敌人远程炮火的打击，也就是四面等概率的炮弹碎片，因此自行火炮前后左右的装甲是等厚度的而且非常薄。

4）机动性

坦克炮为了战术要求，需要快速灵活的机动，要求发动机能够提供强大的加速度和较大的吨功率；自行火炮对此没有过高的要求，一般选用类似底盘的坦克发动机或其他类型的发动机都可以。事实上，由于坦克炮较自行火炮重、吨功率上不占优势，因此坦克炮的机动性并不比自行火炮的好。

2．举例

以下介绍几种坦克炮。

（1）德国莱茵金属公司 105mm 坦克炮系列。该系列为模块式组合设计，具有同期、同类型 105mm 坦克炮的战术技术性能。该系列坦克炮炮塔为豹 IA3、A4 式，采用新型焊接结构，外形新颖，同时选用夹层装甲板和新材料，以提高其防护性能。该系列可配用于多种主战坦克、轻型坦克和装甲车底盘。

（2）美国 M68 式 105mm 坦克炮。该炮发射北约制式 105mm 弹药，由于配用了新型长杆式尾翼稳定脱壳穿甲弹，其穿甲性能和命中精度较高，被确定为北约制式坦克炮。

3．装备现状

世界各国现装备的坦克炮约有 16 万门，其中苏联占 1/3 以上，其次是美国。坦克炮的口径序列，东欧国家是 100mm、115mm、125mm，西方国家是 90mm、105mm、120mm。

4．发展趋势

未来坦克炮的发展趋势为：

（1）下一代坦克炮的口径将会进一步增大。俄罗斯已开始装备 135mm 坦克炮，美国、英国、德国也在研究 140mm、145mm 甚至 155mm 口径的坦克炮。

（2）自动装填机构的应用势在必行。

（3）未来坦克炮可能配装高速动能导弹，此类弹药能有效攻击复合装甲，且可远距离对付直升机。

2.3.5 反坦克炮

1．性能特点

反坦克炮（如图 2-53 所示）是一种加农炮，具有弹道低伸、初速高、发射速度快等特点，主要用于毁伤敌坦克和其他装甲目标，也可用于破坏野战工事，以及用于火力压制和歼灭有生力量等各种火力任务。

反坦克炮按其内膛结构可分为线膛炮、滑膛炮两大类，按运动方式可分为自行式和牵引式两大类。自行式除采用传统履带式底盘外，目前研制的大多采用轮式底盘，以减轻质量，从而便于战略机动。部分牵引式反坦克炮还配有辅助推进装置，便于进入和撤出阵地。

反坦克炮大多是由同时代坦克炮改装的，近年来也专门研制发展了高膛压低后坐反坦克炮，以便安装在轻型装甲车辆上。

自行反坦克炮外形酷似坦克，其起落部分有装甲防护，一般装有炮膛抽气装置和高效炮口制退器。但自行反坦克炮的装甲防护、火控和稳定系统不如主战坦克，通常采取停车射击。现代反坦克炮为了提高首发命中率并具备夜间作战能力，通常装有激光测距仪、电子计算机和微光夜视或红外热成像仪。

图 2-53　反坦克炮

2．举例

下面举例介绍反坦克炮。

（1）苏联 СП-44 式 85mm 反坦克炮。该炮是一种火线高较低、结构紧凑、隐蔽性好，既可短途自行推进又可牵引的反坦克炮。为了提高火炮的机动性，其装有一台 M72 型 103kW 双缸汽油发动机辅助推进装置，共有六个前进挡和两个倒挡。该炮采用大侧孔双室炮口制退器，炮闩为半自动立楔式，配有波形防盾和机械击发装置，瞄准装置为机械瞄准具。

（2）SK105 式 105mm 自行反坦克炮。该炮主要用于击毁坦克和装甲车辆，采用无炮塔结构，车体外形低矮、机动性好，能以相同速度前进和倒退，并能迅速从行军状态转入战斗状态。

（3）奥地利 SK105 式 105mm 自行反坦克炮。该炮配用定装式旋转稳定破甲弹和榴弹，主要用于攻击坦克和装甲车辆，是一种有效射程较远、体积小、观瞄设备较齐全、隐蔽性良好并具有三防能力的自行反坦克炮。该炮采用法国地面武器工艺集团制造的 CN-105-57 式 105mm 线膛炮。JTI 型摇摆式炮塔位于车体中部，与 AMX-13 轻型坦克炮所配装的炮塔相似。车体底盘为钢板焊接结构，前装甲厚 20mm，其他部位装甲厚 8～14mm。驾驶员通过操纵转向机构和控制发动机速度，可不断调整两侧履带的速度，实现车体原地转向。该炮配装 TCV29 型激光测距仪，测距范围为 400～9995m，同时配有 XSW-30-V950W 红外/白光探照灯。

3．装备现状

目前各国装备的反坦克炮，主要有俄罗斯的 85mm、100mm、125mm 和西方国家的 90mm、105mm 等几种口径。

4．发展趋势

现代战争对反坦克炮的要求是：反应速度快，远距离首发命中率高，发射速度快，威力足以摧毁现代新型装甲，具有夜间作战能力、良好的战略和战术机动性及较高的战场生存能力。因此，反坦克炮的发展趋势为：

（1）重点发展大口径滑膛反坦克炮。

（2）大力研制轮式自行反坦克炮。

（3）探索新结构反坦克炮。例如，瑞典铰接式双车体自行反坦克炮，前部车体安装120mm滑膛炮，后部车体安装发动机、自动装弹机并存放炮弹，以提高机动性和生存能力；美国75mm遥控式反坦克炮，身管顶部装有摄像机，炮架上装有激光测距仪，炮手根据显示屏上的图像来操纵和控制火炮方向，以提高炮手的生存能力和火炮作战效能。

（4）改进现有低膛压反坦克炮，配装钨合金、铀合金弹芯尾翼稳定脱壳穿甲弹。

2.3.6 装甲车载炮

1. 性能特点

装甲车载炮按其口径大小大致分为两大类：一类是步兵战车、装甲运兵车、巡逻指挥车和部分侦察车用的小口径自动炮，口径为 20～40mm，这类炮其自动机的工作方式有利用火炮自身能源的导气式、身管后坐式、转膛式及使用外部能源的加特林转管式和链式，供弹方式有弹链供弹、无弹链供弹、弹夹和弹鼓及弹箱供弹；另一类是战斗侦察车、火力支援车用的中大口径火炮，如 75mm、90mm、125mm 车载炮。装甲车载炮按内膛结构分为滑膛炮、线膛炮两种，按内弹道性能分为高膛压炮和低膛压炮。图 2-54 所示为参加我国70 周年国庆阅兵的国产新型 155mm 车载炮。

图 2-54 国产新型 155mm 车载炮

装甲车载炮多采用坦克炮技术，如电渣重熔钢炮管、高密度弹芯的尾翼稳定脱壳穿甲弹、多用途破甲弹等。

现代装甲车载炮具有高精度、大威力、快速反应的特点；其武器系统质量和尺寸小、后坐力低；有动态瞄准装置，对不同目标可以选择性供弹并采用不同射速；配备的先进火控系统可昼夜使用，具备在恶劣环境条件下作战的能力。

2. 举例

以下介绍两种装甲车载炮。

（1）南非 T5-52 卡车式车载榴弹炮（如图 2-55 所示）简称 T5-52，由 Denel Land Systems公司开发。这是一种南非版的法国凯撒卡车榴弹炮，是为满足印度的潜在需求而研制的。

T5-52 重 28t、长 10.1m、宽 2.9m、高 3.48m，最大行驶速度 85km/h；采用 G5-2000式 155mm 榴弹炮，身管长度为 52 倍口径，具有 360°的方向射角和-3°～75°的高低射角，兼容北约标准 155mm 弹药，携弹量为 27 发，最大射速 8 发/min；通常相对于车辆向后射击，只有在紧急情况下才向前发射。一辆 T5-52 通常配有四名操作组员，另外有四名组员准备和供应弹药。

图 2-55　南非 T5-52 车载炮

（2）美国阿雷斯 XM274 式 75mm 装甲车载炮。该装甲车载炮由 XM274 式火炮、XM21 式输组机和电子控制装置组成。该炮按短点射原理设计，射速为 1 发/s，炮塔是阿雷斯 75 通用炮塔系统，装一门阿雷 75mm 火炮、一挺 M240 式 7.62mm 并列机枪；炮塔两侧前部分别装有四具电动烟幕弹发射器；炮塔顶部左侧装有可伸缩式热成像监视望远镜，右侧装有热成像瞄准镜。炮塔装在 15t 履带式车辆上。

3. 装备现状

从轻型装甲车中的装甲运兵车到侦察车，由于任务各不相同，因此配用的火炮口径大小不一，型号品种繁杂。各国现装备的车载炮（包括新旧交替的）口径有 20mm、25mm、30mm、35mm、40mm、57mm、60mm、73mm、75mm、76mm、90mm、105mm 等多种规格。

4. 发展趋势

装甲车载炮的发展趋势是：

（1）下一代步兵战车炮的口径将进一步增大。

（2）车载炮将兼有防空和反坦克能力。

（3）进一步改进和提高弹药性能，发展新型弹药。

（4）增强车载炮效能和延长现役火炮的使用寿命。

（5）提高火炮和弹药的适用性、灵活性、通用性和互换性。

2.3.7　舰炮

舰炮是装备在舰艇上符合海上作战要求的火炮。舰炮既能对水上目标作战，也能对空中及岸上目标射击。舰炮按口径划分，20～40mm 为小口径舰炮，40～130mm 为中口径舰炮，130mm 以上为大口径舰炮。小口径舰炮主要用来对付空中目标；中口径舰炮为多用途炮，可用于对付空中、海上和岸上目标；大口径舰炮主要用于对付海上和岸上目标。图 2-56 所示为美国 AGS 155mm 舰炮系统。

图 2-56　美国 AGS 155mm 舰炮系统

1．性能特点

现代舰炮的主要特点是：

（1）射速高、火力猛。小口径舰炮采用多管联装或转管结构，如瑞士的 GBM-B1Z 式 25mm 舰炮为四管联装，射速高达 3400 发/min，美国的海火神-30 式 30mm 转管舰炮的射速甚至达到 4200 发/min，这对于拦截反舰导弹来说是极为有利的。一些口径较大的火炮采用自动装弹、扬弹、供弹和输弹，如法国的紧凑式 100mm 舰炮的最大射速可达到 90 发/min。

（2）配用弹种多、弹丸威力大。现代舰炮除某些特大口径以外，一般都具有高射和平射两种用途，大多配有榴弹、穿甲弹、脱壳穿甲弹等多种弹药，可对付空中、海上和岸上目标。

（3）配用雷达指挥仪等先进火控系统，提高了自动化程度和射击精度。

（4）采用轻型结构材料，从而减小了质量。目前已广泛采用轻合金（如铝合金）和增强塑料制品。

2．装备现状

目前装备的舰炮口径范围较广，有 20mm、25mm、30mm、35mm、37mm、40mm、57mm、76mm、100mm、102mm、114mm、127mm、139mm、152mm、203mm、406mm 等多种。大口径舰炮数量较少，中小口径舰炮数量居多，76～130mm 口径舰炮约占舰炮总数的 56%，而 20～57mm 口径舰炮占 40% 以上。

3．发展趋势

舰艇、飞机和导弹性能的提高以及海军战术相应变化，对舰炮发展提出了新的要求。

1）大口径舰炮重新受到重视

1991 年的海湾战争中，美国的衣阿华战列舰经现代化改装后重新披挂上阵，其保留了舰上的 406mm 三管联装舰炮，在战争中发挥了强大的威力。美国等国家认为，以大口径舰炮对付岸上目标比使用地面炮和飞机可靠，比使用导弹成本低。大口径舰炮还可发射制导炮弹，命中精度不比导弹差。因此，大口径舰炮正重新受到重视。

2）小口径舰炮发展迅速

反舰导弹已成为舰艇的重要威胁。多管联装、射速快、火力猛、反应灵活的小口径舰炮被认为是近距离拦击反舰导弹的理想武器。如荷兰的守门员 30mm 舰炮，射速为 4200 发/min，配用脱壳穿甲弹，全炮系统对掠海飞行反舰导弹的反应时间为 5.5s，可作为舰艇的最后防线。

3）研制新型弹种，提高舰炮效能

除先进的火控系统外，提高舰炮效能的关键是新的弹药技术。因此，增大弹药品种，并使舰炮具有快速自动选择弹种的功能，可提高舰炮效能。制导炮弹是一种新型弹种，它集火炮与导弹的优点于一体，将成为中口径以上舰炮的主要弹种之一。配装近炸引信的预制破片榴弹相比普通，其榴弹威力大幅提高，在小口径舰炮上配用此类榴弹可有效提高舰炮对反舰导弹、低空飞机、直升机等的命中和毁伤概率。另一方面，为提高射程，火箭增程弹和底部排气弹也在发展中。

4）探索新技术、研制新结构舰炮

随着反舰导弹对舰艇威胁的增加，必须加强对反舰导弹的多层次、多方位防御，这是一个新课题。电磁炮、电热炮、液体发射药火炮和激光炮均是当今世界探索研究的新原理火炮。美国、俄罗斯等一些国家正在研究将这类火炮技术应用于舰炮。毫无疑问，新技术的发展会给舰炮带来深远的影响。

5）采用液体发射药

液体发射药比传统固体发射药能量可提高 30%～50%。其装填密度大，内弹道曲线平滑、初速高，可使射程提高约 20%，且液体发射药不需要装填和抽筒，射速也得到大大的提高，十分适合在舰炮上应用。

2.3.8　航炮

航炮是一种符合空中作战要求的机载小口径自动炮。由于被安装在飞机上，航炮受到尺寸、质量、后坐力等多方面的限制，因而口径比较小，种类也不多，其口径有 20mm、23mm、25mm、27mm、30mm、37mm 六种。航炮可安装在不同的机种上，如战斗机、攻击机、歼击机、直升机等，可以吊舱方式安装，也可用炮架装在飞机内。目前航炮多按自动机工作原理分类，可分为炮身后坐式、导气式、转膛导气式、加特林转管式、链式等。图 2-57 为武直 11 用反直升机航炮。

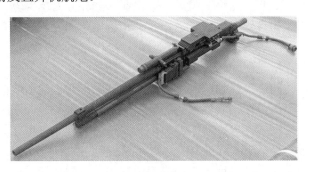

图 2-57　武直 11 用反直升机航炮

1．性能特点

现代航炮的主要特点是：

（1）射速高、灵活可调。飞机的飞行速度快，跟踪瞄准的时间短，只有高射速的航空炮才能满足作战要求。但为了适应不同的作战需要，避免不必要的弹药消耗，又要求航炮的射速快慢可调。为此采取控制电动机或液压电动机转速等措施来调节射速。

（2）弹丸初速高、威力大。为了攻击各种飞机、地面装甲车辆以及轻型坦克等目标，航炮现多配用两种以上的弹药，如榴弹、穿甲燃烧榴弹、穿甲弹等。

（3）体积小、质量小。航炮后坐力小，只需用简易的缓冲装置，没有复杂的反后坐装置，因此其体积小、质量小，一般为100kg左右。

（4）可靠性高、身管寿命长。航炮在飞机上作战，要求故障率低、作用可靠、使用寿命长。一般情况下，航炮两次故障之间平均射弹数达到数千发乃至上万发。美国30mm链式航空炮平均无故障发数达到15 000发，身管寿命为10 000发。

2．举例

美国火神 M61A1 式 20mm 航炮为外部动力驱动的加特林式 6 管转管航炮，采用电击发。发射时由电动机、液压电动机或气压涡轮驱动。6 根刚性转管联装在炮尾转子的前端，每根身管有各自的炮闩。身管转动时，炮闩凸轮沿炮箱椭圆形凸轮导槽运动，从而使炮闩在炮尾转子相应的轨道上做往复运动，完成闭锁击发。炮尾转子每转一周，每根身管各射击一次，因此，身管振动、烧蚀和发热现象也相应减轻，从而提高了射击精度和身管的寿命。该炮全系统寿命为 100 000 发，是世界上生产最多、装备最广泛的航炮之一。

3．装备现状

目前，20～30mm 航炮已广泛装备在各种现代作战飞机上，使用最普遍的是加特林转管炮和转膛炮。

4．发展趋势

航炮的发展趋势如下：

（1）发展 25～30mm 口径的新航炮。

（2）减小后坐力。随着航炮威力的提高，初速和射速不断增大，如何减小后坐力是航炮设计的重要问题。传统缓冲装置无法满足要求，现多采用浮动原理以及新型特殊缓冲装置，如高吸能缓冲器、液压后坐控制器等，可使后坐力减到最小。

（3）延长身管寿命，减小火炮质量。为解决身管烧蚀和磨损问题，在航炮及其配用弹药上采取了多种措施，如身管采用内膛镀铬、弹带改用耐高温的塑料弹带、弹药采用低烧蚀火药等。

（4）研制新弹种，引进新弹药技术。嵌入式弹药体积小、长度短，有利于提高射速；采用具有简单制导能力的小口径弹药，可提高航炮远距离射击的命中概率；配用贫铀弹芯或钨合金弹芯的穿甲弹，可增强航炮弹药的穿甲能力。

（5）配备新型火控设备。美国研制的新型全向射击瞄准具，可在无雷达情况下将目标参数输入瞄准具，一旦目标进入瞄准具光环即可开火射击。

（6）研究新结构和新原理航炮。正在进行研究和试验的新原理航炮有研膛结构航炮、液体发射药航炮和激光炮等。

2.3.9　火箭炮

火箭炮（如图 2-58 所示）是炮兵装备的火箭发射装置，火箭弹靠火箭发动机的动力飞抵目标区，由发射管赋予火箭弹射向，通常为多发联装，又称为多管火箭炮。其特点是质量小、射速大、火力猛、富有突然性，适宜对远距离大面积目标实施密集射击。

图 2-58 火箭炮

火箭炮的主要作用是引燃火箭弹的点火具和赋予火箭弹初始飞行方向。由于火箭靠自身发动机的推力飞行，因此火箭炮不需要能够承受巨大膛压的笨重炮身和炮闩，也没有后坐和反后坐装置。火箭炮能多发联射和发射口径较大的火箭弹，它发射速度快、火力猛、突袭性好，但射弹散布大，因而多用于对目标实施面打击。

火箭炮首次出现是在第二次世界大战时期。当今的火箭炮基本采用多联装自行式，口径大多在 200mm 以上，配装多种战斗部，并已开始配用以计算机为主体的火控系统，射程为 20～70km，可弥补战术地地导弹与身管火炮之间的火力空白。例如，有中国 83 式 273mm 履带式自行火箭炮、中国新 90 式 122mm 轮式自行火箭炮、美国 M270 式 227mm 火箭炮、俄罗斯"飓风" 220mm 火箭炮、俄罗斯"旋风" 300mm 火箭炮。

2.3.10 滑膛炮

滑膛炮（如图 2-59 所示）的身管内没有膛线，可以发射炮射式导弹，且造价较低。一般情况下，滑膛炮的口径不会很大。

图 2-59 滑膛炮

滑膛炮与线膛炮的主要区别在于有无膛线，而膛线的主要作用在于赋予弹丸旋转的能力，使得弹丸在出膛之后，由于向心力的作用，仍能保持既定的方向，以提高射击精度。

为了保证飞行的稳定性，滑膛炮所配用的弹丸均采用尾翼稳定方式，如迫击炮弹，但迫击炮的射击膛压和温度都比较低，其炮弹的尾翼制造方便。在需要较高射击膛压和温度的大口径滑膛榴弹炮上，必须采用昂贵的材料制造榴弹的尾翼，但这将大大提高射击成本。因此，在主要用于远程火力压制的各种大口径榴弹炮一族中，仍采用射击成本较低的线膛炮管。

配用尾翼稳定脱壳穿甲弹的新式滑膛炮具有发射初速高、弹道水平稳定性好等特点，还可以赋予穿甲弹更高的动能，在对抗越来越厚的坦克装甲上具有明显超越线膛炮的优势。因此，滑膛炮在坦克中应用广泛。目前世界各国的坦克家族中，西方国家基本上都采用120mm 滑膛炮，其中以德国莱茵金属公司 120mmRH 滑膛炮系列最为出众，几乎成为西方第三代主战坦克的通用火炮。而前苏联研制的 2A46 系列 125mm 滑膛坦克炮也天下闻名，该炮的列装数量超过了 10 万门。

目前我国装备的滑膛炮主要有 125mm 和 120mm 两种口径，前者有 48 倍口径和 50 倍口径两个系列，是在前苏联 T72 主战坦克的 2A46 式 125mm 滑膛炮基础上研制开发的。是从官方公布的数据来看，我国装备的滑膛炮很明显已经超越了原型炮。目前我国较先进的96/99 系列主战坦克均采用这种火炮，而 120mm 系列则主要装备在 89 式自行反坦克车上。

2.3.11　单兵火箭筒

单兵火箭筒是一种步兵单兵反坦克攻坚武器，具有质量小、射程近、价格低的特点。它不占编制，理论上可以装备到步兵班的每一个人，这大大提高了步兵破甲、攻坚作战的灵活性。

中国陆军紧跟世界潮流，其研制的 PF89 系列火箭筒品种多、威力大，达到了世界先进水平。PF89 式单兵反坦克火箭筒（如图 2-60 所示）由包装发射筒、火箭弹和塑料光学瞄准镜组成。作为一种附加装备，它不占编制，步兵、炮兵、装甲兵、空降兵、海军陆战队等都可使用。其发射筒上还有非常人性化的简要说明图，战时还可装备民兵，人手一具，形成高密度的反坦克火力。发射筒也是包装筒，给使用带来了方便。发射筒前后安装有防震圈，使武器在勤务过程中得到保护，筒的口部和尾部分别有前盖和后盖，前盖有齿状密封胶圈，后盖采用中间可破的结构，通过螺纹压紧橡胶密封垫，前后盖上紧后实现对筒内火箭弹的密封，防止水分和有害气体的侵害。射击时无须打开后盖，由火药燃气自行冲破，但是前盖必须提前打开，否则无法击发。打开前盖后，抽掉限制杆，打开击发握把与保险就可以实施射击，该设计提高了火箭筒的安全性。瞄准镜（如图 2-61 所示）在外包装箱内是分装的，取出瞄准镜，镜座固定在筒壁的搭扣上，便可实现连接。瞄准镜的放大倍率为2.5，视场角为 12°，表尺最大射程为 400m，采用测瞄合一的方式，即在射手测距的同时同步完成表尺装定。该瞄准镜比 69-1 式光学瞄准更加简单直观，瞄准速度快，射手容易掌握，还可以对横向运动的目标进行修正。

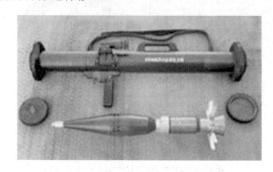

图 2-60　PF89 式单兵反坦克火箭筒

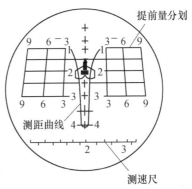

图 2-61　PF89 式单兵反坦克火箭筒瞄准镜

第3章 弹 药

弹药作为武器系统毁伤目标的实施者，其毁伤能力将直接影响武器系统的毁伤效果。

3.1 弹 药 概 述

3.1.1 弹药的定义

弹药是指在金属或非金属壳体内装有一定装填物（如炸药、烟火剂、照明剂、子弹药等），能对目标起毁伤作用或完成其他作战任务（如电子对抗、信息采集、心理战、照明等），主要以抛射方式完成一次射击所必需的全部零、部件的总称。

弹药包括枪弹、炮弹、手榴弹、枪榴弹、火箭弹、鱼雷、导弹、水雷、地雷、爆破筒、发烟罐、炸药包、核弹、反恐弹药以及民用弹药等。

3.1.2 弹药的组成和分类

弹药一般由战斗部分和动力部分组成。

战斗部分是被抛射到敌方发挥战斗效能的部分，一般由引信、弹壳和装填物组成。不同的引信、弹壳和装填物，可获得不同的战斗效能，因而有榴弹、反装甲弹药、特种弹之分。

动力部分用于将战斗部分投射到敌方，一般由发射装药及其容器（药筒、药包或火箭发动机本体）以及点火具组成。根据动力部分发射器的不同，弹药有后装炮弹、迫击炮弹、无坐力炮弹、火箭炮弹之分。后装炮弹通常由弹丸、引信、发射装药、药筒、点火具五大部件组成；迫击炮弹通常由弹丸、引信、发射装药和底火四大部件组成；带药筒的无坐力炮弹的部件组成与后装炮弹的相同，不带药筒的无坐力炮弹的部件组成与迫击炮弹的相同；火箭炮弹一般由弹丸、引信、发动机本体、发射装药和点火具五大部件组成；用火药气体压力发射的火箭筒弹（如 40mm 火箭筒弹）一般由弹丸、引信、发射装药和点火具四大部件组成；用发动机喷出气体的反作用力发射的火箭筒弹（如 62mm 单兵火箭筒弹）的组成一般与火箭炮弹的相同。

弹药的种类很多，名称也各异，往往同一发弹有多种名称，或同一名称代表形状、尺寸、质量等各不相同的许多弹药，这是根据不同需要、从不同角度对弹药进行分类的结果。本章主要介绍炮弹的构造及作用原理，对其他弹种只作简要叙述。

1. 弹药的组成

从结构上讲，弹药由很多零部件组成；从功能上讲，弹药通常由战斗部、引信、投射部、导引部、稳定部等组成，这些功能部分有的通过很多零部件共同组成，有的是由单个部件组成，有的部件承担着多种功能。如炮弹弹丸的壳体是战斗部的主要组成部分，同时也作为导引部。

1）战斗部

战斗部是弹药毁伤目标或完成既定战斗任务的核心部分。某些弹药（如部分地雷、水雷等）仅由战斗部单独构成。战斗部通常由壳体和装填物组成。

（1）壳体。壳体的作用是容纳装填物并连接引信，使战斗部结构连接成一个整体。在大多数情况下，壳体也是形成毁伤元素的基体，如杀伤类的炮弹、导弹和炸弹等。

（2）装填物。装填物是毁伤目标的能源物质或战剂。通过对目标的高速撞击，或装填物（剂）自身的特性与反应，产生或释放出具有机械、热、声、光、电磁、核、生物等效应的毁伤元（如破片、冲击波、射流、热辐射、核辐射、电磁脉冲、高能离子束、生物及化学战剂、气溶胶等），作用于目标使其暂时或永久地、局部或全部地丧失正常功能。有些装填物是为了完成某项特定任务，如宣传弹内装填的宣传品、侦察弹内装填的摄像及信息传输装置等。

2）引信

引信是一种保障弹药平时安全、感受环境和目标信息、完成保险状态与待发状态转换、适时控制战斗部动作发挥最大毁伤效能的装置。

3）投射部

投射部是弹药系统中提供投射动力的装置，可使射弹具有一定的飞行速度。投射部的结构类型与武器的发射方式紧密相关，两种最典型的弹药投射部为：

（1）发射装药药筒。适用于枪、炮射击式弹药。

（2）火箭发动机。自推式弹药中应用最广泛的投射部类型，与射击式投射部的差别在于：发射后伴随射弹一体飞行，在工作停止前持续提供飞行动力。

某些特殊弹药，如手榴弹、航空炸弹、地雷、水雷等，是通过人力投掷、工具运载或埋设的，无须投射动力，故无投射部。

4）导引部

导引部是弹药系统中导引和控制射弹正确飞行的部分，对于无控弹药，简称导引部；对于有控弹药，简称制导部。制导部可能是一个完整的制导系统，也可能是与弹外制导设备联合组成的制导系统。

（1）导引部。导引部主要使射弹尽可能沿着事先确定好的理想弹道飞向目标，实现对射弹的正确导引。火炮弹丸的上下定心突起或定心舵形式的定心部即为其导引部，而无控火箭弹的导向块或定位器为其导引部。

（2）制导部。导弹的制导部通常由测量装置、计算装置和执行装置三个部分组成。根据导弹类型的不同，相应的制导方式也不同，主要有以下四种制导方式。

① 自主式制导：全部制导系统装在弹上，制导过程中不需要弹外设备配合，也无须来自目标的直接信息就能控制射弹飞向目标，如惯性制导。大多数地地导弹采用自主式制导。

② 寻的制导：由弹上的导引头感受目标的辐射能量或反射能量，自动形成制导指令，控制射弹飞向目标，如无线电寻的制导、激光寻的制导、红外寻的制导等。这种制导方式的制导精度高，但制导距离较近，适于攻击活动目标的地空、舰空、空空、空舰等导弹。

③ 遥控制导：由导弹的制导站向导弹发出制导指令，由弹上执行装置操纵射弹飞向目标，如无线电指令制导、激光指令制导，适于攻击活动目标的地空、空空、空地和反坦

克导弹等。

④ 复合制导：在射弹飞行的初始段、中间段和末段，同时或先后采用两种以上方式进行制导，如利用 GPS 技术和惯性导航系统全程导引，并复合末段寻的制导。复合制导综合了所复合的两种制导方式的优点，可以增大制导距离、提高制导精度，适于远程投放的制导炸弹、布撒器等。

5）稳定部

弹药在发射和飞行过程中，受各种随机因素的干扰和空气阻力的不均衡作用，导致射弹飞行状态产生不稳定变化、飞行轨迹偏离理想弹道，形成射弹散布，降低了命中率。稳定部是保证射弹在飞行中具有抗干扰能力，保持以稳定状态飞行，以尽可能小的攻角和正确姿态接近目标的装置。典型的稳定部结构形式如下：

（1）急螺稳定。按陀螺稳定原理，赋予弹丸高速旋转能力的装置，如一般炮弹上的弹带或某些特殊射弹上的涡轮装置。

（2）尾翼稳定。按箭羽稳定原理设计的尾翼装置，在火箭弹、导弹及航空炸弹上被广泛采用。

2．弹药的分类

弹药的种类很多，不同类型的弹药其投放方式、作用原理、组成及结构也千差万别。弹药的分类方法也很多，下面以常用的几种方式对弹药进行分类。

1）按用途分

按弹药的用途可将弹药分为主用弹、特种弹和辅助用弹。

（1）主用弹。直接杀伤敌人有生力量和摧毁非生命目标的弹药统称为主用弹，如用于杀伤敌方人员或破坏敌人的土木工事、铁丝网、障碍物、车辆、建筑物的杀爆式炮弹和炸弹；用于对付坦克等装甲目标的穿甲弹、成型装药破甲弹和反坦克子母弹；用于对付混凝土工事、机场跑道、地下掩体的攻坚弹药等。

（2）特种弹。用于完成某些特殊战斗任务的弹药称为特种弹，如照明弹、烟幕弹、宣传弹、电视侦察弹、信号弹、诱饵弹等。特种弹与主用弹的根本区别是特种弹不直接参与对目标的毁伤。

（3）辅助用弹。用于靶场试验、部队训练和教学的弹药称为辅助用弹，如教练弹、训练弹等。

随着新型弹药的出现，上述划分的界限逐渐模糊。

2）按投射运载方式分

按投射运载方式可将弹药分为射击式、自推式、投掷式和布设式四种。

（1）射击式弹药是从各类身管武器发射的弹药，包括枪弹、炮弹、榴弹发射器用弹药等。其特点是初速大、射击精度高、经济性好，是战场上应用最广泛的弹药，适用于各军兵种。

（2）自推式弹药自带推进系统，包括火箭弹、导弹、鱼雷等。由于其发射时过载较小，发射装置对弹药的限制因素少，射程远且易于实现制导，因此这类弹药具有广泛的战术及战略用途。

（3）投掷式弹药包括从飞机上投放的航空炸弹、人力投掷的手榴弹、利用膛口压力或子弹冲击力抛射的枪榴弹等。这类弹药靠外界提供的投掷力或赋予的速度实现飞行。

（4）布设式弹药包括地雷、水雷等，采用人工或专用工具、设备将其布设于要道、港口、航道海域等预定地区，构成雷场。

3）按装填物类型分

按装填物类型可将弹药分为常规弹药、化学（毒剂）弹药、生物（细菌）弹药、核弹药四种。

（1）常规弹药是战斗部内装有非生、化、核填料弹药的总称，以火炸药、烟火剂、子弹或破片等杀伤元素或某些特种物质（如照明剂、干扰箔条、碳纤维丝等）为装填物。

（2）化学（毒剂）弹药是战斗部内装填化学战剂（又称毒剂），专门用于杀伤有生目标的弹药。毒剂借助于爆炸、加热或其他手段，形成弥散性液滴、蒸汽或气溶胶等，黏附于地面、水中或悬浮于空气中，人体接触后将染毒、致病或死亡。

（3）生物（细菌）弹药的战斗部内装填生物战剂，如致病微生物毒素或其他生物活性物质，用以杀伤人、畜，破坏农作物，或引发疾病大规模传播。

（4）核弹药的战斗部内装有核装料，引爆后，能自持进行原子核裂变或聚变反应，瞬时释放出巨大的能量，如原子弹、氢弹、中子弹等。

生、化、核弹药由于其威力巨大、杀伤区域广阔、对环境污染严重，属于"大规模杀伤破坏性弹药"，国际社会先后签订了一系列国际公约，限制这类弹药的试验、扩散和使用。本书所讲弹药都属于常规弹药。

4）按配属分

根据所配属的军兵种，弹药可分为以下几类。

（1）炮兵弹药：配属于炮兵的弹药，主要包括炮弹、地面火箭弹和导弹等。

（2）航空弹药：配属于空军的弹药，主要包括航空炸弹、航空炮弹、航空导弹、航空火箭弹、航空鱼雷、航空水雷等。

（3）海军弹药：配属于海军的弹药，主要包括舰、岸炮炮弹、舰射或潜射导弹、鱼雷、水雷及深水炸弹等。

（4）轻武器弹药：配属于单兵或班组的弹药，主要包括各种枪弹、手榴弹、肩射火箭弹或导弹等。

（5）工程战斗器材：主要包括地雷、炸药包、扫雷弹药、点火器材等。

5）按控制程度分

根据弹药被控制的程度可分为无控弹药、制导弹药和阶段控制弹药。

（1）无控弹药：整个飞行弹道上无探测、识别、控制和导引能力的弹药。普通的炮弹、火箭弹、炸弹都属于无控弹药。

（2）制导弹药：在外弹道上具有探测、识别、导引跟踪和攻击目标能力的弹药，如导弹。

（3）阶段控制弹药：介于无控弹药和制导弹药之间，在外弹道某段或目标区具有一定的探测、识别、控制、导引能力的弹药，如弹道修正弹药、末制导炮弹等，其是无控弹药提高精度的一个发展方向。

3.2 榴　　弹

榴弹是战斗部内装有猛炸药，利用炸药爆炸时产生的破片和能量实现杀伤和爆破作用的弹药的总称。榴弹可进行以下分类。

1）按效能分

（1）杀伤榴弹：以杀伤人员为作战目标，具有较多爆炸破片的榴弹。

（2）爆破榴弹：在爆炸生成物和空气冲击波的直接作用下，摧毁坚固工事和装甲等硬目标的榴弹。

（3）杀伤爆破榴弹：介于杀伤榴弹和爆破榴弹之间的一种通用榴弹。其射程、威力和密集度等综合性能较佳，其中远程杀伤爆破榴弹已成为地面火炮的主要压制弹种。

2）按对付的目标分

（1）地炮榴弹：用以对付地面目标的榴弹。

（2）高炮榴弹：用以对付空中目标的榴弹。

3）按使用方式分

（1）一般火炮榴弹。

（2）迫击炮榴弹。

（3）无后坐力炮榴弹。

（4）枪榴弹。

（5）小口径发射器榴弹。

（6）火箭炮榴弹。

（7）手榴弹。

4）按弹丸稳定方式分

（1）旋转稳定榴弹。

（2）尾翼稳定榴弹。

3.2.1 榴弹的组成及其特征

1. 榴弹弹丸的基本结构

榴弹弹丸由引信、弹体、弹带和炸药装药等组成，如图 3-1 所示。

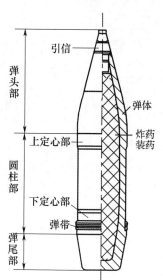

图 3-1　榴弹弹丸的外形结构图

1）引信

榴弹主要配用触发引信，具有瞬发、惯性和延期三种装定方式。在需要时，也配用时间引信和近炸引信。

2）弹体

弹体的结构可分为两类：整体式和非整体式。非整体式结构的弹体由壳体、口螺和底螺等组成。

为确保弹丸具有足够的强度，通常要求弹体采用强度较高的优质炮弹钢材。过去榴弹最通用的弹体材料是 D60 或 D55 炮弹钢，现在大多采用 58SiMn、50SiMnVB 等高强度高破片率钢。

3）弹带

对于弹丸与药筒分装的榴弹，弹带是弹丸轴向装填定位、密封火药气体、使弹丸旋转的重要零件，在嵌入火炮膛线时作为弹丸膛内运动的支撑点，带动弹丸高速旋转，保证弹丸膛内定心和出炮口后的稳定飞行。对于弹丸与药筒定装的榴弹，弹丸靠药筒的底缘凸起部进行轴向装填定位，发射时在弹丸克服药筒拔弹力后，弹带嵌入火炮膛线，起密封火药气体、使弹丸旋转的作用。弹带选材时应考虑材料的韧性、挤入膛线的难易程度、抗剪/抗弯强度、对膛壁磨损的大小等因素。初速为 300～600m/s 的榴弹弹带通常采用紫铜材料。

4）炸药装药

炸药装药是形成杀伤破片和冲击波、摧毁目标的能源。

榴弹常用装药为 TNT、钝黑铝炸药和 B 炸药等。TNT 通常用于中大口径榴弹，采用螺旋压药（简称螺装）工艺，将炸药直按压入药室，并通过螺杆的速度控制炸药的密度。钝黑铝炸药（钝化黑索金占 80%，铝粉占 20%），又称 A-IX-II 炸药，一般用在小口径榴弹中，先将炸药压制成药柱，再装入弹体。新近研制的海萨尔炸药也是先压制成药柱后再装入弹体，其平均装填密度可在 1.8g/cm³ 以上。B 炸药多采用真空振动铸装。

目前正试行采用的炸药捣装技术，可克服螺旋压装工艺存在的装填密度偏低、密度分布不均匀、存在侧隙或底隙等缺陷，可较大幅度提高炸药装填密度和装填质量。

除上述部分外，榴弹还需要有稳定装置用于保证飞行的稳定性，稳定方式包括旋转稳定和尾翼稳定。旋转稳定榴弹依靠弹丸自身的高速旋转来维持平稳飞行，配装于线膛炮，无须增加额外部件；尾翼稳定榴弹依靠弹丸尾部的尾翼稳定装置来维持平稳飞行，通常配装于滑膛炮。尾翼稳定装置安装在弹丸重心之后，在弹丸发生章动时，增大弹丸后部的空气阻力，从而使空气阻力中心位于弹丸重心后形成稳定力矩。尾翼按是否张开分为固定式尾翼和张开式尾翼两种，张开式尾翼又可分为前张式和后张式两种。

2．榴弹的弹丸外形

榴弹的弹丸外形为回转体，头部呈流线型。其全长可分为三部分：弹头部、圆柱部和弹尾部（如图 3-1 所示）。

1）弹头部

弹头部是指从引信顶端到上定心部上边缘之间的部分。弹丸以超音速飞行时，初速越高，弹头激波阻力占总阻力的比重越大。为减少激波阻力，弹头部应呈流线型，即增加弹头部长度和弹头的母线半径使弹头尖锐。低初速、非远程榴弹的弹头部形状通常设计为截锥形加圆弧形；小口径榴弹的弹头部形状通常为截锥形。

2）圆柱部

圆柱部是指上定心部上边缘到弹带下边缘之间的部分。圆柱部越长，炸药装药越多，有利于提高威力，但圆柱部越长，飞行阻力越大，会影响射程，因此在设计时应二者兼顾。圆柱部包含两个重要的功能部分：

（1）定心部，是弹丸在膛内起径向定位作用的部分。为确保定心可靠，应尽量减少弹丸和炮膛之间的间隙，但为使弹丸顺利装入炮膛，间隙也不能太小。通常弹丸具有上、下两个定心部。某些小口径榴弹，往往没有下定心部，依靠上定心部和弹带来径向定位。

（2）导引部，指上定心部到弹带（当下定心部位于弹带之后时，则为上定心部到下定心部）的部分。在膛内运动过程中，导引部长度即为定心长度，因此其长度将影响弹丸膛内运动的正确性。

3）弹尾部

弹尾部是指弹带下边缘到弹底面之间的部分。为减少弹尾部与弹底面阻力，弹尾部一般采用船尾形，即短圆柱加截锥，尾锥角为 6°～9°。定装式榴弹的弹尾部完全伸入药筒内，在弹尾预制有两个紧口槽，以便与药筒辗口结合。因此，定装式榴弹的弹尾部要比分装式榴弹的长一些。

4）弹形与弹丸性能之间的关系

（1）弹头部长度增加，飞行中阻力减小、射程增加，但当弹长一定时，圆柱部变短将导致弹丸威力下降。

（2）弹头部长度缩短、圆柱部加长、弹丸威力上升，但射程减小。

（3）圆柱部长，弹丸定位导向性能好，可以减小炮口扰动，从而提高射击精度。此外，同一口径弹丸，圆柱部越长，内装炸药量越大，弹丸威力越大。

3.2.2　旋转稳定榴弹

大多数榴弹采用旋转稳定方式，具有空气阻力小、射程远、精度高等特点。59 式 130mm 加农炮榴弹具有旋转稳定榴弹的典型结构，其为药筒分装式榴弹，主要用于杀伤人员、摧毁野战工事和破坏军事器材。全弹包括引信、弹丸和药筒，弹丸由弹体、炸药装药和弹带等组成；引信为弹头机械触发引信，对付不同目标时，可分别装定成瞬发、惯性或短延期作用方式；药筒为黄铜药筒，内装发射药、除铜剂等其他辅助元件，发射药有全装药和减装药两种。

59 式 130mm 加农炮榴弹弹丸结构如图 3-2 所示。该榴弹弹头部较长，达到 3 倍口径；弹头形状比较尖锐，弧形部曲率半径达到 15 倍口径；弹丸长度突破了 5 倍口径，达到 5.08 倍口径。由于弹丸总长度受飞行稳定性限制，其弹尾部较短。该弹具有较好的气动外形，是 20 世纪 50 年代射程最远的中口径榴弹。

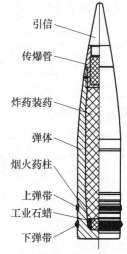

引信
传爆管
炸药装药
弹体
烟火药柱
上弹带
工业石蜡
下弹带

图 3-2　59 式 130mm 加农炮榴弹弹丸结构图

3.2.3　尾翼稳定榴弹

滑膛加农炮主要配用尾翼稳定穿甲弹，滑膛无后坐力炮主要配用尾翼稳定破甲弹，迫击炮主要配用尾翼稳定榴弹。

PT73 式 100mm 滑膛反坦克炮 I 型榴弹具有尾翼稳定榴弹的典型结构。该榴弹的结构如图 3-3 所示，其结构特点如下。

1）采用超口径尾翼

弹丸超速飞行时若采用同口径尾翼，则尾翼处于弹尾涡流区中，无法充分发挥作用，也不能保证弹丸平稳飞行；采用超口径尾翼后，可保证弹丸平稳飞行，但将导致阻力增大，射程较近。

2）利用汽缸活塞压力转动尾翼

六片钢尾翼固定于尾翼座，以齿啮合，在膛内时处于收拢状态。发射过程中，当发射药点燃后，火药气体从活塞外侧的两个小孔进入气室，出炮口后气室压力高于环境压力，推动活塞在尾翼座内向后做直线运动并剪断剪切圈，啮合齿使尾翼做回转运动并逐渐张开，直到活塞下移到位，此时张开角为30°。通过辊花及剪切圈在剪切中产生的毛刺可增加活塞与尾翼座之间的摩擦力，使尾翼锁定，防止反转。

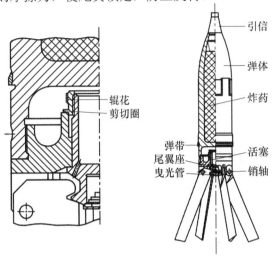

图 3-3 PT73 式 100mm 滑膛反坦克炮 I 型榴弹结构图

3）利用尾翼斜面低速旋转

弹丸制造与装配误差导致其气动外形存在不对称，飞行时产生气动力偏心，引起弹丸发生弹道偏离，增大落点的散布。尾翼稳定弹丸通过低速旋转可以减小或消除这种偏心的影响，可以提高弹丸密集度。因此，尾翼片的单侧铣有 7°15′ 的斜面，可以使弹丸飞行时低速旋转。

4）弹带闭气与定心

弹体下部采用等离子弧焊工艺焊有一条铜质弹带，该弹带的宽度较窄且强制量较小，在弹丸发射时可起定心作用和一定的闭气作用。

5）轴向通气槽

由于尾翼稳定弹丸下部弹带的闭气性能比旋转稳定弹丸上部弹带的闭气性能要差，有部分高温高压火药燃气会泄漏到闭气弹带前方的弹体上。为使弹体能承受较高的膛压，上定心部开有四条轴向通气槽，供高温高压火药燃气泄漏用，以提高弹体强度。

3.2.4 远程榴弹

从 20 世纪 60 年代开始，远程榴弹的射程以每 10 年 25%～30% 的速度增加。世界各国军事技术部门一直都在研究增大射程的方法。20 世纪 80 年代以来，远程榴弹的射程又有了明显的提高，一代新型中大口径远程榴弹已研制成功并装备部队。

综合国内外弹上增程方法，榴弹增程的技术途径可概括为：减阻法增程技术、添质加能增程技术和复合增程技术。弹形减阻是其他增程技术应用的前提，而弹形减阻的关键是减小波阻和底阻。

常用的远程榴弹类型包括底凹远程榴弹、低阻远程榴弹、底排减阻增程榴弹以及底排—火箭复合增程榴弹等，下面将详细介绍。

1. 底凹远程榴弹

底凹远程榴弹由美国在 20 世纪 60 年代初最先开始研制，因在弹丸底部采用底凹结构而得名，其主体外形与平底远程榴弹的相似，但阻力更小、射程更远，目前已逐渐代替平底远程榴弹。美国对 105mm 榴弹进行了改进设计，设计了 M442 式深底凹远程榴弹，并使用能量较大的三基发射药提高初速，使射程由原来的 11km 提高到 15km（增程 35%）。

1）结构特点

（1）底凹的深度影响弹底阻力。底凹结构呈圆柱形，底凹与弹体为一个整体时即为整体式底凹弹，与弹体螺接时即为螺接式底凹弹。底凹结构中凹窝的深度若取 0.2～0.4 倍弹径，即为浅底凹，如图 3-4 所示；凹窝的深度若取 0.9～1.0 倍弹径，即为深底凹，如图 3-5 所示。

（2）易于提高弹体强度。采用底凹结构，可以将弹带设置在弹体与底凹之间的隔板处，提高了弹体强度。

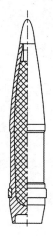 

图 3-4　浅底凹远程榴弹　　　　图 3-5　深底凹远程榴弹

（3）提高威力。虽增加了底凹部分，但由于弹丸增长，炸药药室的长度并未减短，同时由于弹带设置在弹体与底凹之间的隔板处，使弹体强度得到改善，可使弹壁减薄，从而增加炸药药量，提高弹丸的威力。

（4）满足飞行稳定要求下弹丸更细长。采用底凹结构后弹头部形状尖锐，弹底前移，全弹长可超过旋转稳定式平底榴弹。由于弹丸的增长，弹带又靠近弹底面，从而增长了导引部，提高了弹丸膛内运动的正确性，还可改善外弹道性能。

底凹结构使弹丸质量分布较集中、弹丸的赤道转动惯量与极转动惯量之比减小，整个弹丸的质心前移、压力中心后移、使飞行中翻转力矩减小，这些都有利于提高弹丸的飞行稳定性、减小飞行中的空气阻力，并改善弹丸的散布。

2）存在的问题

底凹结构存在的主要问题是出炮口瞬间由于底凹部分内、外压差很大，可能出现强度不足的现象。因此在选取底凹部分的材料、确定底凹部分厚度时，必须满足炮口强度设计要求。

2．低阻远程榴弹

低阻远程榴弹又称枣核形榴弹（简称枣核弹）。从弹丸直径的名义尺寸与火炮口径来看，枣核榴弹的发展有两种形式：一是全口径枣核弹，弹丸直径的名义尺寸与火炮口径相同；二是次口径枣核弹，弹丸直径的名义尺寸比火炮口径略小。次口径枣核弹是在全口径枣核弹的基础上发展起来的，其射程有了进一步增加，且在相同条件下，次口径枣核弹可获得比全口径枣核弹略大的初速。

加拿大在 20 世纪 70 年代研制成功的 155mm 全口径枣核弹结构如图 3-6 所示。

1）特点

（1）枣核弹结构设计的最大特点是取消了圆柱部，整个弹体由约为 4.8 倍口径长的弧形部和约为 1.4 倍口径长的弹尾部组成。

（2）通常利用弹丸弧形部上安装的四片定心块和位于弹丸最大直径处的弹带来解决全口径枣核弹在膛内发射时的定心问题。

（3）枣核弹的长径比较大，一般都在 6 倍口径以上，弹头长为全弹长的 80%。在目前各类榴弹中，枣核弹的阻力系数最小，其阻力比普通圆柱榴弹减少了 25%～30%。

（4）在结构设计上，枣核弹一般同时采用底凹结构。

2）存在的问题

枣核弹定心块的形状、安置角度和位置需要精心设计。除需要考虑良好的定心作用外，还要尽可能减小阻力和改善飞行的稳定性。实验表明，在 0～15°的范围内随着定心块斜置角的增加，弹丸所受的阻力也将有所增加。同时，由于枣核弹在弹带上安置了四个定心块，增加了弹体结构的复杂性，给加工制造与装配工艺带来了一定难度。

另外，由于枣核弹的长径比较大，其飞行稳定性要比普通圆柱榴弹的差。

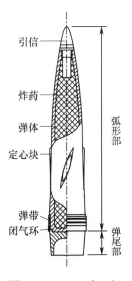

图 3-6　155mm 全口径枣核弹结构示意图

3．底排减阻增程榴弹

底排减阻增程榴弹是瑞典于 20 世纪 60 年代中期最先开始研制的，此后许多国家和地区都先后采用底排增程技术。底排增程率在 25%～30%，并不断增大。

该弹是在普通平底榴弹弹尾或底凹弹的凹窝内增加一套底部排气装置，以减小底部阻力、改善弹道性能的一种远程榴弹。这种结构是在"曳光剂可提高射程"的启示下发展起来的，简称底排（喷）弹或 BB 弹。

通常底排药柱的燃烧时间为底排弹最大射程飞行时间的 1/3～1/2，可达数十秒。与火箭发动机相比，底排气流速度低且持续时间长，这种持续的底部高温气流的亚声速流动提高了弹丸底压、减少了底阻。此外，与平底弹的弹后气流相比，底排使围绕弹尾向弹底转折的气流转折角减小，使底部区拉长，犹如增长弹尾。气流转折角越小，则底部区压力越高，减少底阻的效果越好。一般底排装置可减小底阻 50%～70%。由于底阻占总阻的 30%～50%，因此底排弹的综合增程效果较明显。但增程效果受弹形、底排装置结构、气流参量和弹丸初速的综合影响。由于亚、跨声速时弹丸波阻所占比例较小，只有当马赫数（Ma）为 1.5～3 时，排气减阻效果才好，而低速榴弹的增程效果较差。

底排弹的优点：结构简单，只需在弹丸底部加装排气装置即可；基本上不减小弹丸的有效载荷，不会使威力下降；底排装置的燃烧室工作压力低，因而对壳体要求低。

底排弹存在的问题：由于底排药柱的燃烧条件受高空大气层气象条件的影响，而气象条件瞬息万变，同时底排药柱点火时间的一致性也存在一定的问题，导致底排弹加大了弹丸的散布。

4．底排—火箭复合增程榴弹

底排—火箭复合增程榴弹的原理：弹丸出炮口后在空气密度很大的低空飞行时，空气

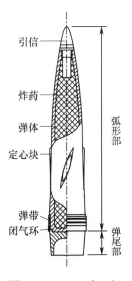

阻力大，底阻占全部空气阻力的比例也大，因此采用底部排气减阻增程；当弹丸进入空气密度小的高空后，采用火箭发动机加速，以获得更高的增程率。

底排—火箭复合增程榴弹在进行总体结构布局设计时，底排装置总是置于弹丸的最底部，而火箭装置可以放置于弹丸的不同部位。依据火箭装置与底排装置的相对位置，底排—火箭复合增程榴弹的总体结构布局形式主要有以下三种。

（1）前后分置式：在弹体头弧部放置火箭装置，图 3-7 所示的美国 155mmXM982 型底排—火箭复合增程子母弹就属于此种布局形式。

（2）弹底并联式：火箭药柱在外圈、底排药柱在内圈，同处一个装置内，并共享同一个排气口。图 3-8 所示的法国 OERAP-H3 型 155mm 的底排—火箭复合增程弹采用的就是此种布局形式。

（3）弹底串联式：火箭装置与底排装置同处弹底部，相对弹头而言，火箭装置在前，底排装置在后，呈串联方式。图 3-9 所示的俄罗斯 152mm 底排火箭复合增程弹采用了此种布局形式。

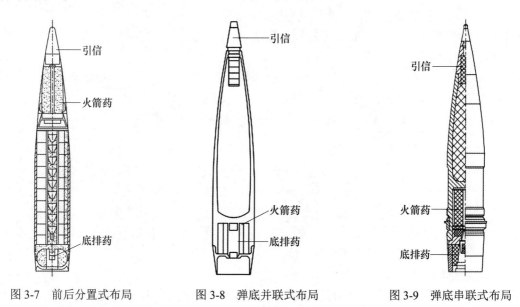

图 3-7　前后分置式布局　　　图 3-8　弹底并联式布局　　　图 3-9　弹底串联式布局

3.2.5　榴弹的发展方向及性能改进

当今榴弹正在向提高射程、威力和射击精度的方向发展，重点是增大射程（或射高）和提高威力。改进榴弹的上述性能主要从以下几个方面入手。

1. 提高弹丸初速

从理论上讲，提高弹丸的初速可从火炮和弹药两方面入手。增加火炮身管的长度和增加发射药量将使火炮的质量增大、机动性降低。另外，改变整个火炮系统要比改进弹药系统的难度和耗资量大得多。所以在一般情况下，提高弹丸的初速都是在不降低火炮机动性的前提下进行的，具体措施如下：

（1）采用高能低烧蚀火药。

（2）改善装药结构。

（3）采用火箭增程技术。

2. 改善弹形、减少阻力

早期的榴弹受到弹丸设计理论和火炮发射技术局限性的影响，其体形设计为平底短粗型。全弹长多数不超过 5 倍弹径，头弧部长度远小于其圆柱部长度。这种短粗型弹形制约了射程。

20 世纪初，榴弹的体形开始发展为平底远程型，其全弹长已超过 5 倍弹径，头弧部长度大于其圆柱部长度，射程有了一定程度的提高。这种弹形已成为中大口径榴弹的制式弹形。

20 世纪 60 年代，出现了底凹远程型榴弹，其外形与平底远程型的相似。由于弹底部存有圆柱形底凹，较好地匹配了弹丸的阻心与质心位置，且全弹长已超过 5.5 倍弹径，射程也有了一定程度的提高。

20 世纪 70 年代，出现了俗称为"枣核弹"的第二代底凹远程型榴弹。在结构上除保留底凹结构外，其外形有几处较大变化：头弧部长度接近 5 倍弹径，圆弧母线半径大于 30 倍弹径，圆柱部长度不足 1 倍弹径，全弹长已超过 6 倍弹径。在尖锐的头弧部上通常固定安装着四片定心块，以解决枣核弹的膛内定心问题。该弹形通常与底排减阻增程技术或底排—火箭复合增程技术配合使用，可获得极佳的增程效果。

3. 提高弹丸的威力

可采取以下措施提高弹丸的威力：

（1）采用高威力炸药。

（2）提高弹丸的燃烧性能。

（3）采用预制破片。

（4）采用高强度、高破片率钢材制作弹体。

（5）采用多功能引信技术。多功能引信技术指的是使一种引信具有多种功能（如近炸、电子定时、触发、简易制导、弹道修正、联合可编程等），或把点火与控制、弹道修正、制导与控制等功能融为一体的引信技术，可大大提高弹丸的命中精度和毁伤效能。

3.3 穿 甲 弹

3.3.1 穿甲弹的基本知识

1. 穿甲弹

穿甲弹是用来摧毁装甲目标（如坦克、步兵战车、装甲运输车、自行火炮和舰艇等）的重要弹药。它主要依靠弹丸动能穿透目标，所以也称动能弹，如图 3-10 所示。

穿甲弹一般只配备在反坦克加农炮、坦克炮、野战炮和高射炮等炮口动能大的火炮上。

2. 穿甲弹的种类

穿甲弹包括普通穿甲弹、次口径超速穿甲弹、次口径

图 3-10　穿甲弹

超速脱壳穿甲弹等。

3．性能要求

穿甲弹的性能要求如下：

（1）比动能大。比动能为穿甲弹动能与弹丸横截面积之比。

（2）弹体强度高。

（3）射击密集度好。

4．作用原理与形式

下面介绍穿甲弹几种基本的穿甲形式。

（1）韧性穿甲。当穿甲弹直径较小或装甲目标机械强度不高时出现的穿甲破坏情况。此时装甲金属向表面流动，然后沿穿甲弹前进方向被从前向后挤开，装甲上形成圆形穿孔。当装甲厚度增加、强度提高或着角增大时，尖头穿甲弹将不能穿透装甲，或产生跳弹，如图 3-11 所示。

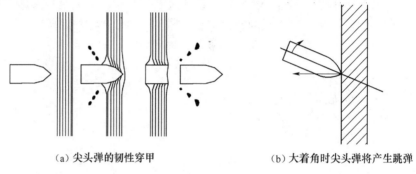

（a）尖头弹的韧性穿甲　　　　　　　　（b）大着角时尖头弹将产生跳弹

图 3-11　韧性穿甲

（2）冲塞式穿甲。钝头穿甲弹撞击较厚的装甲时，弹丸首先将装甲表面破坏，形成弹坑，然后产生剪切，靶后出现塞块，称之为冲塞式穿甲。钝头穿甲弹穿甲时由于力矩的方向与尖头弹的不同，出现转正力矩，弹丸不易跳弹，如图 3-12 所示。

（3）破碎型穿甲。弹丸以高速撞击装甲时，弹丸产生塑性变形和破碎，靶板除破碎外也产生崩落，大量碎片从靶后喷溅出来，如图 3-13 所示。

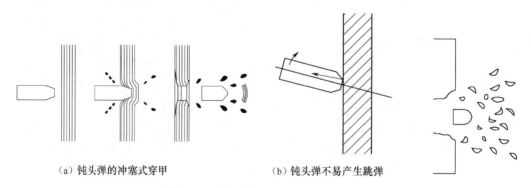

（a）钝头弹的冲塞式穿甲　　　　（b）钝头弹不易产生跳弹

图 3-12　冲塞式穿甲　　　　　　　　　　　　　图 3-13　破碎型穿甲

除上述基本穿甲形式外，还可能出现综合性穿甲过程。如高速长杆式穿甲弹，撞击靶板后，除撞击表面出现破坏弹坑外，在穿甲过程中弹丸和装甲产生破碎，最后产生冲塞。

3.3.2 普通穿甲弹

普通穿甲弹是指早期出现的适口径穿甲弹。以下介绍几种普通穿甲弹。

1. 尖头穿甲弹

尖头穿甲弹侵彻甲板时其头部阻力较小，对硬度较低的韧性甲板有较高的穿透能力；对硬度较高的厚装甲板，头部易破碎；对倾斜的甲板易发生跳弹。图 3-14 所示为 37mm 高射炮尖头穿甲弹。

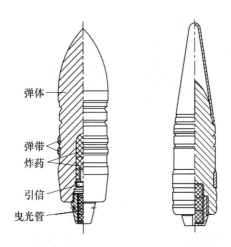

图 3-14　37mm 高射炮尖头穿甲弹

2. 钝头穿甲弹

钝头穿甲弹撞击甲板时，由于接触面积大，弹头部不易破碎，易产生剪切冲塞式破坏，还可以在一定程度上防止跳弹。钝头穿甲弹一般在头部设计有断裂槽，如图 3-15 所示。

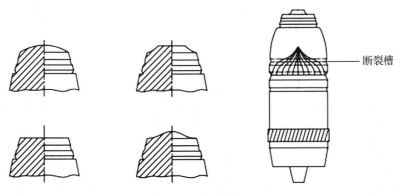

图 3-15　钝头穿甲弹

3. 被帽穿甲弹

被帽穿甲弹在尖锐的穿甲弹头部焊接了钝形被帽，头部无断裂槽。被帽的作用是尽可能避免斜穿甲时产生跳弹，并保护弹丸头部使其撞击甲板时不易破碎，如图 3-16 所示。

4. 穿爆弹（半穿甲弹）

半穿甲弹又称穿甲爆破弹，其结构特点是有较大的药室，可装填炸药量较多，装填系数为 4%～5%，头部大多是钝头或带有被帽。

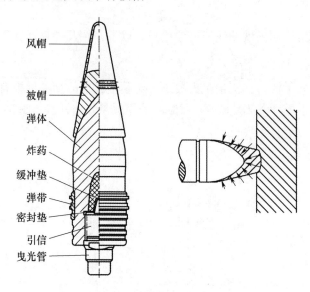

风帽
被帽
弹体
炸药
缓冲垫
弹带
密封垫
引信
曳光管

图 3-16　被帽穿甲弹

小口径半穿甲弹主要用于高射炮或航炮，如航 30-1 穿甲爆破/自炸弹和 37mm 高射炮爆破穿甲弹（图 3-17（a）、(b)），用来击毁空中及地面带有轻型装甲防护的目标。

大中口径半穿甲弹主要配用在舰炮或岸舰炮上，对敌舰艇射击。虽然舰艇的装甲较薄，但舱室空间较大，各舱室间的密封性较好，因此必须加强穿甲后效作用。在弹丸上一般采取增大药室、多装炸药的办法。由于弹体壁厚被减薄，强度削弱，弹丸的穿甲能力会有所下降。130mm/50 倍口径岸舰炮用半穿甲弹（图 3-17（c）），药室内装有六节黑铝药柱，装填系数为 5.15%，其穿甲威力为倾斜角 30°、厚度 60mm 的均质钢甲。

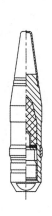  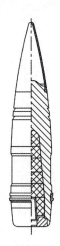

（a）航 30-1 穿甲爆破/自炸弹　　　（b）37mm 高射炮爆破穿甲弹　　　（c）130mm/50 倍口径岸舰炮用半穿甲弹

图 3-17　半穿甲弹

半穿甲弹穿甲图如图 3-18 所示。

（a）穿靶前的半穿甲弹

（b）过靶后的弹丸

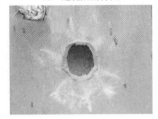

（c）被击穿的靶板

图 3-18　半穿甲弹穿甲图

3.3.3　次口径超速穿甲弹

次口径超速穿甲弹主要由弹芯、弹体、风帽或被帽、弹带和曳光管组成。弹芯是穿甲的主体部分，由碳化钨制成，并含有少量的镍、钴或铁等金属；弹体通常由铝合金制成，起支撑弹芯、固定弹带，并使弹丸获得旋转稳定的作用，如图 3-19 所示。

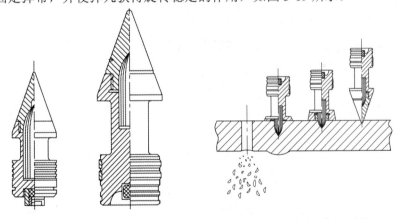

（a）57/25 次口径穿甲弹　（b）85/28 次口径穿甲弹　　　（c）次口径超速穿甲弹穿甲过程

图 3-19　次口径超速穿甲弹

3.3.4　次口径超速脱壳穿甲弹

次口径超速脱壳穿甲弹的作用原理是：在次口径超速穿甲弹的基础上，在弹丸出炮口以后使弹托脱落，减小飞行阻力，以增加弹丸的着速和比动能。

次口径超速脱壳穿甲弹包括旋转稳定脱壳穿甲弹和尾翼稳定脱壳穿甲弹。这两种类型都是由飞行弹和弹托两部分组成。飞行弹的口径小于炮膛口径时，弹丸在炮口脱壳后，飞行弹必须稳定飞行并保证较高的断面密度，从而减少速度降、提高有效质量比（飞行弹质量与弹丸质量之比）。

1. 旋转稳定脱壳穿甲弹

旋转稳定脱壳穿甲弹一般采用整体弹托，发射时离心销在离心力的作用下，压缩弹簧释放飞行弹；弹丸出炮口后，由于飞行弹与弹托的阻力不同，两者分离，飞行弹飞向目标。1959 式 100mm 坦克炮用脱壳穿甲弹如图 3-20 所示。

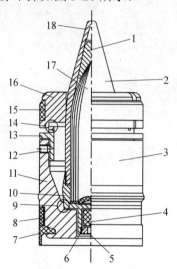

1—被帽；2—飞行穿甲；3—弹托部；4—曳光管；5—铜片；6—底螺；7—橡胶圈；8—尼龙弹；9—锥面；10—底座；

11—铝底托；12—定位钉；13—铝前托；14—环形削弱槽；15—尼龙定；16—铝定心瓣；17—弹芯；18—外套

图 3-20　1959 式 100mm 坦克炮用脱壳穿甲弹

2. 尾翼稳定脱壳穿甲弹

尾翼稳定脱壳穿甲弹又称杆式穿甲弹，其特点是穿甲弹部分的弹体细长、弹径较小，长细比大于 12。

尾翼稳定脱壳穿甲弹的典型结构如图 3-21 所示。其全弹由弹丸和装药部分组成，弹丸由飞行部分和脱落部分组成。飞行部分一般由风帽、穿甲头部、弹体、尾翼、曳光管等组成；脱落部分一般由弹托、弹带、密封件、紧固件等组成；装药部分一般由发射药、药筒、点传火管、尾翼药包（筒）、缓蚀衬里、紧塞具等组成。

由于尾翼稳定脱壳穿甲弹弹体细长、着速高，因此该穿甲弹的穿甲过程与其他类型穿甲弹的不同。其特点是弹体边破碎边穿甲，称"破碎穿甲"。

尾翼稳定脱壳穿甲弹（钢弹芯）的穿甲特点是：

（1）弹体在穿甲过程中几乎全部破碎，最后只剩下一小段尾部弹体，长度为 1～1.5 倍弹体直径。

（2）弹坑直径大于弹体直径，约为 1.5 倍弹体直径，且坑壁不光滑。

（3）大法向角穿甲时，弹孔有明显的向内折转现象。法向角越大，沿着速方向的入口尺寸越大。

（4）穿透钢甲的着速越大，钢甲出口越大，弹孔越平直；着速越低，钢甲出口越小，弹孔越弯曲。

（5）整个穿甲过程可分为开坑、反挤侵彻和冲塞三个阶段。

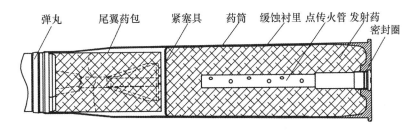

弹丸　尾翼药包　紧塞具　药筒　缓蚀衬里　点传火管　发射药　密封圈

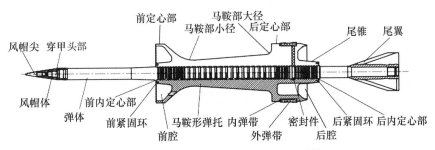

前定心部　马鞍部大径　后定心部　尾锥　尾翼
风帽尖　穿甲头部　马鞍部小径
风帽体　前内定心部　弹体　前紧固环　马鞍形弹托　内弹带　密封件　后紧固环　后内定心部
前腔　外弹带　后腔

图 3-21　尾翼稳定脱壳穿甲弹的典型结构

　　尾翼稳定脱壳穿甲弹的穿甲能力主要取决于着靶比动能、弹体结构、弹体材料特性、着靶姿态。

　　尾翼稳定脱壳穿甲弹的大法向角穿甲情况如图 3-22 所示。

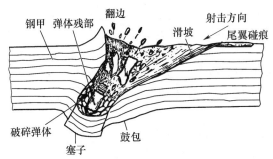

钢甲　弹体残部　翻边　射击方向　尾翼碰痕
滑坡
破碎弹体　塞子　鼓包

图 3-22　尾翼稳定脱壳穿甲弹的大法向角穿甲（刚穿透）情况

86 式高膛压 100mm 滑膛反坦克炮脱壳穿甲弹如图 3-23 所示。

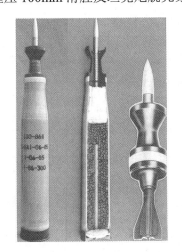 

图 3-23　86 式高膛压 100mm 滑膛反坦克炮脱壳穿甲弹

3.4 破 甲 弹

破甲弹，又称成型装药破甲弹、空心装药破甲弹或聚能装药破甲弹，是利用炸药爆炸的能量挤压药型罩形成高速的金属射流（即成型装药聚能效应）击穿装甲并毁伤目标的弹药。

3.4.1 破甲作用的原理

1. 聚能效应

在如图 3-24 所示的聚能效应试验中，在同一块靶板（钢板）上安置了 4 种不同结构形式但外形尺寸和炸药种类相同的药柱。当使用相同电雷管分别引爆时，观察四种装药条件下靶板的破坏情况后发现：（a）条件下圆柱形装药爆炸后只能在靶板上炸出很浅的凹坑，高温高压的爆炸产物近似沿装药表面法线方向飞散，如图 3-25 所示，柱状装药向靶板方向飞散的药量（常称为有效装药量）很少，而对靶板的作用面积较大，所以能量密度小，炸坑很浅；（b）条件下的装药爆炸后在靶板上的炸坑与（a）相比有所加深，凹槽附近的爆炸产物沿装药表面的法向飞散时，在装药轴线处汇聚，形成一股高速、高温、高密度的气流，如图 3-26 所示，它作用在靶板较小的区域内，形成较高的能量密度，以致产生较深的弹坑，这种利用装药一端的空穴以提高爆炸后的局部破坏效应的作用，称为聚能效应；（c）条件下的装药爆炸时，汇聚的爆炸产物驱动金属罩，使其在轴线上合并形成能量密度更高的金属流，使炸坑进一步加深；（d）条件下可使金属流在冲击靶板之前进一步拉长，能量更加集中，形成比（c）更深的穿孔。

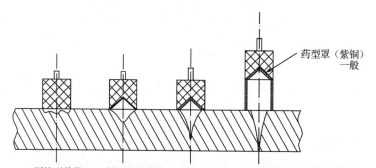

（a）圆柱形装药 （b）锥形凹槽装药 （c）锥形装药 （d）距靶板一定距离的锥形凹槽装药

图 3-24 聚能效应试验

2. 金属射流和爆炸成型弹丸

弹丸装药由底部引爆后，爆轰波不断向前传播，爆轰的压力冲量使药型罩近似地沿其法线方向依次向轴线塑性流动，其流动速度（又称为压垮速度）可达 1000～3000m/s，药型罩依次在轴线上闭合。如图 3-27 所示，闭合后头部的一部分金属具有很高的轴向速度（高达 8000～10000m/s），呈细长杆状，称为金属流或射流；尾部的另一部分金属的速度较低，一般不到 1000m/s，且直径较大，称为杵体。射流直径一般只有几毫米，温度在 900～1000℃左右，但尚未达到铜的熔点（1083℃），因此射流并不是熔化状态的流体。

从图 3-26 中还可以看出，在气体流汇集过程中，总会出现直径最小、能量密度最高的气体流断面。该断面被称为"焦点"，而焦点至凹槽底端面的距离被称为"焦距"（F）。不难理解，气体流在焦点前后的能量密度都低于焦点处的能量密度，因而适当提高装药至靶板的距离可以获得更好的毁伤效果。

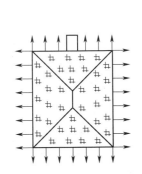

图 3-25　柱状装药爆炸产物的飞散

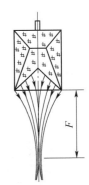

图 3-26　聚能效应作用原理

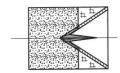

（a）装药爆炸后某一瞬间

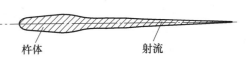

杵体　　　　　射流

（b）射流形成

图 3-27　射流与杵体

由锥形药型罩的顶部到口部，金属质量是逐渐增大的，而与其对应的有效药量则是由多到少。在药型罩闭合的过程中，压垮速度顶部大、口部小，形成的金属流头部速度高、尾部速度低。当装药与靶板存在一定距离时，射流在向前运动的过程中，不断被拉长，可使侵彻深度加大。但当药型罩距靶板的距离（简称炸高）过远时，射流冲击靶板前因不断拉伸，发生离散、断裂，影响穿孔深度。因此，聚能装药存在最佳炸高（或称有利炸高）。

另一方面，锥角为 130°～150° 左右的锥形或球冠形药型罩在装药爆炸后的变形过程如图 3-28 所示。

质心位置

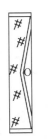  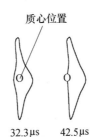  

20.6μs　　32.3μs　　42.5μs　　51.8μs　　72.5μs

图 3-28　爆炸成型弹丸的形成过程

此类药型罩在爆炸后形成的高速物体称为爆炸成型弹丸（Explosively Formed Projectile，EFP），其速度一般为 2000～3000m/s。与小锥角（40°～60°）药型罩形成的射流相比，爆炸成型弹丸具有下列特点：

（1）速度低、形状短粗、质量大。

（2）穿深浅，但后效大。

（3）对炸高不敏感，基本不受弹丸旋转的影响。

由于此类弹丸的这些特点，常将其应用于反坦克导弹、子母弹、地雷和定向侧甲雷等弹药上，用来攻击坦克的顶甲、侧甲和底甲。

3.4.2　常见破甲弹

破甲弹一般都由弹壳、聚能装药（药型罩和空心装药）和引信组成。另外，大多数破甲弹还有示迹装置；抛射武器用破甲弹还有膛内定向装置和飞行稳定装置；用火药气体压力抛射的破甲弹还有闭气装置。除聚能装药部分外，其他装置的构造作用与普通弹丸的基本相同，图 3-29～图 3-32 给出了几种供不同火炮使用的破甲弹。

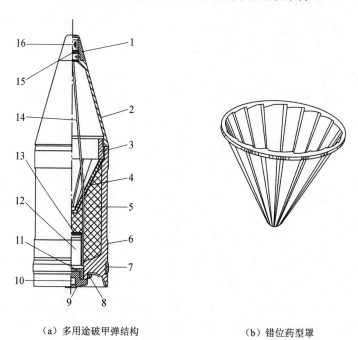

（a）多用途破甲弹结构　　　　　　　　　　　（b）错位药型罩

1—引信帽；2—头螺；3—连接螺圈；4—错位药型罩；5—炸药；6—弹体；7—陶铁弹带；8—药筒压紧螺；9—底螺；

10—曳光管；11—压紧螺；12—压电引信底部；13—毡垫；14—导线；15—垫片；16—压电引信头部

图 3-29　美 152mm 多用途破甲弹

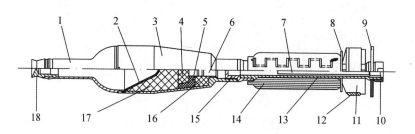

1—头螺；2—药型罩；3—弹体；4—隔板；5—副药柱；6—引信；7—基本药管；8—纸板；9—定位板；10—底螺；

11—尾翼；12—稳定环；13—尾管；14—发射装药；15—连接螺；16—衬块；17—主药柱；18—防滑帽

图 3-30　1965 式 82mm 无后坐力炮破甲弹

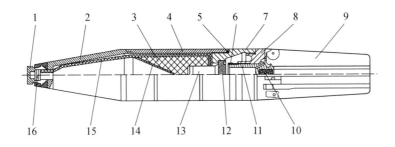

1—引信头部；2—头螺；3—炸药；4—弹体；5—橡皮垫圈；6—螺圈；7—弹底；8—尾翼座；9—尾翼片；10—曳光管；

11—活塞；12—螺塞；13—引信底部；14—药型罩；15—导线；16—压电晶体

图 3-31　85mm 气缸尾翼破甲弹

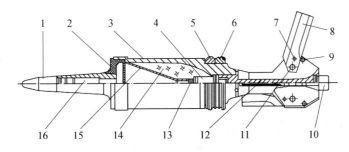

1—引信；2—头螺；3—弹体；4—起爆机构；5—活动弹带；6—压环；7—切断销；8—尾翼；9—定位销；10—曳光管；

11—销轴；12—尾杆；13—后传火管；14—炸药；15—药型罩；16—前传火管

图 3-32　苏 100mm 坦克炮用破甲弹

3.4.3　串联战斗部

　　面对现代战场上复合装甲和爆炸式反应装甲的应用，各国相继研制了多种对付此类装甲的串联战斗部。串联战斗部是一种由多级空心装药或弹丸串联而成的战斗部，具体的组合形式有破—破、穿—破、破—穿、穿—穿等，但目前真正达到实用的只有破—破两级串联的形式，即串联的空心装药结构。串联的空心装药结构是指在弹丸的轴线方向上依次设置两个空心装药，其射流的形成大致可分为两类，即连续射流和断续射流。

　　图 3-33 所示的串联空心装药爆炸后可形成连续射流，其作用原理是：起爆后距靶板较远的第二级装药首先爆炸，形成的射流通过前面的中心管侵彻装甲；第一级装药的起爆是由第二级装药产生的压力驱动金属垫圈 8，以给定的速度，通过一定的空间，由碰撞产生，并截断速度较慢的杵体部分，将射流之间所要求的延滞时间减至最短，从而形成一个高速的连续射流，大大提高了弹丸的侵彻能力。该结构的特点是：在战斗部口径和质量变化不大的情况下，增加了射流的有效长度。美国学者认为，这种结构适于对付均质装甲和复合装甲。

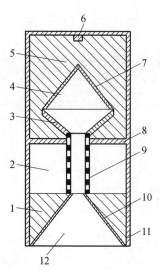

1、5—炸药；2、4、12—空腔；3—截流器；6—起爆器；7、10—药型罩；8—金属垫圈；9—中心管；11—壳体

图 3-33　形成连续射流的串联空心装药结构

图 3-34 所示的串联空心装药爆炸后可形成断续射流，其作用原理是：当战斗部碰击目标时，口径较小的副药柱首先作用，用射流引爆反应装甲的外层炸药，并且在主装药产生的射流到达之前，副药柱对装甲炸药层的作用完全消失，以保证主装药射流的有效破甲。该结构的特点是：副装药形成的射流与主装药射流之间没有什么联系，两级装药所形成的射流是断续的，当主装药射流到达靶板之前，副装药射流使反应装甲的炸药层爆毁、失去破坏主装药射流的能力。因此，此类串联装药可以有效对付反应装甲。

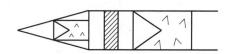

图 3-34　形成断续射流的串联空心装药结构

为了使弹丸装药适用于对付各种装甲，法国 MichelCoisplet 设计了如图 3-35 所示的多用途串联空心装药，该装药的结构特点是：

（1）第一级装药的口径比较大，因此形成射流的侵彻直径也较大。

（2）为避免第一级装药爆炸后对口径较小的第二级装药造成破坏，第二级装药被放在一个硬质合金或具有一定厚度的钢板制成的盒子中。

（3）第一级装药采用无杵体药型罩，从而排除了第一级装药射流尾部慢速杵体对第二级射流头部的不利影响。

这种装药结构在对付反应装甲时，第一级装药形成的射流可以保证部分反应装甲遭到破坏；在对付复合装甲时，第二级装药形成的连续射流大大增强了第一级装药射流的侵彻能力；而在对付均质装甲时，由于第一级装药射流形成的孔径较大，为第二级射流侵入提供了有利条件，从而提高了破甲深度。这种结构虽然使战斗部性能有了很大的提高，但在对付均质装甲时，第二级装药射流的侵彻效果仍然有限。

面对各种现代新型装甲，各国都在寻求一种性能更高、用途更广的多用途破甲战斗部。图 3-36 所示为法国设计的一种大锥角的串联装药结构。其第一级装药为大锥角药型罩，锥角为 125°～140°，药型罩的厚度为装药口径的 1%～3%；第二级装药为小锥角药型罩，锥角为 40°～60°，药型罩厚度为装药口径的 1%～3%。当炸药起爆后，在爆轰波的作用下，大锥角药型罩可产生一个爆炸成型弹丸，在靶中的侵彻直径是装药口径的 0.25～0.45 倍；第二级装药爆炸后，小锥角药型罩形成的高速射流在靶中的侵彻直径为装药口径的 0.1～0.2 倍。大锥角药型罩生成的爆炸成型弹丸的作用包括：破坏反应装甲的炸药层；削弱复合装甲中非金属材料的防护能力；在均质靶板上形成一个孔径足够大的弹坑，以利于第二级射流的侵入。法国人认为，这种串联装药结构可装备于炮弹、火箭弹和导弹，用于对付单层均质靶、间隙层状靶、非金属复合靶和活性反应靶等多种装甲。

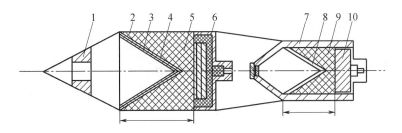

1—引信；2—弹体；3、8—药型罩；4—双金属药型罩；5、9—炸药；6、10—环形波起爆器；7—钢盒

图 3-35　多用途串联空心装药

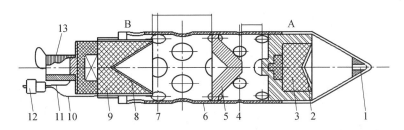

1—引信；2、7—药型罩；3、8—炸药；4、9—起爆装置；5—隔板；6—壳体；10、11—导爆索；12—雷管；

A—第一级装药；B—第二级装药

图 3-36　大锥角串联装药结构

综上所述，串联战斗部是对付现代各类新型装甲的有效手段，很有发展前景。

3.4.4　破甲弹引信要求

根据破甲弹对最佳炸高的要求及装甲目标的特点，对破甲弹引信的战术技术要求有：

（1）引信应有极高的瞬发度。装甲具有良好的避弹外形，这就要求引信在碰触目标时不产生跳弹或滑移就爆炸，而且瞬发度必须很高，以使炸高散布降低到最小。

（2）引信应有适当的炮口保险距离。破甲弹引信必须有适当的炮口保险距离，以保证弹丸与阵地伪装物相碰时炮手及武器系统的安全，以及战斗车辆行进中射击时友邻车辆的安全。

（3）引信应有良好的大着角发火性能及适当的钝感度。当弹丸与阵地伪装物、目标伪装物及弹道上的弱障碍物相碰时，不至于因引信灵敏度过高而引起早炸，但同时应以保证大着角可靠发火为前提。根据现代坦克的特点，引信至少应保证在着角小于等于 65°时可靠发火。

（4）引信应有擦地炸的功能。当弹丸没有命中目标时，引信擦地时能够引爆弹丸，

·71·

以杀伤伴随坦克前进的步兵或破坏坦克外面的装置，同时可免除在战后清理未命中目标的弹丸。

（5）引信头部不应对射流有不良影响。

3.5 碎 甲 弹

3.5.1 碎甲弹的基本知识

下面先介绍碎甲弹的两个基本知识。

（1）碎甲弹又称碎头榴弹、塑性榴弹和黏着碎甲弹。其使用高猛度的塑性（或半塑性）炸药直接贴附在装甲表面爆炸，向装甲内传入高强度冲击波（或压缩波），从而使装甲背面产生一块蝶形碎片（或破碎）及许多小碎片，在坦克内起杀伤和破坏作用。

（2）层裂（崩落）效应。当炸药柱直接贴放在钢板表面爆炸后，钢板前表面出现凹坑（靶前坑），钢板背面出现层裂或崩落一块蝶形碎片，这种破坏效应称为层裂效应或崩落效应。通过静碎甲试验（如图 3-37 所示）可以清楚地看到钢板的层裂效应。

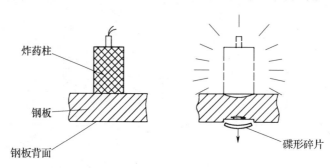

图 3-37　静碎甲试验

3.5.2 碎甲弹的结构特点

碎甲弹的爆破效应要求其装药量大，便于炸药堆积，因此整个弹丸短粗，弹长一般为 3.5～4.5 倍口径，弹丸的圆柱部特别长，头部短，一般不超过 1 倍口径，所以整个弹丸的外形不好、飞行阻力大、直射距离近。碎甲弹的典型结构如图 3-38 所示。

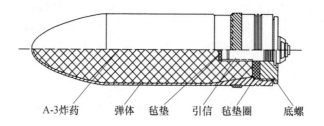

A-3炸药　　弹体　　毡垫　　引信　　毡垫圈　　底螺

图 3-38　美 M346 式 106mm 无后坐力炮曳光碎甲弹

由于碎甲弹在不同的距离上命中目标时，弹丸着速不同，炸药堆积成一定形状所需的时间也不同，因此要求引信随弹丸的不同着速而适时起爆。具有自调延期机构的引信能满足上述需要，这种引信利用惯性击针刺发雷管，起爆时间取决于击针的前冲速度，而惯性击针的前冲速度又取决于弹丸的着速，故可实现随弹丸着速适时起爆。

3.6 迫击炮弹

迫击炮弹是配用于迫击炮的弹药的总称。迫击炮通常使用 45° 以上的射角射击。迫击炮弹的形状一般为纺锤形或长椭球形，有时为了增加弹腔容积（如照明弹、宣传弹）也采用桶形，在弹体最厚的部位即定心部加工有槽线，即闭气槽，用以防止火药气体外泄。与后膛火炮弹丸一样，迫击炮弹按用途可分为主用弹和辅用弹；按稳定方式可分为尾翼稳定迫击炮弹和旋转稳定迫击炮弹。

3.6.1 迫击炮弹的构造

典型的迫击炮弹通常由弹体、稳定装置、装填物、发射装药和引信五个部分组成，如图 3-39 所示为 82mm 迫击炮弹的结构示意图。

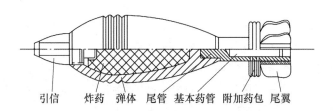

引信   炸药   弹体   尾管   基本药管   附加药包   尾翼

图 3-39   82mm 迫击炮弹的结构示意图

3.6.2 迫击炮弹的特点

除某些大口径迫击炮弹由后膛装填外，多数迫击炮弹由炮口装填，依靠自身重力下滑，以一定的速度撞击炮膛底部击针而使弹上的底火发火，"迫击"二字即源于此。

迫击炮是一种常用的伴随步兵的火炮，用于消灭敌方有生力量和摧毁敌方工事，其在过去的战争中发挥了很大的作用，在未来的战争中仍然会是一种十分重要的武器。与线膛火炮相比，迫击炮具有如下优点：

（1）弹道弯曲、落角大、死角与死界小，并且选择射击阵地容易。

（2）质量小、结构简单、易拆卸、机动性好，可以抵近射击。

（3）发射速度高，一次装填，省去了退壳、关闩和击发动作。

（4）炮弹经济性好，弹体材料及装药价格较低。

迫击炮弹的主要优点是廉价、使用操作方便、射角高、弹道弯曲，但是它也存在着一些严重的缺点，随着武器发展技术水平的提高，其缺点也在不断被克服和改进。迫击炮弹的缺点及其改进措施主要有：

（1）射程近。过去由于使用铸铁材料，迫击炮弹所能承受的膛压低，因此初速较低，加之火药气体的泄漏使初速更低。提高射程的措施之一是提高初速，其方法是：增大膛压、加长炮管、减少火药气体泄漏、使用新型火药改善膛压曲线使之平缓等。为了承受更大膛压，迫击炮弹应提高铸造质量，减少铸造疵病或使用钢质弹体。此外，可采用增大断面比重、改善弹形以及火箭增程等方法来提高射程，如 120mm 火箭增程迫击炮弹，最大射程大于 14km。

（2）隐蔽性差。过去人们认为迫击炮为曲射武器，可以躲在隐蔽物后发射，因此隐蔽性好。但是，迫击炮弹飞行速度慢、飞行时间长，很容易被敌人现代化的观测设备发现跟踪，并用计算机解算出阵地位置，因此迫击炮弹的隐蔽性差。提高初速、缩短飞行时间会使其得到一定的改善，但目前还未找到根本的解决办法。

（3）密集度差。迫击炮弹的密集度比普通火炮弹丸的差，其原因在于：

① 火药气体泄漏，每发弹的泄漏程度不一致，造成初速散布。目前趋向于使用塑料闭气环代替环向闭气槽，以更好地紧塞气体。

② 由于迫击炮弹价格低廉，所以其制造精度较低，甚至弹体内腔一次铸造成型后不再二次加工，如果允许提高成本，则可以提高弹丸制造精度从而改善射击精度。另一方面，迫击炮弹零件较多，装配同心度差，尾翼片采用焊接法连接在尾管上难以保证安装精度。为保证安装精度，现代迫击炮弹的尾翼与尾管多加工为一体。

③ 附加药包在尾管上容易发生串动，会带来点火不均匀的问题和各发弹丸之间的差异，为此应采取良好的固定附加发射装药的办法。

（4）迫击炮弹比同口径的普通火炮弹丸威力小。这是由于迫击炮弹的尾管基本没有杀伤作用，而且弹体材料与炸药性能不匹配、弹体机械性能差，往往使破片过碎、有效破片少，改进措施为提高弹体材料性能并装填高能炸药。

为了更有效地提高射程，可进一步采用火箭增程技术，如弹重为 20.7kg 的 120mm 迫击炮弹采用火箭增程后，其射程由原来的 7km 提高到了 15km。同时随着电子技术的发展，器件小型化水平和抗过载能力不断提高，在迫击炮弹上应用末制导技术是提高其射击精度的根本途径。

3.6.3 配用的引信

大部分迫击炮弹在膛内不旋转，并且膛压较低，因此需使用专门的迫击炮弹引信。迫击炮弹通常配用着发引信；特种弹或子母弹配用时间引信；杀伤弹主要发挥杀伤作用，故配用瞬发引信；为了提高爆破威力，杀伤爆破弹和爆破弹通常配用具有瞬发和延期两种模式的多功能引信。为满足引信安全性设计准则的要求，迫击炮弹引信的安全保险通常采用拔销加惯性保险或惯性保险加风轮的形式构成冗余保险。

3.7 火 箭 弹

火箭弹是一种以火箭发动机所产生的推力为动力，完成规定作战任务的无控或有控弹药。火箭弹由于要完成各种不同的战斗任务，因而其种类繁多，但各类火箭弹的基本组成部分以及各组成部分的作用大致是一样的。

3.7.1 火箭弹的基本组成

火箭弹一般由引信、战斗部、火箭发动机、稳定装置和导向装置等组成，如图 3-40 所示。

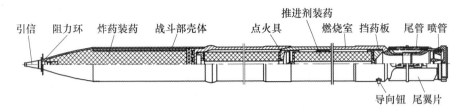

图 3-40　БМ-21 式 122mm 火箭弹

（1）引信：控制战斗部在弹道终点发挥作战效能的机械或机电部件。为使战斗部适时可靠地发挥毁伤或干扰等作用，火箭弹配有引信装置。所配用的引信类型根据战斗部类型及作战目标进行选择，目前火箭弹中常用的引信有触发引信、电子时间引信以及无线电近炸引信等。

（2）战斗部：在弹道终点发挥作战效能的部件。根据作战目的及对象的不同，在火箭弹上可以采用不同类型的战斗部，目前常用的有杀伤战斗部、爆破战斗部、杀伤爆破战斗部、子母战斗部、破甲战斗部、半穿甲战斗部、干扰战斗部以及云爆战斗部等。

（3）火箭发动机：使火箭弹能够飞行的推进动力装置。目前装备及在研的火箭弹主要采用固体火箭发动机。

（4）稳定装置：使火箭弹能够按照预定姿态及弹道在空中稳定飞行的装置。按照飞行稳定原理的不同，稳定装置可分为涡轮式稳定装置和尾翼式稳定装置。

（5）导向装置：赋予火箭弹射向的装置。尾翼式火箭弹通常采用导向钮或定向钮作为导向装置。

3.7.2　火箭弹的分类

目前世界各国研制或装备的火箭弹种类繁多，为了科研、设计、生产、存储及使用的方便，火箭弹通常按用途和稳定方式来分类。

1. 按用途分类

（1）主用火箭弹。对敌方人员、坦克、装甲车辆、土木工事、铁丝网、车辆、建筑物、雷场、各类地堡或地下军事设施等有生力量或非生命目标起直接毁伤作用的火箭弹统称为主用火箭弹。这类火箭弹包括杀伤火箭弹、杀伤爆破火箭弹、爆破火箭弹、聚能装药破甲火箭弹、燃烧火箭弹等。

（2）特种火箭弹。用于完成某些特殊战斗任务的火箭弹统称为特种火箭弹。这类火箭弹包括照明火箭弹、烟幕火箭弹、干扰火箭弹、宣传火箭弹、电视侦察/战场效能评估火箭弹等。

（3）辅助火箭弹。用于完成学校教学和部队训练任务的火箭弹统称为辅助火箭弹。这类火箭弹包括各种火箭教练弹。

（4）民用火箭弹。诸如民船上装备的抛绳救生火箭弹、气象部门采用的高空气象研究火箭弹与人工降雨火箭弹、海军舰船用的火箭锚等均属民用火箭弹。

2. 按稳定方式分类

（1）尾翼式火箭弹：依靠弹尾部的尾翼装置来保持飞行稳定的火箭弹。尾翼装置将火箭弹在飞行中的压力中心移至弹体质心之后，产生一个稳定力矩以克服外界扰动力矩的作用，使火箭弹稳定飞行。

（2）涡轮式（旋转式稳定）火箭弹：依靠弹体绕自身纵轴高速旋转来保持飞行稳定的

火箭弹。涡轮式（旋转式稳定）火箭弹通过高速旋转的弹丸自身产生一个陀螺力矩来抗衡外界扰动力矩的作用，使火箭弹稳定飞行。

3.7.3 火箭弹的特点与发展

与身管火炮发射的弹药相比，火箭弹的优点与不足都十分显著。

1. 优点

火箭弹的优点如下：

（1）飞行速度高。火箭弹是利用喷射推进原理获得飞行速度的，飞行速度的大小主要取决于推进剂的比冲量和质量比。质量比在设计使用中不会受到很大限制，可以按需要的速度加以确定，因此火箭弹可以获得较大的飞行速度，也具有更好的远射性。

（2）发射过载系数小。火箭弹起飞时的加速度和炮弹相比相差两个数量级。大多数炮兵火箭的发射过载都在 100g 以下，即使是推力较大、工作时间很短的反坦克火箭弹，其发射过载多数在 3000g 以下，而炮弹的发射过载通常在上万克。

（3）发射时无后坐力。

（4）火力密集，完成作战任务所需的突袭时间较短。

对火箭武器来说，由于没有后坐力，可以制成多管火箭炮，这是火箭武器的突出特点。在作战中使用多管火箭武器系统不仅火力非常密集，而且在较短的时间内可完成作战任务，从而可有效地提高武器系统的生存能力。

2. 缺点

火箭弹的缺点如下：

（1）生产成本比相同威力的炮弹高。

（2）密集度较差。无控火箭弹的密集度比身管炮弹的密集度差，特别是方向密集度，不宜用于射击点目标。

（3）易暴露发射阵地。火箭弹发射时，火箭发动机从喷管中向后喷出大量的高温高速气流，高速气流与空气摩擦产生很大的噪声，同时高温气流将产生强烈的光信号和红外信号，声、光、红外信号以及扬起的尘土很容易被敌方雷达等探测装置侦测，使发射阵地暴露。

3. 发展趋势

远程制导火箭弹的发展趋势为：

（1）进一步提高射程，增强纵深打击能力。

（2）提高射击精度，研制简易修正火箭弹。

（3）发展新型战斗部，一弹多头，以适应现代战场作战任务多样化的特点。

（4）采用末制导技术或配备智能引信，具有攻击运动目标的能力。

（5）与战术导弹搭配，形成远近、轻重高效打击火力集成体系，提高武器系统的作战使用灵活性，实现"弹箭一体化"。

第二次世界大战以来火箭弹倍受各军事强国的重视，特别是近十几年，中远程火箭弹在局部战争中发挥了重要作用。随着一些高新技术、新材料、新原理、新工艺在火箭弹武器系统中的应用，火箭弹在射程、威力、密集度等综合性能指标方面有了大幅度的提高，呈现出射程远程化、打击精确化、大威力及多用途化、动力推进装置多样化的发展趋势。

3.8　特种弹及软杀伤弹药

特种弹是靠其产生的特种效应完成某些特殊战斗任务的弹药的总称，其任务包括形成烟幕、指示目标、战场照明、政治攻势、空中侦查、电子干扰等。根据不同功能可分为照明弹、发烟弹、宣传弹、信号弹、诱饵弹、空中电视摄像弹、侦查用弹、航空座椅弹射弹等。燃烧弹属于主用弹，但其结构和特种弹的相似，故列入本节介绍。

软杀伤弹药针对目标最脆弱的环节实施特殊手段，使之失效或瘫痪，如碳纤维弹、强光致盲弹等。

特种弹的配备、结构以及性能上的特点是：

（1）配备量较小。

（2）结构复杂、制造工艺特殊、成本高。

（3）特种效应受外界条件的影响大。

（4）密封、防潮要求严格。

为了便于在勤务处理和使用时识别，特种弹的弹头部涂有颜色识别带以示区别，如照明弹为白色、发烟弹为黑色、宣传弹为黄色、燃烧弹为红色。

3.8.1　照明弹

下面从用途、要求、组成、照明剂、典型结构五个方面介绍照明弹。

（1）用途：夜间作战时照亮敌方或交战区域，以便观察敌情和射击效果。

（2）要求：

① 发光强度大，有合理的光谱范围（白光或黄光）。

② 有足够长的发光时间。

③ 下降速度小，以保证较长的发光时间和稳定的观察效果。

④ 作用可靠。

（3）组成：一般由引信、弹体、底螺、照明炬、抛射系统等组成。

（4）照明剂：金属可燃物、氧化剂和黏合剂等。

（5）典型结构：图 3-41 所示为 54 式 122mm 榴弹炮用照明弹，包括引信、弹体、底螺、照明炬、吊伞系统、抛射系统、推板和支撑瓦。

① 引信：时-1 式引信，最长作用时间为 80s。

② 弹体：与 122mm 榴弹相似，并具有相同的弹道性能。

③ 底螺：由 60 号钢制成，用螺纹与弹体连接。

④ 照明炬：由照明炬壳体、照明药剂、护药板等组成。

3.8.2　发烟弹

下面从以下五个方面介绍发烟弹。

（1）用途：在爆炸后产生大量的固体和液体微粒，悬浮在空中，形成烟雾，迷惑敌方的观察所、指挥所、炮兵阵地和火力点等，也可用于指示目标、发信号以及确定目标位置的风速、风向等。此外，黄磷发烟弹也有一定的纵火作用。

（2）要求：

① 射击精度和射程应与榴弹接近。

② 发烟能量强，有较大的遮蔽能力。

③ 密封可靠，可长期储存并保证勤务处理安全。

（3）组成：一般由弹体、发烟剂（黄磷）、扩爆管、炸药柱、引信等组成。

（4）发烟剂：黄磷，一种蜡状固体，密度为 1.73kg/m³，熔点为 44℃，在空气中会氧化并自燃形成烟雾。

（5）典型结构：图 3-42 所示为 85mm 加农炮发烟弹，包括弹体、发烟剂（黄磷）、扩爆管、炸药柱和引信。

① 引信：烟-1 引信，瞬发作用的弹头触发引信。

② 弹体：与 85mm 榴弹相似，并具有相同的弹道性能。

③ 发烟剂：采用黄磷作为发烟剂。

④ 扩爆管：内装有炸药，用以炸开弹体。

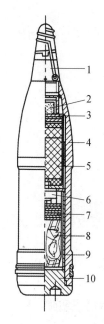

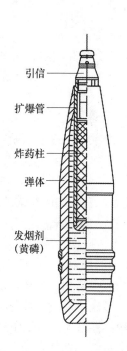

1—引信；2—抛射药；3—推板；4—弹体；5—照明炬；6—轴承合件；

7—钢丝绳；8—吊伞；9—支撑瓦；10—底螺

图 3-41　54 式 122mm 榴弹炮用照明弹　　　　图 3-42　85mm 加农炮发烟弹

3.8.3　燃烧弹

同样的，燃烧弹也从以下五个方面进行介绍。

（1）用途：对易燃的建筑、装备和阵地进行纵火，以破坏敌方设施、杀伤其人员。

（2）要求：

① 有足够的温度，一般不应低于 800～1000℃。

② 燃烧时间长。

③ 火焰大。

④ 容易点燃，不易熄灭。

⑤ 火种有一定的黏附力，并有一定的热熔渣。

（3）组成：引信、弹体、弹底、纵火剂、中心管、抛射系统等。

（4）纵火剂：目前主要有金属纵火剂、油基纵火剂和烟火纵火剂三种常用的纵火剂，可单独使用也可以混合使用。

① 金属纵火剂：能够做纵火剂的易燃金属有镁、铅、钛、锆、铀和稀土合金等，多用于贯穿装甲后，在车体内部纵火。

② 油基纵火剂：主要是凝固汽油类，其主要成分是汽油、苯和聚苯乙烯。此类纵火剂温度最低（790℃），但火焰区大（大于 $1m^2$）、燃烧时间长、纵火效果好。

③ 烟火纵火剂：主要是铝热剂，其特点是温度高（达到 2400℃以上）、有炽热熔渣，但火焰区小（$0.3m^2$）。

（5）典型结构：图 3-43 所示为 122mm 加农炮用燃烧弹，包括引信、弹体、纵火体、弹底、中心管和抛射系统等。

① 引信：时-1 钟表时间引信。

② 弹体：采用 60 号钢，外形和质量与 122mm 榴弹相当。

③ 弹底：采用 60 号钢，厚度较厚，能有效地支撑弹带。

④ 抛射系统：由高压聚乙烯药盒（内装 80g 2#黑火药）和推板组成。

⑤ 中心管：纵火体的中心有一个钢制中心管，五个中心管组成弹内点火通道，确保在抛出纵火体时点燃每个纵火体。

⑥ 纵火体：每发炮弹有五个纵火体，每个纵火体由上下两个点燃药饼和纵火剂组成。纵火剂点燃后从纵火体两端的五个直径为 25mm 的孔喷出，起到纵火作用。纵火体结构如图 3-44 所示，壳体是钢制的，有较强的贯穿能力，可击穿 4～6 层炮弹木箱板和一般屋顶。

⑦ 纵火剂：纵火剂由硝酸钡、镁铝合金粉、四氧化三铁、草酸钠和天然橡胶组成，燃烧温度达 800℃，燃烧时间也比较长。

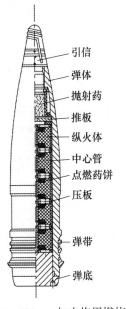

图 3-43 122mm 加农炮用燃烧弹

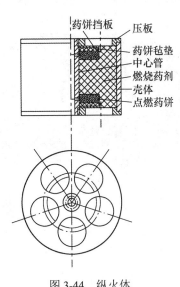

图 3-44 纵火体

3.8.4 碳纤维弹

碳纤维材料是一种高弹性、高强度、耐高温的新型工程材料,其密度小(不到钢的1/4)、柔软并且具有良好的导电、导热性能;单丝直径可以做到几微米,易于飘散;在缺氧的情况下,能承受3000~4000℃的高温。用碳纤维和塑料制成的复合材料,其机械性能超过钢的,耐高温性能远超过所有金属,可在12 000℃的高温下耐受10s之久,单丝或带的抗拉强度可达30~40MPa。因此,碳纤维是理想的破坏电网的材料。

在航弹、导弹及远程火箭弹的战斗部内装大量的碳纤维,就构成了碳纤维弹。这些碳纤维成丝条状,并卷曲成团。当弹丸到达发电厂、配电站或输电网上空时,战斗部内的炸药或火药将碳纤维丝团抛出,这些碳纤维在空中飘荡,落到高压电网上,可能引起输电线任意相线之间或与大地发生短路,当短路时间大于电网跳闸时间阈值时,会立刻造成电网断电。高压线短路停电后,飘落在高压线上的碳纤维在没有被清除的情况下仍能继续发挥短路效应,使供电难以恢复。另一方面,任何短路引起的电火花都可能引燃周围的物体,造成火灾。在海湾战争中,美军使用了战斗部内装有碳纤维的"战斧"导弹对伊拉克电力设施进行破坏,使伊拉克85%的供电能力丧失。

石墨细丝与碳纤维有同样的作用,而且石墨细丝的直径只有几百分之一英寸,比碳纤维细得多,因此对电网的破坏能力更强。1999年美军在对南联盟(南斯拉夫联盟共和国,已解体)的轰炸中,使用了内装石墨细丝的BLU-114/B型子弹药,攻击南联盟的输电网。在对南联盟输电网的两次攻击中,造成南联盟全境70%的电力供应瘫痪。图3-45所示为BLU-114/B子弹残骸,图3-46所示为石墨细丝的释放过程。

图 3-45　BLU-114/B 子弹残骸　　　　图 3-46　石墨细丝的释放过程

3.9　其 他 弹 药

3.9.1 子母弹

子母弹指在运载弹内装有若干能独立作用的子弹丸的运载弹药。

1．子母弹的组成与结构

子母弹由母弹和子弹组成，母弹包括炮弹、航弹、火箭弹和导弹等弹种；子弹包括刚性尾翼的子弹和柔性尾翼（降落伞或飘带尾翼）的子弹。

子母弹主要由弹体、引信、抛射药管、推力板、支杆、子弹和弹底等组成。图 3-47 所示美国 M404 式 203mm 杀伤子母弹结构是子母弹的一种典型结构。

为增加子弹数量，每个母弹内可装若干层，每层放若干个，如图 3-48 所示。为充分利用弹腔容积，子弹可采用等分扇形，若干个子弹一起组合成一个圆形，作为一层，但是这种形式对母弹弹径的适应性不强，为此可将子弹做成圆柱形或圆锥形。对于空心装药破甲子弹，不仅要留出锥形凹陷，而且在凹陷前方还需要留出一定的长度，以便获得必要的炸高，为此可将子弹的尾部做成与空心凹陷相适应的圆锥形，这样子弹便可以层层相套（如图 3-49 所示），从而提高有限空间的利用率。

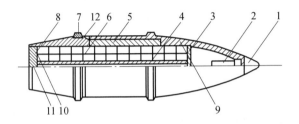

1—引信；2—抛射药管；3—推力板；4—支杆；

5—衬筒；6—子弹（13 层，每层 8 个）；7—弹带；

8—弹底；9—弹体；10—剪断销（共 3 个）；11、12—密封圈

图 3-47　美国 M404 式 203mm 杀伤子母弹

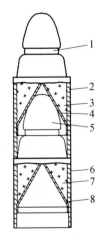

1—引信及稳定装置；2—子弹壳体；3—炸药；4—药型罩；

5—引信及稳定装置；6—子弹壳体；7—炸药；8—药型罩

图 3-49　层层相套的子弹

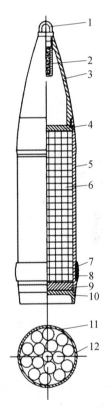

1—提螺；2—抛射药管；3—头螺；

4—推力板；5—弹体；6—子弹；

7—弹带箍（塑料）；8—弹带；9—支撑板；

10—底塞；11—弹体；12—子弹

图 3-48　子母弹内子弹布置

2．子母弹的作用与威力

1）子母弹的作用

现代战争中，由于战场上的主要目标之一是集群坦克和步兵战车。远距离攻击这类装甲集群目标是火炮的主要任务之一，而子母弹正是完成这一任务的有效弹种。

2）子母弹的威力

在威力方面，同样口径的子母弹优于普通榴弹。以反装甲杀伤子母弹为例，它在攻击装甲目标方面性能优异，在杀伤人员方面也远优于普通榴弹。

3．子母弹的分类

子母弹根据所配用的火炮及用途可分为不同的种类：

（1）按配用火炮可分为后装炮子母弹、迫击炮子母弹、火箭炮子母弹、空投子母弹等。其中，火箭炮子母弹和空投子母弹由于抛射时受力较小、弹壳较薄、有效容积大，所以有较好的发展前景。

（2）按子弹的用途可分为杀伤子母弹、反坦克子母弹、多用途子母弹（如反装甲杀伤子母弹、杀伤布雷子母弹和反坦克布雷子母弹）等，这些子母弹中也包括末敏子母弹和末制导子母弹（灵巧子母弹）。

为使子母弹中的子弹稳定飞行，每个子弹上都装有稳定装置，且几乎所有类型的子弹稳定装置都是可折叠的，以节省容积。扇形子弹通常采用可折叠翼片，圆形子弹则常用稳定飘带，还有使用吊伞的。所有的尾翼稳定装置都有不同程度的减速作用，其中吊伞的减速作用最大，宜用于铺设地雷。

4．子母弹的作用过程

子母弹飞抵目标上空后，母弹时间引信作用，点燃抛射药管，通过推力板和支杆将弹底打开，从而将子弹从弹底部抛出。由于离心力的作用，子弹被抛出后将偏离母弹的弹道并散开。子弹被从母弹中抛出时，子弹引信解除第一级保险，稳定带展开使子弹保持稳定飞行，并使子弹引信朝向地面。当子弹碰击地面时引信发火，子弹爆炸形成碎片，杀伤和破坏目标。

3.9.2　炮射导弹

炮射导弹是指能在弹道上探测、捕获、跟踪直至命中目标的炮弹，用以毁伤固定或运动的装甲目标，是反坦克武器系列中的一个特殊类型。炮射导弹将常规弹药技术与精确制导技术巧妙地结合在一起，全面提高了武器系统的射程、命中精度和破甲威力。它可与常规制式炮弹共用同一种火炮发射，与常规制式炮弹搭配使用，操作方便，能够大幅度提高坦克、装甲车辆和反坦克炮的远距离作战能力，一般用于坦克部队在警戒阵地对敌方坦克进行远距离作战，以及对敌方发射导弹的武装直升机进行自卫作战等。

炮射导弹与普通炮弹的发射方法一样，所不同的是炮射导弹初速较低。炮射导弹能适应坦克、步兵战车、地面反坦克炮等不同武器系统的需要，通过采用不同形式的弹带，可兼顾线膛炮和滑膛炮，并适应膛口直径的稍许变化。

炮射导弹发射时需承受较大的冲击过载，纵向可达 4000g 左右，横向 500g 左右。要求导弹所有机、光、电、化方面的元器件及整机都能承受这样大的过载，并保证工作性能不受影响。

炮射导弹的炮口速度比一般反坦克导弹的大得多，因而可有效抑制炮口初始扰动、阵风、推偏等对弹道初始段的干扰，使导弹顺利进入信息场接受控制。炮射导弹的飞行速度也比一般的反坦克导弹高，最大速度可达 500～800m/s，且使导弹飞行到最大射程的时间缩短到 10s 左右，从而提高了战场生存能力。炮射导弹的有效射程比反坦克炮发射的常规弹药大得多，从 1.3～1.6km 增大到 4～5km，可超过一般的反坦克导弹的射程，而且飞行时间更短，这对远距离作战、对抗中争取先发制人和首发命中有着重要的意义。

炮射导弹的弹道平直，为直瞄式武器，主要攻击坦克或步兵战车的前装甲。为了提高其穿、破甲能力，研制了不同类型的串联战斗部。

炮射导弹采用精确制导技术，早期曾采用红外指令制导和无线电指令制导系统，后来大多改为激光驾束制导系统，制导精度高、抗干扰能力好、弹上设备简单，未来将向自寻的方向发展，前景也很广阔。

表 3-1 列出了几种典型的炮射导弹的性能。

表 3-1　炮弹导弹的性能

名　　称	AT-10	AT-11	ACRA	Shilelagh
国别	俄罗斯	俄罗斯	法国	美国
口径/mm	100	125	142	152
弹质量/kg	18.4	17.2	26	27
射程/km	5	5	3.8	3
破甲威力/mm	550～600（可打反应装甲）	750（可打反应装甲）	400	
制导体制	激光驾束	激光驾束	激光驾束	激光驾束
命中概率	0.8～0.9	0.8～0.9	～1.0	～1.0
适用火炮	100 线、100 滑、115 滑、	125 滑	142 坦	152 坦

3.9.3　航空炸弹

航空炸弹是指航空兵进行空袭时，从空中发射或投放的用来破坏和摧毁敌人的各种目标、杀伤敌人有生力量的一类弹药。在现代高科技战争中，对地面目标进行空中袭击已成为战争的首选方案，空中打击不仅可以对敌方纵深的指挥控制中心、机场、防空阵地、掩体、桥梁等重要军事目标进行精确打击，还可对集群坦克、装甲车辆、炮兵阵地以及地面人员及其他军事设施实施有效的摧毁。

航空炸弹种类繁多，有多种分类方法：

（1）按用途可分为主用航空炸弹、辅助炸弹和特种炸弹，特种炸弹包括航空照相炸弹、航空照明炸弹、烟幕炸弹、宣传炸弹等。

（2）按所受空气阻力高低可分为高阻炸弹和低阻炸弹。

（3）按炸弹使用高度可分为中、高空炸弹和低空炸弹，中、高空炸弹没有减速装置，低空炸弹有减速装置。

（4）按有无制导装置可分为非制导炸弹和制导炸弹两类。

（5）按结构可分为整体炸弹、集束炸弹和子母炸弹。

（6）按圆径可分为小圆径炸弹、中圆径炸弹和大圆径炸弹。

图3-50所示的3000-1航空爆破炸弹与图3-51所示的100-1航空杀伤炸弹为两种典型的航空炸弹。

航空炸弹除应满足弹药的装药安定性、长储性、构造简单、成本低廉、能大量生产等基本要求外，还应满足如下要求：

（1）攻击目标广泛。航空炸弹可对敌前方和后方的指挥所、通信交通枢纽、飞机场、雷达、火炮和导弹阵地、坦克群、水面舰艇、水下潜艇、工厂、经济中心、政治中心、仓库、地下掩蔽所等任何目标和有生力量进行广泛性、摧毁性的打击。

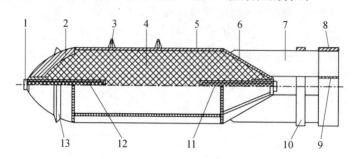

1—防潮塞；2—弹头；3—弹耳；4—炸药，5—圆柱部；6—尾锥体；7—安定器；

8—外圈；9—内圈；10—加强圈；11—尾部传爆管；12—头部传爆管；13—弹道环

图3-50　3000-1航空爆破炸弹

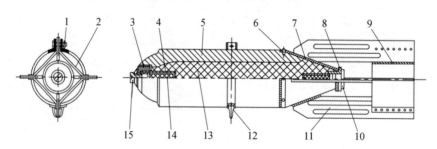

1—螺栓；2—支板；3—连接螺套；4—传爆管壳；5—弹身；6—销钉；7—尾锥体；8—螺套；9—内圈；10—防潮塞1；

11—翼片；12—弹耳；13—装药；14—传爆药柱；15—防潮塞2

图3-51　100-1航空杀伤炸弹

（2）与载机具有良好的相容性。航空炸弹的品种、型号应该广泛适用于强击机、轰炸机和歼击轰炸机挂载炸弹的要求，具备作战和训练使用的灵活性。

（3）保证载机安全。航空炸弹必须保证在挂载飞行和投弹时载机的安全性。

（4）下落弹道稳定。航空炸弹在下落过程中的稳定性是十分重要的，如果落下时不稳定，炸弹碰击地面时将出现不稳定力矩，而降低炸弹的侵彻能力，同时增大跳弹的可能性，危及载机安全。另一方面，弹道不稳将会造成较大的散布。

航空炸弹尤其是制导炸弹在几次局部战争中的出色表现，使得各个国家都非常重视航空炸弹的发展，新原理、新技术的航空炸弹不断出现，原有炸弹的功能也不断完善。其发展呈现如下趋势：

（1）提高射程，强调防区外攻击。

（2）提高命中精度，实现对点目标的精确打击。

（3）提高对坚硬目标的侵彻和毁伤能力。具体技术措施主要有：使用新材料、新结构提高弹体强度；利用串联战斗部技术提高侵彻深度；利用火箭助推提高侵彻深度；开发抗高过载的引信。

（4）探索、开发新原理的航空炸弹技术。弹药和目标永远是一对矛盾体，它们在对抗中发展，随着战场上新目标的出现，必将出现对付此类目标的弹药，海湾战争中用于摧毁电力系统的碳纤维战斗部、阿富汗战场中出现的对付地下掩体的温压弹、伊拉克战争中使用的对付电子设备的电磁炸弹，都说明了这一点。因此必须根据未来战场目标的特点，不断探索开发新原理的航空炸弹技术。

3.9.4　燃料空气弹

燃料空气弹是一种新颖而特殊的炸弹，它以炸弹本身携带的燃料和目标上空的空气混合形成的云雾团作为爆炸能源，爆炸威力巨大，是同当量炸药炸弹的几倍，同时具有爆破、杀伤、燃烧、扫雷、窒息等多种综合效应，又称为云爆弹、高爆强击弹、窒息弹等，主要用来杀伤敌人的有生力量、破坏布雷区地雷（或水雷）和摧毁武器装备。目前，燃料空气弹有子母型和整体型两种。图3-52为燃料空气弹母弹的外形，图3-53为燃料空气弹子弹的结构示意图。

图3-54所示为苏联的苏 ОДАБ-500П 整体型航空燃料空气弹，下面以其为例讲述此类弹药的性能、构造及结构特点。该型燃料空气弹主要由战斗部、带有减速伞系统的伞舱、解脱机构和引信装置等组成。

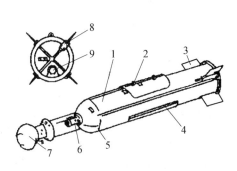

1—母弹弹体；2—挂弹耳；3—稳定翼；

4—加强护板；5—整流风帽；6—机械定时引信；

7—引信盖；8—压电晶体；9—观察窗

图 3-52　燃料空气弹母弹的外形

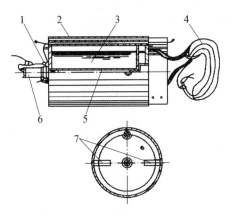

1—自毁装置；2—子弹弹体；3—燃料空气炸药；

4—降落伞；5—中心炸药；6—引信；

7—云爆装置（二次引爆）

图 3-53　燃料空气弹子弹的结构示意图

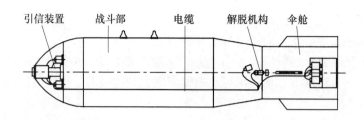

图 3-54 整体型航空燃料空气弹构成简图

1. 引信装置

燃料空气弹采用的是一种触发式全保险型引信，启动方式为电启动，具有两级保险。其过程是：以电脉冲形式向电发火管发出指令，使减速伞打开和提前器的先导体抛出，当先导体或炸弹与目标相遇时，一级引信瞬发引爆炸弹的中心装药和周边装药，抛撒液体燃料，待燃料形成气溶胶雾团后，二级引信引爆次级装药，进而引爆气溶胶雾团。

2. 作用过程

投弹时，在炸弹离开挂弹架瞬间，载机上的电脉冲同时传到电源组件和转换机构，启动电源组件和转换机构。电源组件向弹上电路供电，第一级保险解除；转换机构中的定时机构开始等速转动，定时机构上的滑动触点和各固定触点逐一接触，按相应的时间发出电脉冲指令。

在 1.2±0.2s 时，电脉冲传到电点火管，解脱机构开始工作，抛出减速伞。当减速伞伞衣充满空气时，解脱环的拉环拉出传感器的保险销，传感器的微动开关接通，引信装置上电并解除第二级保险。

在 4.2±0.2s 时，电脉冲传到提前器，使先导体从提前器中抛出。

在 5.7±0.3s 时，引信装置传爆序列对正，处于待发状态。

当先导体碰击目标时，惯性开关闭合，一级引信作用，通过导爆索和传爆药起爆周边装药和中心装药，爆轰破坏战斗部壳体并抛撒液体燃料，形成由蒸汽、细散的燃料质点与空气混合在一起的气溶胶云状雾团。经过 130～200ms 的延时，二级引信作用，引爆次级装药，次级装药位于减速伞伞衣的顶部，此时减速伞已落入气溶胶雾团中，次级装药引爆气溶胶雾团，形成强冲击波摧毁目标。

当炸弹以应急不爆状态投放时，载机不给提前器提供电脉冲，引信装置不工作，炸弹不爆炸。

3.9.5 枪榴弹

枪榴弹是用枪和枪弹或空包弹发射的一种超口径弹药，初速是靠枪内火药气体的作用和子弹的动能得到的，主要用于对付有生目标、装甲目标和非装甲目标等。射击前将枪榴弹装在枪口，击发时枪榴弹被子弹撞击并在火药气体作用下获得一定的初速。

枪榴弹按用途分为杀伤枪榴弹、反坦克枪榴弹、杀伤破甲枪榴弹、燃烧枪榴弹、发烟枪榴弹、照明枪榴弹、防暴枪榴弹；按与发射装置的匹配不同分为尾管式枪榴弹、尾杆式枪榴弹、全人式枪榴弹、环翼式枪榴弹、弹筒合一式枪榴弹；按获得速度的方法分为普通枪榴弹和火箭增程枪榴弹。

枪榴弹有以下特点：

（1）体积小、质量小，有利于携行使用，可提高射程、减小后坐力。

（2）外插式发射，操作简便。

（3）结构简单、造价低廉，标准化、通用化程度高。

如图 3-55 所示的 35mm 杀伤枪榴弹，其战斗部直径为 35mm，为防止破片形成时轴向尺寸过长，内表面车制环形槽，构成半预制破片；底部放有 3mm 钢珠，以增加破片的数量；弹体内部铸装 B 炸药，炸药中间为内装扩爆药柱的扩爆管，扩爆管由泡沫塑料衬垫和尼龙塞支承；尾管后部固定着塑料压制成的六片尾翼，在飞行中起稳定作用，其中两片钻有直径为 3.5mm 的小孔，用于安放瞄准用的塑料标尺。尾管中装有子弹收集器，由收集器、橡胶密封圈和缓冲器等组成，其中收集器由铝合金制成，射击时在子弹碰击下变形，并挤压缓冲器，使枪榴弹获得一定的初速。射击时子弹的旋转能量通过收集器橡胶圈、缓冲器传递给尾管，使枪榴弹低速旋转，从而改善射击精度。该弹配装高灵敏度机械触发引信，在发射前需取下引信上的运输保险销，射击后弹丸飞离枪口 15m 时引信解除保险，碰击目标时，引信作用、起爆扩爆管，进而使炸药爆炸。

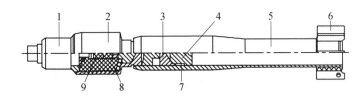

1—引信；2—弹体；3—缓冲器；4—子弹收集器；5—尾管；

6—尾翼；7—密封圈；8—炸药；9—扩爆管

图 3-55　35mm 杀伤枪榴弹

图 3-56 所示为 40mm 破甲枪榴弹，其由战斗部、子弹收集器和稳定装置三部分组成。聚能装药战斗部直径为 40mm，包括引信、药型罩、主药柱、副药柱、主传爆管。在引信的头部设置有防滑帽，当枪榴弹碰击目标时，防滑帽可减小着角、防止跳弹，从而可提高大着角发火的可靠性。

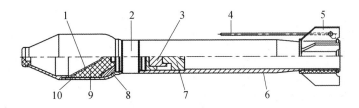

1—药型罩；2—引信；3—缓冲器；4—标尺；5—尾翼；

6—尾管；7—子弹收集器；8—锆环；9—成型装药；10—弹体

图 3-56　40mm 破甲枪榴弹

3.9.6　灵巧弹药

灵巧弹药介于无控弹药和导弹之间，包括敏感器引爆弹药（末端敏感弹药）和末制导弹药，更广泛地说，还包含弹道修正弹药和简易控制弹药。末端敏感弹药由载体抛撒后落向目标区，在有效作用范围内敏感到目标后，起爆战斗部形成爆炸成型弹丸毁伤目标，是一种射击—毁伤的攻击方式，其搜索面较小，主要用于攻击集群装甲目标。末制导弹药能跟踪目标，并最终击中目标，主要用于攻击战场上纵深的装甲队列，其毁伤机理是战斗部碰撞后起爆毁伤目标，是一种击中—毁伤的攻击方式。

1. 末端敏感弹药

末端敏感弹药也称为末敏弹，这里末端是指弹道的末端，而敏感是指弹药可以探测到目标的存在并被目标激活。国外几种典型的末敏弹的主要性能如表 3-2 所示。

表 3-2　末敏弹的主要性能表

型　　号	SADARM	BONUS	SMART155	ACED155
国别	美国	瑞典	德国	法国
母弹直径/mm	155	155	155	155
子弹数量	2	2	2	2
子弹直径/mm	147		147	130
子弹质量/kg	12.5	6.5		
末端敏感体制	双色红外/主被动毫米波/被动磁	双色红外/主被动毫米波	双色红外/主被动毫米波	双色红外/毫米波
战斗部威力	斜距 150m 处引爆，可击穿装甲目标	斜距 150m 处引爆，可击穿108mm 厚装甲	斜距 150m 处引爆，可击穿装甲目标	斜距 100m 处引爆，可击穿 100mm 厚装甲

1）末敏弹的工作过程

末敏弹的工作过程如图 3-57 所示。

末敏弹由火箭弹、航弹、撒布器等携带器（母弹）带到目标区上空，利用抛撒装置将末敏弹（子弹）从携带器（母弹）中按一定图形分离抛撒出来，携带器（母弹）内可装多枚子弹，抛出的子弹在实施扫描时大约相距 100m，各自的扫描区相互衔接，以免击中同一目标或漏掉目标。撒布面积取决于撒布时的高度和末敏弹的数量，图 3-58 为火箭弹抛出末敏弹示意图。

图 3-57　末敏弹的工作过程示意图　　　　图 3-58　火箭弹抛出末敏弹示意图

2）末敏弹的作用原理与组成

广义地讲，任何一个物体都是一个辐射源，高于绝对零度的物体都会向外发射电磁波，通过被动毫米波探测或被动红外探测目标，根据目标和背景之间的辐射对比识别目标。末敏弹的作用原理如图 3-59 所示。

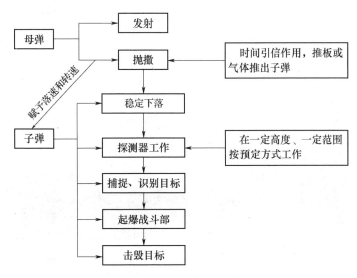

图 3-59　末敏弹作用原理框图

末敏弹由 EFP（Explosively Formed Projectile，爆炸成型弹丸）战斗部、复合敏感器系统、减速减旋与稳态扫描系统、中央控制器、电源、子弹体等组成。EFP 战斗部由 EFP 战斗部装药、起爆装置、保险机构、自毁机构等组成；中央控制器由火力决策处理器、驱动舱、控制舱等组成，其具有火力决策、复合信号处理、数据采集、电源管理、驱动控制等功能；复合敏感器系统和减速减旋与稳态扫描系统在各国研制的末敏弹中不完全相同，美国"萨达姆"末敏弹的复合敏感器系统由毫米波雷达、毫米波辐射计、红外成像敏感器、磁力计组成；减速减旋与稳态扫描系统由充压式空气充气减速器和涡旋式旋转伞组成。

德国"斯马特-155"末敏弹的复合敏感器系统由毫米波雷达、毫米波辐射计和双色红外探测器组成，减速减旋与稳态扫描系统由阻力伞、三个减旋翼和旋转降落伞组成。

法国和瑞典联合研制的"博纳斯"末敏弹的结构如图 3-60 所示，其复合敏感器系统为红外毫米波双模探测器，采用无伞扫描，只有两片旋弧翼作为稳定装置。

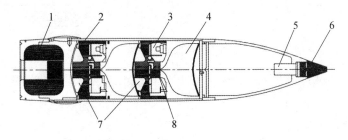

1—底排装置；2—母弹体；3—敏感器装置；4—战斗部；

5—抛射装置；6—引信；7—反碰撞装置；8—安全引爆装置

图 3-60　155mm "博纳斯"末敏弹的示意图

2．弹道修正弹药

弹道修正弹药通过对目标的基准弹道与飞行中的攻击弹道进行比较后，给出有限次不连续的修正量来修正攻击弹道，以减小弹着点误差、提高弹丸对高速机动目标的命中精度和中大口径弹丸的远程打击精度，是一种低成本、高精度的弹药。

弹道修正弹药大都在常规弹药的基础上改造而成，图 3-61 所示为瑞典"崔尼提"40mm弹道修正弹药。该弹药全称为"喷气控制弹道修正近炸引信预制破片弹"，其前部装有钨球预制破片，中间部分设有数个用于弹道修正的小喷孔，气源由小型燃气发生器产生；底部装有折叠式尾翼，用来降低弹丸的转速，弹底装有指令信号接收机。

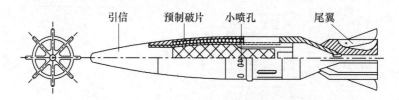

图 3-61　瑞典"崔尼提"40mm 弹道修正弹药

1）弹道修正弹药的结构组成

（1）修正系统。弹道修正弹药的修正系统分弹上设备和弹下设备两大部分。弹上设备由修正指令接收装置、译码器和执行控制部分组成；弹下设备包括地面或舰面上的弹道偏差或目标运动参数测量系统、解算装置、编码器和修正指令发射装置等组成，如图 3-62所示。

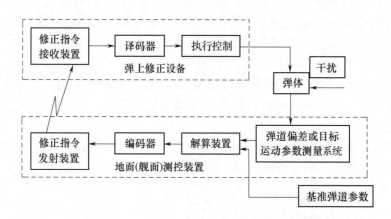

图 3-62　弹道修正弹药修正系统的组成框图

（2）修正执行机构。弹道修正弹药的修正执行机构通常采用脉冲矢量或气动力两大技术进行修正控制。

2）弹道修正方法

弹道修正可采用指令修正技术（含自动试射）或 GPS 技术对攻击弹道进行修正。无论采用哪种修正技术来提高命中精度，均可采用以下方法（之一或两种综合）实现。

（1）纵向距离修正法。

（2）横向方位修正法。

（3）GPS 弹道修正法。

3．末制导弹药

末制导弹药是由火炮发射，在弹道末段上实施搜索、导引、控制，使其能够直接命中目标的一种灵巧型弹药。表 3-3 为一些国家的末制导弹药的性能对比。

表 3-3　末制导弹药的主要性能表

型　　号	ASP	CGSP	XMR21	EPHRAM	CLAMP	Strix	BOSS
国别	美国	美国	北约	德国	以色列	瑞典	瑞典
弹径/mm	155	155	155	155	155	155	155
弹长/mm		869	900				
弹丸质量/kg		40.82	45			51	
末制导方式	红外/毫米波	双色红外	毫米波或红外/毫米波	红外/毫米波	激光半主动	红外	毫米波
搜索范围/m²		10 000		10 000			
战斗部类型	串联空心装药	空心装药	串联空心装药	空心装药	空心装药	空心装药	空心装药
最大射程/km		22	24	24	24	30	

1）末制导弹药的结构和组成

末制导弹药由发射药筒（或药包）和制导炮弹组成，其中制导炮弹由以下几部分组成。

（1）弹体结构：由弹身和前、后翼面连接组成的整体。

（2）导引舱：包括导引头部件、整流罩、馈线、传感器等。

（3）电子舱：包括自动驾驶仪、信号处理器、时间程序机构、滚转角速度传感器等。

（4）控制舱：包括机械类零件，如舵机以及热电池、气瓶、减压阀等。

（5）弹药助推段：包括引信、战斗部、助推发动机、闭气减旋弹带、底座等。

图 3-63 为美国研制的 XM712 末制导炮射弹药，又称"铜斑蛇"。该弹药由制导段 A、战斗段 B 和控制段 C 三部分组成。

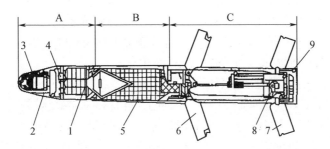

1—电子舱；2—导引头；3—陀螺；4—滚转速率传感器；

5—聚能装药；6—弹翼；7—尾舱；8—舵机；9—滑动闭气环

图 3-63　"铜斑蛇"炮射弹药的结构简图

2）末制导弹药的作用原理

末制导弹药按工作方式可分为主动式和半主动式。

（1）主动式末制导弹药根据侦察通信指挥系统或 C^4I 系统（自动化指挥系统）提供的目标位置和运动状态完成检查弹药、装定工作程序和发射诸元、装弹、发射。

（2）半主动式末制导弹药通过外部激光器指示目标，弹药上的导引头根据目标反射回的激光回波确定目标的位置（其导引原理如图 3-64 所示），并通过控制舵修正其飞行弹道，从而最终将弹药导向目标。由于末制导弹药上并不携带用于指示目标的激光器，故称为半主动式。

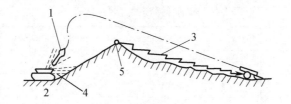

1—制导弹药；2—目标；3—与火炮通信联络；4—反射激光；5—激光目标指示器

图 3-64　激光末制导弹药导引原理图

3）末制导弹药常用的导引技术

（1）激光导引技术。

（2）毫米波导引技术。

（3）红外导引技术，又分为红外点源导引和红外成像导引两种。

（4）复合导引技术。

（5）惯性导引技术。

4．智能地雷

智能地雷又称灵巧地雷或寻的地雷，它能够自动识别目标，并在远距离攻击目标。智能地雷的出现改变了传统地雷的作用模式，使地雷有了探测、跟踪和主动攻击目标的能力。智能地雷不再是静止、被动的防御武器，而是数十倍、上百倍地扩展了传统地雷的防御范围，成为有自主作战能力的攻防兼备的作战武器。

智能地雷的发展可以追溯到 20 世纪 70 年代。光电技术、微电子技术的进步，紧凑可靠的电子装置和高效电源技术的发展，使地雷发生了很重要的变化，首先出现了利用声、振动、磁或红外探测技术感应目标的感应式地雷。20 世纪 90 年代，高速微处理机芯片技术、传感器技术和遥控遥测技术已相当发达，采用复合传感器的地雷不仅能探测目标，而且能识别目标，先进的电子传感器和处理器与成型弹丸结合使地雷有了准确摧毁各类装甲目标的能力，这使地雷向智能化方向发展成为可能。

目前，各国发展的智能地雷主要用于反坦克装甲车辆和反超低空飞行的武装直升机。大多数采用被动声传感器、震动传感器及先进的红外探测器或毫米波探测器，并配有发射装置，能识别目标、区分敌我、发射爆炸成型弹丸或子弹药，有些还能跟踪目标、计算目标的速度和方向、进行火控决策。当然，现在还没有真正实现智能化地雷系统，现有的地雷系统虽然有自主探测、识别、跟踪和攻击目标的能力，但无法识别目标易损特性，不能瞄准攻击目标最薄弱部位，不具备选择最有效攻击方式的能力。

1）反坦克智能地雷

早期的反坦克智能地雷大多是路旁反坦克地雷，有时也称为反侧甲反坦克地雷。这类地雷可使用各种引信，如断线和近炸引信，在探测到目标到达一定位置范围后，用火箭将弹丸射向坦克，或利用爆炸成型弹丸侵彻坦克侧甲。由于这类地雷不直接放置在车辆所经过的路途中，因此具有更大的掩蔽性。当布设适当时，这类地雷能摧毁装备有扫雷犁或扫雷滚的坦克。新一代智能化程度更高的反侧甲地雷应用了先进的复合传感器技术，既能探测目标，又能识别目标、计算目标的速度和方向。

20世纪80年代以来，红外传感器和声传感器技术的发展以及爆炸成型弹丸战斗部技术的成熟，极大地促进了地雷的发展。欧美相继研究出攻击坦克顶部装甲的反坦克智能地雷。反顶甲反坦克地雷采用多传感器探测、跟踪、识别目标，并利用爆炸成型弹丸或抛射出带有传感器的子弹丸，可攻击半径达200m范围内的目标。反顶甲反坦克地雷的出现不仅使地雷成为可对坦克全方位实施攻击的武器（攻底甲、攻侧甲和攻顶甲），而且使地雷从被动防御的武器变成可主动实施进攻的武器，也使地雷的防御范围得到了极大的扩展。

美国研制的XM93广域反坦克地雷就是一种全新的反坦克智能地雷。这种地雷由声、红外和振动传感器、地面发射器与爆炸成型弹丸战斗部构成，质量约为15kg，目前由人工布设，将来可用直升机或卡车等平台快速布设。地雷落地后，首先利用弹簧支架使自身处于正确位置，然后利用声、振动传感器监视环境并向地雷上的微处理机提供信息。微处理机根据各传感器提供的信息进行目标识别，分析、探测坦克和装甲车辆等目标，一旦发现目标，信号处理器便分析目标数据，并预测目标的运动，计算拦截路线，然后旋转地雷使其处于最佳发射位置，并发射一枚含红外传感器和爆炸成型弹丸战斗部的弹丸。此后，该弹丸在飞往目标的途中将利用红外传感器对地面目标进行锥形扫描和搜索目标。当目标再次被捕获并被确认后，爆炸成型弹丸将以2500m/s左右的速度从上方对目标实施攻击。由于采用攻顶战术，广域地雷能够攻击远达200m距离上的装甲车辆，这一特征使敌方很难探测、防备和摧毁它。未来的广域地雷还要加装防拆除装置、遥控开启和关闭装置、敌我识别装置，并具备双路通信能力，从而成为真正的智能化地雷。

法国研制的反坦克智能地雷"玛札克"（MAZAC）与美国XM93地雷具有相同的工作原理。该系统具有被动声/红外传感器，并采用非瞄准线攻击方式攻击目标。其声传感器识别逐渐靠近的目标，并激活地雷，使地雷发射一枚"斯基特"子弹药。"斯基特"具有顶攻战斗部和辅助红外传感器，在到达目标上方或在圆形搜索阶段结束时对目标顶部实施攻击。该雷有两个"斯基特"子弹药，射程为150～200m，可对付半径200m内的目标。利用网络技术可使这些地雷构成智能雷场，使其发挥更大的作用。

2）反直升机地雷

反直升机地雷（Anti-Helicopter Mine，AHM）是20世纪80年代末期提出的，是一种地面防御智能地雷，在雷上采用先进的传感器和爆炸成型弹丸等技术，用于摧毁敌方超低空飞行的直升机，或利用密集部署的反直升机地雷迫使敌机高飞，从而使其暴露于其他防空武器的火力之中。反直升机地雷还能用来保护地面重要设施，如布置在司令部、机场或武器库附近等，使其免遭超低空飞行的武装直升机的突然袭击。

反直升机地雷使用声传感器跟踪可能的目标，使用微处理器识别敌我，使用红外或其他传感器获取目标信息，并利用自锻破片战斗部击毁目标。该地雷采用声传感器，具有被动式、全天候、昼夜工作性能，可进行非瞄准线远距离探测和识别。声传感器对直升机的识别能力可达到95%，对目标方位的计算精度可达5°，并可跟踪多个目标。爆炸成型弹丸大多用集束爆炸成型弹丸，可形成多个小弹丸，降低了对瞄准精度的要求。此外，还可利用定向大面积破片战斗部和可抛射细金属丝的战斗部来摧毁目标。

已经研制成产品的反直升机智能地雷有美国、英国的反直升机地雷，奥地利的"赫克伊尔"（HELKIR）反直升机地雷以及保加利亚的AHM-2000反直升机地雷。这些反直升机地雷（除保加利亚采用音响和压力传感器外）均采用声和红外复合传感器。美国和英国的地雷采用单一或多枚爆炸成型弹丸战斗部，奥地利的地雷采用杀伤爆破战斗部，而保加利亚的采用预制破片战斗部。

美国德克斯特朗(TEXTRON)防御系统公司的反直升机地雷如图 3-65 所示，该地雷采用四个音响传感器探测和识别目标，并利用红外传感器近距离瞄准目标。一旦确认目标，便利用抛射药将子弹抛向空中的目标，引爆弹体内的多个爆炸成型弹丸（EFP）。这种由多个爆炸成型弹丸构成的战斗部，在爆炸后将形成弹丸束，靠其动能摧毁低飞的直升机。德克斯特朗公司研制的这种反直升机地雷可防御半径 400m、高 200m 的空域。

图 3-65　反直升机地雷

英国艾连特（ALIANTT）公司的反直升机地雷采用被动声/红外复合传感器和一个有多枚爆炸成型弹丸的战斗部。地雷一旦布设，即开始自主工作，声传感器探测到有效的声信号后，地雷自动将战斗部对准声源方向，然后启动与战斗部同轴安置的红外传感器。当红外传感器探测到有效目标便引爆地雷，27 枚爆炸成型弹丸被发射出去，摧毁来袭的直升机。该地雷引信结合了指令控制模式，可遥控保险与解除保险。该地雷的主要战术技术性能为：质量 10kg，直径 180mm，长 335mm，扫描范围 360°，防御直径 200m，可攻击的目标速度 0～350km/h、目标高度 0～100m。

奥地利 Hirtenberger 公司研制的"赫克伊尔"反直升机地雷，主要用于对付距离在150m 以内贴近地面飞行的直升机目标，所使用的传感器为声/红外复合传感器。当声传感器识别到有效声音后便启动红外传感器，红外传感器与战斗部同轴安置，一旦红外传感器探测到目标便自动引爆定向破片杀伤战斗部，破片能侵彻 50m 距离处 6mm 厚的装甲钢和 150m 处 2mm 厚的碳钢。该地雷的主要战术技术性能为：地雷质量 43kg，装药质量 20kg，有效射程 5～150m，可攻击的目标速度 0～250km/h，使用温度范围 -35～63℃。

保加利亚科学研究院研制的 AHM-2000 反直升地雷，可发射预制的不规则钢片或碎铁片，最大射程 200m。雷体呈长方形，长 700mm，宽 150mm，高 400mm，表面呈凸状，质量为 35kg，由三脚架支撑固定。该地雷采用声传感器和压力传感器，传感器的动作由单片机控制，超过预定时间后，地雷自动失效，并将起爆装置与装药分离。其作用原理是，首先由声传感器探测 200m 范围内的直升机螺旋桨产生的噪声，并锁定其频率；若噪声消失，地雷不解除保险，并重新回到监听状态；当噪声增强到一定程度时，地雷解除保险，压力传感器感知直升机主旋桨下降气流产生的大气压力变化。一旦压力变化达到预定值，地雷起爆，该雷还可遥控起爆。

反直升机地雷共用了广域反坦克地雷的许多技术，如先进的传感器技术、探测控制技术和爆炸成型弹丸技术等。下一代的反直升机地雷不仅要有单雷作战能力，还要有协同作战能力，通过编程或遥控允许一定数量的目标进入雷场再发起攻击，以发挥雷场更大的作用。

3.9.7　新概念弹药

近年来，新的作战方式催生了许多新型与新概念弹药，下面将主要介绍几种新型与新概念弹药，这些弹药系统正在或将要走上战场。

1．轻型多用途导弹

轻型多用途导弹是一种可执行多种战术任务的导弹，主要用于打击坦克、飞机、舰船、交通和通信枢纽等目标，也可用于直接支援地面部队作战。

例如英国的轻型多用途导弹（Light Multipurpose Missile，LMM）：针对陆地目标，用于打击装甲人员输送车、轻质轮式车、履带式车辆及固定设施；针对水面目标，可对付近海快速攻击船、登陆船及浮出水面的潜艇等；针对空中目标，还可用于打击飞行速度较慢的近距目标，如无人机、直升机及轻型飞机等。该导弹用途极多，适应性很强。

2．高速动能导弹

高速动能导弹的基本构造与以往的反坦克导弹所用的破甲战斗部不同，它使用的是穿甲弹的高硬度弹芯，依靠极快的飞行速度和强大的动能，能有效击毁敌方坦克。换句话说，高速动能导弹拥有穿甲弹和导弹两者的特性，能够有效击毁坦克上的反应装甲和复合装甲，而以往的反坦克导弹对付上述装甲时存在明显不足。另外，高速动能导弹也是近几年快速发展的、能够有效对付坦克主动防护系统的武器之一。

由于高速动能导弹的飞行速度非常快，因此它也被称为超高速导弹。最新型"陶"式反坦克导弹的最大速度为 330m/s，而高速动能导弹的飞行速度则达到 1524m/s，3000m 的距离只需 2s 即可到达，在这短暂的 2s 内，敌人很难捕捉到导弹的发射位置，更来不及做出反应。

3．电子目标毁伤弹药

电子目标毁伤弹药是指可有效毁伤、破坏电子设备的武器，主要包括导电纤维弹、电磁脉冲弹与高功率微波弹。导电纤维弹的战斗部在爆炸后抛撒大量的导电纤维，这些细小的纤维丝通过孔缝进入设备内部，使其电路板发生短路；电磁脉冲弹与高功率微波弹是靠爆炸产生的强电磁脉冲毁伤电子目标，产生强电磁脉冲的主要方法是爆炸磁通压缩技术。

4．非瞄准线弹药

世界上第一种已经装备的非瞄准线弹药是以色列的非瞄准线型长钉（SPIKE NLOS）导弹，该导弹采用红外成像制导，加装了无线数据链，射程 25km，可配装于直升机和作战车辆上。非瞄准线弹药的最大优势是使用灵活，支持网络化协同作战，可以远程控制，还可以在飞行中重新瞄准新目标。

5．高速发射弹药

目前已知的最快的发射技术是"电子点火高速发射技术"，采用这项技术的典型武器系统为"金属风暴武器发射系统"，金属风暴主要由装有弹药的枪管、电子脉冲点火节点、电子控制处理器等组成。一定数量的弹丸装在枪管中，弹丸与弹丸之间用发射药隔开，弹丸在前、发射药在后，依次在枪管中串联排列；对应每节发射药都设置有电子脉冲点火节点，电子控制处理器可控制各个枪管的发射顺序及每节发射药的点火间隔。发射时，通过电子控制处理器控制放置在枪管内的电子脉冲点火节点，可靠点燃最前排弹丸的发射药，发射药燃烧后产生的火药燃气推动弹丸沿枪管飞出枪口。前一发弹丸离开枪管后，后一发弹丸的发射药立刻点火。由此，每发弹丸按顺序依次从枪管中发射出去，射速可达每分钟 100 万发。

6. 变体弹药

变体弹药是指在飞行过程中可以改变形状的小型飞行器。常见的变体形式包括变翼长、变后掠角、变面积。对弹药而言，目前最常用的是可展开弹翼。弹翼形变早期由机械装置实现，后期致力于通过具备特殊功能的材料实现。弹翼变形技术在弹药中主要应用于各类巡飞弹，如英国"火影"巡飞弹采用机械弹翼变形技术，美国"快看"巡飞弹则采用了最新的充气弹翼技术。

7. 微小型制导弹药

目前已知的最小的制导弹药是制导子弹。制导子弹是指加入了制导技术的子弹，通过在弹头中加入光学传感器和尾翼引导，制导子弹可以在飞行中改变轨迹并击中超远距离的目标。制导子弹并不依赖惯性测量装置，且每秒钟能够实现 30 次变向。超级制导子弹还能让狙击手命中高速移动的目标，而且在更加严峻的条件下比目前的子弹拥有更远的射程。

8. 滞空型弹药

滞空型弹药是为反导拦截和主动防护而研发的一类特种弹药。当发现来袭导弹后，平台可释放多枚滞空弹，这些弹药可在空中悬停，并按一定的分布规则在来袭导弹的航路上进行布阵，通过弹药数据链联网通信，当网络中的任何一枚弹药发现目标后，均可立刻激活最佳拦截位置上的弹药，由这枚弹药对来袭导弹进行实时跟踪并最终拦截。滞空弹还可以在特定区域滞空待机，随时接收指令对来袭目标进行劫杀。来袭目标只要进入滞空弹布下的战阵，就必然会被拦截掉，国外统计的滞空弹的拦截概率为 100%。

第4章 火 炸 药

4.1 火炸药概述

火炸药是一种含能材料，它能够在机械冲击、摩擦、受热等外界作用下发生高速反应，放出大量的气体和热量，并对周围介质做抛射功或破坏功，因此具有巨大的做功能力。火炸药在军用技术中具有重要的地位，不但可作为弹丸发射和战斗部推进的装药，而且还是摧毁目标的能源。火炸药广泛应用于点火系统、发射推进系统、弹药系统以及起爆系统中。作为起爆战斗部的控制单元，引信中也同样不可缺少火炸药。本章主要介绍火炸药的基础知识，涉及火炸药的概念、基本性能、燃烧或爆炸规律，以及弹药和引信中常用的火炸药。

火炸药与普通燃料（如煤、石油产品或木柴）的区别在于：火炸药自身包含了全部氧化剂。通常，火炸药每单位质量释放的能量（爆热）约为5000kJ/kg，明显低于在大气中吸氧燃烧的燃料（如汽油是 43 000kJ/kg），但是单位体积的火炸药所释放的能量（爆热）却远高于单位体积的汽油—氧混合物燃烧时释放的热量，前者一般为后者的130～600倍。另一方面，依靠化学方式键合且均匀分布的氧化剂（包住或封闭）可迅速燃烧，从而在很短的时间内形成较高的能量密度（压力）。

火炸药可分成两大类，即火药和炸药，当然这种划分也不是绝对的。一般根据燃烧速率加以区分，火药的线性燃烧速率为10～1000mm/s（对应的压力为2～400MPa），而炸药的爆速为2～9km/s，两者相比，最大相差10^6倍。

炸药和火药的放热过程是化学反应（即改变有关原子电子层的状态）的结果。这种衰减（裂变）反应是连续进行的，直到原子、分子碎片、离子和原子团形成稳定的最终产物。

4.1.1 火炸药的基本性能

1．燃烧和爆轰

火炸药高速进行并自动传播的化学反应过程称为爆炸。按化学反应的传播方式和传播速度，爆炸可分为燃烧和爆轰。燃烧和爆轰均是在一个很窄的化学反应区内进行并完成的，该反应区以一定的速度向未反应的部分传播，如图4-1所示。

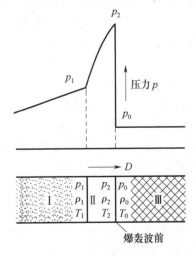

ρ_0、p_0、T_0—未反应区炸药的密度、压力和温度；

ρ_1、p_1、T_1—反应区与生成物区界面上的密度、压力和温度；

ρ_2、p_2、T_2—冲击波面上的密度、压力和温度

图4-1　火炸药的爆轰波模型

燃烧和爆轰的区别：

（1）从传播方式上看，燃烧时反应区的能量是通过热传导、热辐射及燃烧产物的扩散作用向未反应的部分传播；而爆轰时能量则是以位于化学反应区前端的冲击波的形式传播。所谓冲击波是指压强、质点密度和温度等发生突变的压缩位移波，而这种后面带有一个高速化学反应区的冲击波称为爆轰波。

（2）从传播速度上看，燃烧时反应区的传播速度（简称燃速）低于通过未反应火炸药的声速，而爆轰过程中反应区的传播速度（简称爆速）总是高于通过未反应火炸药的声速。

（3）燃烧过程的传播易受外界条件，特别是环境压力的影响。例如，火炸药在大气中的燃烧进行得较慢，但将其放在密闭或半密闭的容器中时，燃烧过程急剧加快，而且压力高达数千个大气压；而在爆轰过程中，爆轰传播速度极快，几乎不受外界条件的影响，而且能迅速达到稳定爆轰，即对于某一种火炸药来说，在一定的密度和结构下，其爆速是一个常数。

（4）燃烧过程中反应区内生成物质点的运动方向与燃烧传播方向相反，因而燃烧反应区内的压力较低；而爆轰时，反应区内生成物质点的运动方向与爆轰传播方向相同，因而爆轰反应区内的压力可高达十万个大气压，在爆轰波前压力发生突变。

各种火炸药在特定条件下都能从燃烧转变为爆轰，但在一般情况下，某些火炸药的主要反应形式是燃烧，而另一些火炸药的主要反应形式则是爆轰。

2．火炸药的基本性能

火炸药的基本性能包括感度、猛度、威力、安定性和相容性等。

1）火炸药的感度

火炸药受各种外界能量作用发生燃烧或爆轰的难易程度称为感度或敏感度，一般用引起燃烧或爆轰的外界刺激的最小能量表示。感度越高，越容易燃烧或爆轰。根据外界能量的不同，感度有不同的表示法，如热感度、火焰感度、冲击波感度、爆轰感度、静电火花感度、撞击感度、摩擦感度、针刺感度、枪击感度等。不同的火炸药，各种感度的大小也不一样。

2）火炸药的猛度

火炸药的猛度是指击碎与其接触介质的能力，是一种对周围介质直接作用能力的标识量，可用实验测定的铜柱或铅柱的压缩值表示。猛度主要取决于火炸药爆炸时能量释放的快慢，即爆速、爆压及装药密度。装药密度越大、爆速和爆压越高，爆炸时对周围介质粉碎的效果就越好；若爆容大但爆速小，爆炸时对周围介质的粉碎效果就差，但抛力强。

3）火炸药的威力

火炸药的威力是指爆炸时放出的热量和生成的气体膨胀做功的能力。爆炸时生成的气体多、温度高、压力大，威力就大，通常以铅墙扩大值或用弹道臼炮值表示威力的大小。

铅墙扩大值的测量方法为：在圆柱形的铅墙中心孔内放置一定量炸药试样，用雷管引爆后，高温高压的爆炸气体产物体积急剧膨胀做功，使铅墙孔容积扩大，测量并通过爆炸前后铅墙孔的容积增量来衡量炸药做功能力的大小。炸药的铅墙扩大值为 $85 \sim 610 cm^3 /（10g）$。

弹道臼炮值的测量方法为：悬挂的威力摆体上水平放置臼炮，炮管内放入 10g 被测炸药后装入炮弹。炸药爆炸时，爆轰气体把炮弹抛出，同时摆体后摆一个角度，根据这个角度的大小，就可以从理论上计算爆轰产物施予炮弹和摆体的动量和能量，即为炸药所做的功。我国以 TNT 当量描述弹道臼炮值。

4）火炸药的安定性

火炸药的安定性是指在一定的条件下，火炸药保持其物理、化学和使用性能不发生超过允许范围变化的能力。物理安定性的测定通常采用测定吸湿性、挥发性的方法，而化学安定性的测定通常采用火炸药的热分解速度，或用在特定条件下产生的分解气体量、热量和失重来表示。

5）火炸药的相容性

火炸药的相容性是指在一定的条件下，火炸药的各种组成成分间或炸药与其他材料（如弹性金属材料、零部件、非金属材料和涂料等）接触时不发生超过允许范围的变化的能力。一般用化学热分解的方法评定相容性。

3. 火炸药的爆炸和燃烧特性

1）火药力和比冲

火药力和比冲是用来表征火炸药做功能力的参量。火药力是指 1kg 火炸药燃烧时，其气体产物在 1 个大气压下膨胀所做的功（单位为 kJ/kg），也称定容火药力，通过容积限定的密闭爆发器来测定，专用于枪炮发射药。比冲是指 1kg 火炸药在火箭发动机中燃烧时所产生的推力冲量的大小（单位为 N·S/kg），以火箭发动机在静止试验台上产生的推力或使弹道摆产生的摆角来测量。

2）爆热

爆热是指定容下燃烧或爆轰时，单位质量火炸药所放出的热量。其数值取决于火炸药的元素组成、化学结构和燃烧或爆轰反应条件。爆热一般为 2000～8200kJ/kg，可用热化学方法计算，也可以实测。爆热是火炸药对外界做功的最大理论值，是一种非常重要的示性数，火炸药的其他参数也与爆热有关。

3）爆容

爆容是指单位质量火炸药燃烧或爆轰时生成的气体产物在标准状态（273K、101kPa）下的体积，范围是 280～1100dm^3/kg。爆容可根据计算得到，也可实测。气体是火炸药燃烧或爆轰时对外做功的工作介质，因此爆容大的火炸药容易将爆热转化为功。

4）爆温

爆温是指火炸药燃烧或爆轰时，全部爆热用来定容加热燃烧或爆轰产物所达到的最高温度，是燃烧或爆炸示性数之一，其值为 2000～5000K。爆温取决于爆热和燃烧或爆轰产物的组成，可用热化学方法计算，也可用仪器近似测定。

5）爆压

爆压是指火炸药爆炸时，爆轰波阵面的压力，其值为 10～40GPa，可理论计算，也可用实验法间接测定。

6）燃速和爆速

燃速是指火焰在火炸药中传播的速度，分为线性燃速和质量燃速。线性燃速是指单位时间内火炸药燃面的传播距离，而质量燃速是指单位时间内单位燃烧表面所烧掉的火炸药质量。

爆速是指爆轰波在火炸药中稳定传播的速度，是火炸药对外界作用能力的重要示性数。

4.1.2 火炸药的分类

火炸药的种类很多，分类方法也很多，如图4-2所示。

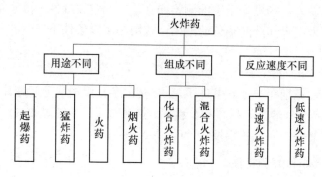

图4-2 火炸药的分类

1．按用途分类

火炸药按用途可分为起爆药、猛炸药、火药和烟火药。起爆药和猛炸药的主要化学反应形式是爆轰，在实际应用中主要是利用其爆炸性；而火药和烟火药的主要化学反应形式是燃烧，在实际应用中主要是利用其燃烧性。

无论燃烧或爆轰，究竟以哪种形式为主，主要取决于外界条件及外界能量作用的方式，但其本质是一样的，都属于化学反应，所以火药、炸药可统称为火炸药，其理论基础是一样的。

2．按组成分类

火炸药按组成可分为化合火炸药和混合火炸药两类。化合火炸药的组成为单一成分，也叫单质火炸药，常用的化合火炸药如下所示。

（1）硝酸酯：硝化甘油、大安、硝化甘露醇、硝化乙二醇。

（2）亚硝基化合物：苦味酸、梯恩梯。

（3）硝胺：黑索金（环三亚甲基三硝胺）、奥克托今。

（4）亚硝胺：环三次甲基三亚硝胺。

（5）盐：苦味酸铵。

混合火炸药是由两种以上的成分混合而成的，如黑火药、硝化甘油炸药、硝酸铵炸药、氯酸盐炸药、液态空气炸药。

3．按反应速度分类

火炸药按正常使用中的反应速度可分为低速火炸药和高速火炸药两类。

（1）低速火炸药的化学反应向未反应部分扩展时的速度低于通过反应区的声速，化学反应形式为燃烧或爆燃，但不产生爆轰。低速火炸药可分成两种，一种是在燃烧或爆燃时生成气体，如发射药、某些火帽的混合药、点火具的混合药、闪光剂及某些延期药等；另一种是不生成气体，如无气体延期药。

（2）高速火炸药的化学反应向未反应部分扩展时的速度高于通过反应区的声速，化学反应形式为爆轰。高速火炸药可分为初级和次级两种，初级高速火炸药通常作为起爆药，其特征是对热和机械冲击非常敏感，而且在很短的时间和很小的距离内爆速可达到稳定，常见的有雷汞、氮化铅、史蒂酚酸铅和皆脱拉辛等。次级高速火炸药通常作为猛炸药，其特征是不是以热或机械冲击来起爆，而是直接用初级高速火炸药的爆轰冲击来起爆，如硝氨炸药等。

4.1.3 火炸药与引信

火炸药与引信的关系十分密切，引信的输出直接作用于火炸药，且引信在工作中也需要火炸药。此外，引信的解除保险工作环境又与以火炸药为主的发射过程密切相关。

1. 火药与引信的关系

1）火药作为发射药对引信所受环境力的影响

引信在随同战斗部被发射或抛投后，所受的环境力与作为发射药的火药的性能密切相关，火药性能不同会使引信受到的环境力（如后坐力、离心力等）发生变化。

2）引信内火药的作用

在引信内部，火药一般起传递火焰能量、控制爆炸序列延期时间、延期保险以及自毁等作用。

延期作用：在引信的爆炸序列中，通过火药控制火焰的传递时间，可实现引信炸点和解除保险控制功能，如控制引信侵入目标后起爆的延期点火、控制引信飞离发射阵地后一定距离再解除保险等。

点火引信的传火序列：火药及引信中能量传递的主要方式，通过火药的作用，将目标信息转化为火焰能量输出，可满足点火引信的引燃战斗部的功能以及做其他的功的要求，也可实现对战斗部中载荷的能量输出。

2. 炸药与引信的关系

引信设计离不开炸药，炸药与引信的关系具体体现在以下两方面：

（1）引信中的爆炸序列一般都以炸药作为最后的输出级，引信对战斗部主装药的起爆是依靠引信中的导爆药与传爆药来实现的。导爆药与传爆药是一种炸药，其感度比一般炸药的稍高，输出威力接近一般猛炸药的输出威力。

（2）引信的主要输出对象是战斗部中的猛炸药，设计引信的目的就是控制战斗部发挥最大威力与效能。就目前而言，战斗部都是以猛炸药为主要能量来源。因此，设计引信主要是设计如何控制战斗部中炸药的起爆，实现对目标的最佳毁伤。炸药是引信的主要作用对象之一。

4.2 火 药

4.2.1 火药的概念

火药是一种含能材料，其自身含有氧化剂，能够在一定能量的作用下，快速发生化学反应，生成大量的热和气体产物，因此火药具有巨大的做功能力。

4.2.2 火药燃烧的特点

火药燃烧的特点如下：

（1）反应的高速性。火药在密闭爆发器中的燃速很快，在膛内数毫秒可燃烧完毕。因此，火药的瞬时功率大。

（2）反应的放热性。火药反应时其化学能大部分转换为热能，热量是其做功的能源。

（3）生成大量气体。火药反应时生成大量的高温高压气体并急剧膨胀，气体为火药做功的介质。

（4）平行层燃烧。火药达到一定密度后将按平行层燃烧。

4.2.3 火药的基本知识

1. 火药的性质

火药通常作为发射能源。火药区别于炸药的特点是它可以通过改变其成分、形状和尺寸等来控制其燃烧规律。

2. 火药的分类

火药按物理状态可分为固体火药和液体火药；按应用特性可分为发射药和推进剂；按主要组成成分分布可分为均质药和异质药；按制造工艺可分为混合火药和溶塑火药。

下面介绍几种典型的火药。

（1）混合火药：以某种氧化剂和某种还原剂为主要成分，并配以其他成分，经机械混合后压制成型的火药，典型的如黑火药、烟火药等。

黑火药由75%硝酸钾、15%木炭、10%硫黄以及少量水分组成，其颗粒如图4-3所示。

黑火药是现代火药的前身，在很长的历史里武器中所用的弹药都是以黑火药作为发射药。由于其容易受温度和湿度的影响而难以保存、干燥后硝酸钾又容易析出表面而影响其质量，且又因其火焰感度和冲击感度较差、发火点较低等缺点，现在已很少被用作发射药，也不单独用作战斗部装药。但黑火药通常会在发射药或底火中作为点火药，在火箭工业

图4-3　2#小粒黑火药

中，黑火药也被广泛用于制造不同的复合推进剂。

（2）溶塑火药：以硝化纤维素为主要成分，配以其他物质制成的火药。其中，硝化纤维素是用纤维素（棉花、木材等）与硝酸、硫酸的混合酸经硝化反应制成的。如果硝化使用棉纤维，则可制成硝化棉。胶化硝化棉所制成的火药称为硝化棉火药。如果硝化使用的纤维素为木材，则制成硝化木质纤维素。胶化硝化木质纤维素所制成的火药称为硝化木质纤维素火药。

硝化棉通常以其氮的含量来区分：1#硝化棉含氮量13.0%～13.5%，2#硝化棉含氮量12.05%～12.4%，3#硝化棉含氮量11.5%～12.1%。硝化棉火药由94%～98%硝化棉、0.2%～5%挥发性溶剂、0.8%～0.15%水分和1%～2%安定剂（二苯胺）组成，其能源组分仅有硝化棉一种，属于单基火药。其他常用的溶塑火药有硝化甘油火药、硝化二乙二醇火药、硝基胍火药等。硝化甘油火药由硝化棉、硝化甘油、安定剂、水分和其他成分组成，属于双基火药；硝化二乙二醇火药是在硝化棉火药中加入硝化二乙二醇制成的，属于双基火药；硝基胍火药是在硝化二乙二醇火药中加入20%～30%的硝基胍制成的，属于三基火药。

3. 火药牌号

火药牌号标记通常包括种类、形状尺寸、生产条件，现举例如下。

例 1：双 95-5×250 2/60-45。

      双：双基药，带状；

      95：厚度为 0.95mm；

      5：宽度为 5mm；

      250：长度为 250mm；

      2/60：1960 年生产，第二批；

      45：制造厂代号。

例 2：双 14-32/65 8/64-35。

      双：双基药，圆环状；

      14：厚度为 0.14mm；

      32/65：内径为 32mm，外径为 65mm；

      8/64：1964 年生产，第八批；

      35：制造厂代号。

例 3：7/14 花 4/68-25。

      缺省：单基药；

      7/14：弧厚为 0.7mm，14 孔多孔药；

      花：花边形；

      4/68：1968 年生产，第四批；

      25：制造厂代号。

4．火药的物理化学性能

火药具有以下物理化学性能。

（1）物理安定性：包括吸湿性、挥发性以及渗出性和晶析性。

（2）化学安定性：硝酸酯类火药都含有不稳定基（—ONO_2），一是会发生热分解；二是会自动催化，生成 NO_2 与火药起氧化作用，使火药进一步分解；三是水解，酯和水作用还原成醇和酸。为了增加火药的化学安定性，在火药中都加有安定剂。

（3）感度：火药的冲击感度和温度感度高于炸药，但其起爆感度远远低于炸药，且用雷管无法起爆。

（4）性能参数：

爆热 Q_W：1kg 火药在定容下燃烧时，冷却到 15℃所放出的热量。

爆温 T_1：火药在绝热定容下燃烧时，燃烧产物所具有的温度。

比容 W：1kg 火药燃烧所产生的气体，冷却到标准条件下所占的体积。

火药力 f：1kg 火药完全燃烧后，所生成的气体生成物在一个大气压力下，温度从 0℃升高到 T_{1k} 时对外膨胀所做的功。

燃速 u：包括线性燃速和质量燃速，其中线性燃速为单位时间内火药燃面的传播距离，质量燃速为单位时间内火药燃面所烧掉的质量。

火药密度 ρ：范围为 1.54～1.67g/cm³。

（5）火药尺寸参数：弧厚 $2e_1$，火药颗粒的最小尺寸；内孔直径 d_0；颗粒直径 D；长度 $2c$；内孔数目 n。图 4-4 为两种多孔火药颗粒的外形。

图 4-4　两种多孔火药颗粒

5．火药的燃烧过程

火药的燃烧过程一般分为以下三个阶段。

（1）点火：由于热源的作用，使火药表面全部或局部被加热，当温度升高到发火点时火药发生燃烧的现象。

（2）引燃：点火后火焰沿着火药表面的传播过程。

（3）燃烧：点火后，如最初一部分火药燃烧所放出的热量足够使邻近层的火药达到发火温度，燃烧可以层层传递到火药内部的热传播的过程。

火药在空气中燃烧时，引燃速度比燃烧速度大得多。例如黑火药在空气中的引燃速度为 1000～3000mm/s，而燃烧速度仅为 10mm/s；单基无烟火药的引燃速度为 2～5mm/s，而燃烧速度为 1～2mm/s。

火药在燃烧过程中，若各点的物理参量（燃速、温度、压力、密度等）都与时间无关，即火焰传播速度与时间无关，则称此类燃烧为稳定燃烧，反之为不稳定燃烧。

6．火药燃烧速度的表示方法

以下介绍火药燃烧速度的两种表示方法。

（1）燃烧的线速度（线性燃速）v：单位时间内在火焰前端单位表面上反应的可燃混合物的体积，单位为 mm/s，表示为

$$v = \frac{V}{S} \tag{4-1}$$

式中：V 为火药燃烧时可燃混合物的体积；S 为火焰前端表面的面积。

线性燃速可大致分为四档：超低燃速（<5mm/s），常用于燃气发生器、空间飞行器等；低燃速（5～25mm/s），常用于续航发动机、空间飞行器、弹道导弹发动机、弹射器等；高燃速（25～100mm/s），常用于助推器、旋转发动机、空间飞行器、弹射器等；超高燃速（>100mm/s），常用于特种助推器、旋转发动机、空间飞行器等。

（2）燃烧的质量速度（质量燃速）v_m：单位时间内火焰前端单位表面上燃烧掉的可燃气体混合物的质量，单位为 g/s，表示为

$$v_m = \frac{V \times \rho}{S} \tag{4-2}$$

式中：ρ 为可燃物的密度。

7．几种典型发射药的主要性能数据

国内外几种典型发射药的主要性能数据如表 4-1 所示。

表4-1 典型发射药的主要性能数据

序号	发射药型号	国别	主要成分/(%)	密度/(g/cm³)	火药力/(kJ/kg)	定容爆热/(kJ/kg)	定容火焰温度/(K)	比容/(L/kg)
1	M1	美国	硝化纤维素85，二硝基甲苯10	1.57	920	3061	2426	1016
2	M6	美国	硝化纤维素87，二硝基甲苯10	1.58	961	3228	2575	993
3	M12	美国	硝化纤维素98，二苯胺1	1.67	1042	3941	3020	912
4	IMR-4227	美国	硝化纤维素89.72		1001		2878	937
5	NACO	美国	硝化纤维素87.5~91.7	1.55~1.57	828~844	2745~2766	200~2200	1022~1029
6	WC870	美国	硝化纤维素79.70，硝化甘油9.94		967		2782	
7	M2	美国	硝化纤维素77.45，硝化甘油19.50	1.65	1099	4601	3344	
8	M8	美国	硝化纤维素52.15，硝化甘油43.00	1.62	1153	5174	3728	
9	M26	美国	硝化纤维素67.25，硝化甘油25.00	1.62	1073	4062	3106	
10	NOSOL318	美国	硝化纤维素46.0，三羟甲基乙烷三硝酸酯38.5			3138	2260	1067
11	WC860	美国	硝化纤维素80，硝化甘油10		950	3355	2600	986
12	M30	美国	硝化纤维素28.0，硝化甘油22.5，硝基胍47.7		1089	4079	3040	
13	M31	美国	硝化纤维素20.0，硝化甘油19.0，硝基胍54.7	1.64~1.65	1000	3373	2602	920
14	4/7	苏联	硝化纤维素95~96		980	3703	2860	1020
15	НДТ-2	苏联	硝化纤维素56，硝化甘油25		923	2971	2440	
16	B19T98	法国	硝化纤维素95		1047	4100	3222	
17	LB7T	法国	硝化纤维素80			2050		
18	SD	法国	硝化纤维素66，硝化甘油25	1.62		3108	2560	1012
19	CI	法国	硝化纤维素58，硝化甘油42			5201	3880	833
20	NCT	英国	硝化纤维素99.5		1010	3264	3010	893
21	AN	英国	硝化纤维素56.5，硝化甘油25.5	1.54	992	3456	2670	1018
22	N	英国	硝化纤维素19.0，硝化甘油18.7，硝基胍55.0		966	3201	2430	1058
23	JA-2	德国	硝化纤维素63.5，硝化甘油14.0，硝化二乙二醇21.7		1140		3412	
24	D14/19-H	中国	硝化纤维素98		1009	3892	2900	
25	双-12	中国	硝化纤维素67.5~71.5，硝化甘油26.5~32.5		1169	4832	3643	865
26	三胍-15	中国	硝化纤维素28.0，硝化甘油22.5，硝基胍47.0		1087	4077	3040	1055

4.3 炸 药

炸药与火药之间并没有根本的区别，通常可选取任意一种火炸药类物质使其像火药那样燃烧或作为炸药爆炸，这完全取决于所用激发装置的类型。燃烧过程中发生的反应取决于气体的压力和温度，而爆炸过程中的反应是一个恒定速度（爆速）的稳态过程，爆速取决于炸药材料的化学成分以及装药密度。对于炸药而言，爆速为 $2 \times 10^3 \sim 8 \times 10^3 \text{m/s}$。

炸药按感度不同，可以分为起爆药和猛炸药。起爆药是能在较弱的外界能量作用下产生爆轰的炸药；猛炸药则通常需要起爆药引爆，利用爆轰所释放出来的能量对介质做功。通常所说的炸药一般是指猛炸药，猛炸药的分类如图 4-5 所示。

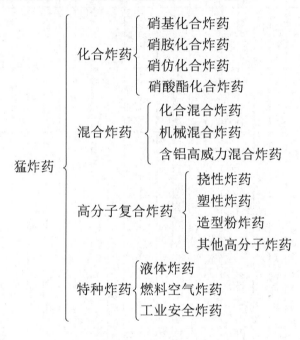

图 4-5 猛炸药的分类

以下对图 4-5 中的部分猛炸药进行简要的介绍。

1）硝基化合炸药

硝基化合炸药是指有机物的碳原子与硝基（—NO₂）直接结合产生的爆炸性化合物（脂肪族硝基化合物和芳香族硝基化合物），我国军品或民用工业上使用的这类炸药通常为单体装药，包括 TNT、苦味酸、二硝基甲苯、黑喜儿等。一般来说，硝基化合炸药具有以下通性：

（1）通常为略带黄色的结晶体，民用产品中都含有一定的杂质（异构物或者低硝基化合物）。

（2）具有轻微的毒性，其中黑喜儿的毒性较大。

（3）为负氧平衡炸药，爆炸时会产生部分一氧化碳，甚至游离碳，因而爆炸时伴有有毒的黑色烟雾。

（4）安定性较好、不易吸湿，储存中的温度变化对其影响不大，除苦味酸之外，一般不与金属发生反应，所以可以直接作为战斗部装药。

（5）炸药的威力都不是很大，机械感度一般比较小。

2）硝胺化合炸药

硝胺化合炸药是指有机物的氮原子（脂肪族和芳香族化合物）与硝基直接结合形成的爆炸性化合物，其威力比 TNT 大得多，是目前研究得最广泛的炸药，在军事和民用工业中最有发展前途。如作为新型发射药重要成分之一的硝基胍，用于炸弹传爆药、雷管附加药和导爆索心药的特屈儿，作为常规高能装药的黑索金以及在爆炸特性和热安定性两方面都足够优秀的奥克托今。一般来说，硝胺化合炸药具有以下通性：

（1）具有轻微毒性。

（2）安定性好，尤其是热安定性，一般不与金属作用，可直接装入金属容器之中。

（3）机械感度比硝基化合炸药的高，故一般不能单独作为战斗部装药或起爆药。

（4）氧平衡高于硝基化合炸药，爆炸时能完全完成爆炸反应，没有黑烟产生。

3）化合混合炸药

有时单体炸药的数量和品种不能够满足实际应用需求，为了调整炸药的猛度以增大威力，或满足装药的需求，可将不同炸药混合以调整感度。

化合混合炸药是将一种高熔点的化合炸药和另一种低熔点的化合炸药采取熔注混合得到的混合炸药，其混合结果是既保持了较高的能量又降低了混合炸药的感度。常见的化合混合炸药包括黑梯炸药（黑索金和 TNT 混合）、热塑黑梯萘胍（黑索金、TNT、二硝基萘和硝基胍四种混合）、梯萘炸药（TNT 和二硝基萘混合）。

4）机械混合炸药

机械混合炸药一般是由氧化剂和可燃物按一定比例混合制成的。以氧平衡为基础，配制后的机械混合炸药要求能够释放出最大的能量，以产生最佳的作用效果。土炸药也属于机械混合炸药，其氧化剂主要是硝酸盐、氯酸盐及高氯酸盐；可燃物主要是木粉、煤粉、麦粉、树叶粉等；附加物有的起黏合剂作用，有的起钝化剂作用，主要有硫、石蜡、沥青、汽油及食用油等。常见的土炸药有铵木油（硝酸铵、松树皮、柴油混合）、木薯土炸药（木薯粉、氯酸钾、硝酸钾、石蜡混合）以及氯酸盐和高氯酸土炸药。

5）含铝高威力混合炸药

含铝高威力混合炸药是指在猛炸药与氧化剂的混合物中加入铝粉后，形成的高爆热、高爆温、高密度和较低爆速的混合炸药。含铝炸药的威力之所以高是因为铝粉能与炸药爆炸产物中的二氧化碳和水产生第二次爆炸反应，生成大量的热，两个反应同时发生便提高了炸药的爆热和爆温。

6）挠性炸药

挠性炸药的代号为 FX，其具有良好的物理性能，可以在常温和一定温度范围内保持挠性，主要应用于军事工程爆破、高强度金属加工以及保险装置中。目前有如六硝基茂耐热挠性炸药（在 316℃和-160℃时仍具备良好的性能）的耐热挠性炸药、为满足水下爆破需求而发展的抗水挠性炸药、弹性炸药以及橡皮炸药等多个品种。

7）塑性炸药

塑性炸药的代号为 PX，其在一定温度范围内是可塑体，可以随意捏成所需要的形状，装药和使用都比较方便。这类炸药具有较高的密度，能量较高、感度适当，耐水性和安全性也比较出色，适用于水下和潮湿地带，目前主要用于反坦克碎甲弹和特工、军事以及海洋探测中的爆破。

8）造型粉炸药

造型粉炸药是用高分子黏合剂、增塑剂把主体高能炸药的粒子包覆起来，形成形似小米状的混合炸药，并借助压装等工艺压制成型。其具有高爆速、高猛度、低感度等特殊物理性能，是反坦克破甲弹、导弹和核武器比较理想的装药，一般由主体炸药、黏合剂、增塑剂、钝感剂组成。

9）液体炸药

液体炸药（包括糊状炸药和乳化炸药）具有优越的爆炸性能，其爆轰感度高、传爆性能好、流动性好、威力大、原料来源广泛、制造和装填简单，可以装填航弹、爆破筒、地雷、鱼雷、水雷等兵器，也可用于扫雷、清扫战场、开辟通道等。但是液体炸药也存在冲击感度高、安定性较差、毒性较大、挥发性严重等缺点，用于炮兵武器的可行性较低。常见的液体炸药包括：硝基甲烷与高氯酸脲液体炸药、硝酸肼或高氯酸肼液体炸药以及高氯酸金属盐液体炸药等。

10）燃料空气炸药

燃料空气炸药通过挥发性的碳氢化合物和空气中的氧以适当的比例混合后引爆产生爆轰。这类碳氢化合物主要有环氧乙烷、环氧丙烷和硝酸丙酯等，这些物质不需要氧就能自燃；还有在常温下遇湿空气就爆炸的二硼乙烷以及液化石油气、甲烷和丙烷等。

11）工业安全炸药

工业安全炸药一种是低密度炸药（代号为 PEX），其特点是密度低、爆速低、能量低，一般有粉状、塑性、挠性和硬质四种形态。低密度炸药是为了满足采矿和金属爆炸加工（如焊接、淬火、浇铸等）的需要而发展起来的新型炸药。另一种是安全裂石药柱，也称为"近人爆破"，主要是利用可燃剂和氧化剂构成的高能燃烧剂，如铝热剂由铝粉和氧化铁构成，高能燃烧剂燃烧后产生大量的高温高压气体，对外做膨胀功。

4.3.1 炸药爆炸的规律

1. 炸药的基本性能

1）炸药的感度

炸药的感度是指其在外界能量作用下产生剧烈化学变化的能力。如果炸药产生剧烈化学变化的能力大，容易被外界引燃引爆，则说明其感度高或其敏感。反之，如果炸药产生剧烈化学变化的能力低，不容易被外界引燃引爆，则说明其感度低或其钝感。炸药的感度分为热感度、火焰感度、机械感度和起爆感度四种。

（1）热感度：炸药在热能作用下发生燃烧或爆炸的能力，以爆发点（即在某种介质中将炸药加热到发生爆炸时周围介质的最低温度）表示。爆发点高，热感度小；爆发点低，热感度大。

（2）火焰感度：炸药在火焰作用下发生爆炸变化的能力，以能否引起炸药爆炸的距离上、下限表示，能使炸药 100%发火的最大距离称为上限，它表示点火的可靠性；使炸药 100%不发火的距离称为下限，它表示炸药对火焰作用的安全程度。

（3）机械感度：炸药在机械能的作用下发生爆炸变化的能力，包括冲击、摩擦和针刺感度等，常以炸药爆炸的百分数表示。炸药爆炸的百分数越大，炸药的机械感度就越大。

（4）起爆感度：炸药在起爆能的作用下发生爆炸变化的能力，常以极限起爆能量表示。若引起单位猛炸药爆炸所需的能量少，则这种炸药的起爆感度就大。

炸药的种类不同，它的感度也不同，而同一种炸药，在液态时要比在固态时的感度大；炸药的温度越高，感度越大；装药的密度越大，感度越低。

2）炸药的安定性

炸药的安定性指炸药在长期储存的过程中，受温度、湿度及其他条件的影响，保持其性质不发生改变的能力。炸药的安定性可分为物理安定性和化学安定性。物理安定性指在储存过程中在外界环境的影响下，保持其物理性质不发生改变的能力。例如，引信导爆药剂在长期储存中不受潮、保险药柱不碎裂的能力等。化学安定性指在长期存储过程中，不易分解、不与接触的金属等介质发生化学反应等能力。引信中药剂与金属相容性的设计要求主要考虑的就是药剂的化学安定性。

3）炸药对外输出特性

炸药对外输出特性指炸药爆炸后对外做功的能力，常以威力和猛度两个概念表示。

（1）威力：炸药的做功能力，即炸药所包含的全部能量，包括炸药爆炸时损失的能量和变成各种有效功的能量。在实际应用中，一般指炸药爆炸后对外界所做有效功的大小，包括膨胀功（发射、抛射）和炸碎功（将弹壳炸碎）两部分。威力的大小通常以铅块膨胀度表示，铅块膨胀度越大，则说明炸药威力越大。有时也用炸药力（或火药力）的大小衡量威力，即炸药力（或火药力）越大，威力也越大。通常来说，炸药的爆热越大，威力也越大。

（2）猛度：炸药爆炸后对其接触的物质或物体（弹壳、混凝土、金属物、岩石等）的破坏能力，即对接触物质或物体所做炸碎功的能力。猛度越大，则炸药的炸碎能力也越大。猛度的大小常以铅柱压缩量表示，压缩量越大，猛度也越大。在实际应用中，为了提高炸药的猛度，常从密度及爆速两个方面来考虑，即在不改变炸药成分的情况下，适当地增加装药密度，能提高炸药猛度；或者改变炸药成分，在爆速小的炸药中，加入爆速大的炸药，制成爆速较大的混合炸药以提高炸药猛度。

根据上述特征合理选用炸药，如爆破用药，杀伤弹、杀伤爆破弹等的装药，需要抛射能力大的炸药，就选用威力大的炸药；而穿甲弹、空心装药破甲弹、碎甲弹、混凝土破坏弹等装药，需要炸碎能力大的炸药，因此选用猛度大的炸药。

2．炸药爆炸的规律

在一定的外界能量的作用下（如冲击、摩擦、针刺、加热等），炸药能瞬时发生并完成物理、化学变化，产生大量的气体，并释放出热量，气体被加热后迅速膨胀，形成很高的压力，并以波的形式传递给周围介质而做抛射功或破坏功，这个完整的过程称为爆炸。

炸药的物理、化学变化过程是以波的形式向未反应区稳定传播的。前一层炸药产生反应，生成高温高压的气体产物，气体产物随即将能量传递给下一层炸药，下一层炸药接受能量后即刻发生反应，又生成高温高压的气体产物，这样层层反应直到爆轰完毕为止。这种生成高温高压气体产物的高速化学反应的层层传播，就是爆轰。

炸药在爆炸时，由冲击引起的特殊的压缩波称为炸药的爆轰波。爆轰波快速向外传递的速度称为爆炸的爆速。爆速是衡量炸药爆炸性能的主要参数，其数值取决于炸药的化学性质和装药的物理性质。

4.3.2 起爆药和猛炸药

对于普通炸药而言，利用机械方式通常不能使其发生爆炸，即使在较高的温度下也不会爆炸，只能引起发烟或燃烧。为了能适时完全起爆炸药装药，必须采用感度较高的起爆药。当受到机械应力或有热量输入时起爆药就会发生爆炸，继而引爆主装药。

起爆药是炸药中最敏感的一种，它在外界较小能量的作用下就能发生爆炸变化，而且在很短的时间内其变化速度可增至最大，但它的威力较小，在多数情况下不能单独使用。由于起爆药感度较高，因此为了避免外部影响，一般将其装在金属壳体内，作为火帽、雷管等火工爆炸元件的一个组分，以引燃火药或引爆猛炸药。

起爆药的起爆方式有机械撞击、线状电阻放电（桥丝式雷管）、火花放电、激光等。常用的起爆药有雷汞、叠氮化铅、三硝基间苯二酚铅（斯蒂芬酸铅）、特屈拉辛（脒基—亚硝胺—脒基—四氮烯）、二硝基重氮酚以及以这些为主组成的共沉淀药剂、硝酸肼镍和 GTG 等。其中，雷汞已被淘汰，三硝基间苯二酚铅（斯蒂芬酸铅）的火焰感度最好，特屈拉辛（脒基—亚硝胺—脒基—四氮烯）的摩擦感度较高（但是这两种起爆药的起爆威力不大，不能单独使用），而硝酸肼镍和 GTG 起爆药的显著优点是环保。

猛炸药典型的爆炸变化形式是爆轰，常用作各种弹药的主装药、传爆药以及雷管和导爆索的装药。猛炸药感度较低，它需要较大的外界能量才能激起爆炸变化，一般用起爆药来起爆。

常用的猛炸药有 TNT、特屈儿、黑索金、太安、奥克托金等单质炸药以及以黑索金和奥克托金为主体的混合炸药。其中，特屈儿毒性大，价格较高，基本不再使用。除部分航弹、榴弹和地雷中仍使用以 TNT、太安为主要成分的混合炸药外，以黑索金为主要成分的混合炸药（如黑梯炸药、黑铝炸药和黑索金塑料黏结炸药）是现装备常规武器弹药的基本装药，以奥克托金为主要组分的混合炸药（如奥克托儿和奥克托金塑料黏结炸药）也越来越多地在战斗部中应用。

4.3.3 烟火药

烟火药又称烟火剂或焰火药，指在隔绝外界空气的条件下能燃烧，并产生光、热、烟、声或气体等不同烟火效应的机械混合物。烟火药通常由氧化剂、可燃剂和黏合剂组成，有的还加有附加物。烟火药在军事上用来装填特种弹药和器材，民间则用于制造焰火、爆竹以及其他工业制品。

烟火药在一定条件下也会产生爆炸，但多数烟火药是利用燃烧反应产生的各种烟火效应达到使用目的的。烟火药的性质主要取决于它的组分。燃烧速度是重要性指标之一，对同类药剂来说，燃烧速度与装药密度有关，而不同品种药剂的燃烧速度相差极大。如发烟剂为十分之几毫米每秒，照明剂为 $2\sim10mm/s$。此外，燃烧温度、燃烧热和燃烧产物等对烟火效应都有很大的影响。大多数烟火药容易吸湿，并且对静电和机械作用（特别是摩擦）敏感。为提高烟火药的机械强度，降低燃烧速度及其感度，常在烟火药中加入黏合剂和钝化剂，黏合剂有酚醛树脂、电木粉、虫胶、松香、淀粉及干性油等，钝化剂有漆、树脂、石蜡、油及其他可燃的有机物等。

烟火药按其所产生的烟幕可分为遮蔽或迷盲发烟剂、有色发烟剂、干扰发烟剂，按能量则可分为动能、光能、热能、声能等类型。动能的烟火药有气体发生剂、弹底排气剂、烟火推进剂；光能的烟火药有照明剂、摄影闪光剂、曳光剂、发光信号剂、红外诱饵剂；热能的烟火药有燃烧剂、点火药；声能的烟火药有模拟剂、哨音剂等。按反应速度可分为快燃药和延期药。

第5章 火 工 品

5.1 火工品概述

火工品，旧称火具，是指装有少量药剂（火药或炸药），可在较小的外界刺激能量的作用下激发，产生燃烧或爆轰，从而完成点火、起爆、传爆、传火（包括延期）、做功等功能的一次性使用的元件和装置的总称。火工品广泛应用于常规弹药、战略导弹、核武器及航空航天系统等军事工程中，其体积小、构造简单、使用方便，在较小的外界刺激（如热、冲击波、机械、电、化学、激光等）作用下易被激发，可产生足够的输出（燃烧或爆轰），实现预定的功能。作为小型化的敏感爆炸能源，火工品既是武器和爆炸系统完成预定功能的"源"，又是这些系统可能发生意外爆炸、造成人身伤亡的"根"。

5.1.1 火工品的组成与分类

1. 火工品的组成

火工品主要由外壳、发火件（换能器）和火工品药剂等组成。火工品药剂简称火工药剂，是火工品的能源。火工品内装填的一切具有燃烧性和爆炸性的药剂均称为火工品药剂。火工品药剂一般包括起爆药、猛炸药、黑火药和烟火药等。起爆药用于引燃火药、引爆炸药；猛炸药是雷管、传爆管、塑料导爆管、导爆索的输出装药；黑火药是点火索、导火索、点火具等的基本装药；火工品所用的烟火药有点火药、曳光剂、延期药等，分别用于点火具、曳光管、延期元件等。火工品药剂对火工品的敏感性、输出威力、储存安定性、勤务处理安全性及作用可靠性等有很大的影响。

2. 火工品的分类

火工品种类繁多，包括起爆元件、传爆元件、点火元件、延期元件和传火元件等，引信中常用的有火帽、雷管、延期管、时间药盘、加强药柱、导爆管和传爆管等。此外，用于发射推进系统的还有底火、点火具等。

（1）按输入的能量形式，火工品可分为电火工品和非电火工品两大类。

① 电火工品是指用电能激发的火工品，一般都有由绝缘电极塞、电极、桥丝或桥膜及脚线组成的发火件（换能器）。其中，靠电压在电极间放电击穿绝缘层，产生火花引燃装药的，称为火花式电火工品；电极间装有桥丝或桥膜，通电后产生灼热或爆炸引发（引燃或引爆）装药的，称为桥丝或桥膜式电火工品，电极间装有半导体桥的也属于此类火工品；电极间有导电药或碳膜，通电后引发装药，因发火形式介于火花与桥丝之间，通常称为中间式电火工品。电火工品有电雷管、电底火、电点火管、电爆管等。

② 非电火工品是指以各种非电能量激发的火工品。其种类较多，可分为撞击、针刺、摩擦、爆炸、火焰、化学能、激光等火工品。撞击引发的火工品靠撞击作用起爆，如撞击

火帽等；针刺引发的火工品具有较薄的金属盖片或帽壳，靠针刺刺激引发，如针刺火帽、针刺雷管等；摩擦引发的火工品又称拉发火工品，如摩擦火帽、拉发雷管等；爆炸引爆的火工品如传爆管、导爆索；火焰引发的火工品如火焰雷管、导火索；化学能引发的火工品，其装置内有装液体药剂的容器，当药剂混合时产生化学反应引爆装药，如酸点燃雷管、酸点火具等；激光引发的火工品靠激光穿过专门设计的窗口引发装药，如激光雷管。

（2）按输出的能量形式，火工品可分为引燃、引爆及做功火工品三类。

① 引燃火工品又称点火用火工品，能产生火焰，引燃传火序列中下一级火药装药或火工品。这类火工品有火帽、底火、点火具、延期元件、导火索、电爆管等。

② 引爆火工品又称爆炸火工品，能够输出爆轰形式的能量，引爆传爆序列中下一级炸药装药或火工品。这类火工品有雷管、传爆管、导爆索等。

③ 做功火工品又称动力源火工品，是利用燃烧、爆炸输出的能量做机械功的火工品。这类火工品有切割器、火药接线器、爆炸螺栓、爆炸铆钉、驱动器等，通常将点火索、导火索、导爆索、切割索、塑料导爆管等称为索类火工品。

另外，根据输入的能量形式的不同，同一种火工品可进一步细分，如雷管又可细分为电雷管、火焰雷管、针刺雷管等；火帽也可细分为撞击火帽、针刺火帽等。

5.1.2 爆炸序列

为了保证弹药和爆炸装置引燃、引爆的可靠性和使用安全，在弹药或爆炸装置的引信内，常以多种爆炸元件组成一定的序列，称为爆炸序列。爆炸序列中的爆炸元件一般按感度递减、输出能量递增的原则排列，最后输出较大的能量，以可靠地引爆炸药装药或引燃发射装药。在引信爆炸序列中，爆炸元件的种类和数量取决于引信的性能需求。

通常根据主装药所用火炸药类型或输出能量形式，将爆炸序列分为传爆序列和传火序列，如图 5-1 所示。

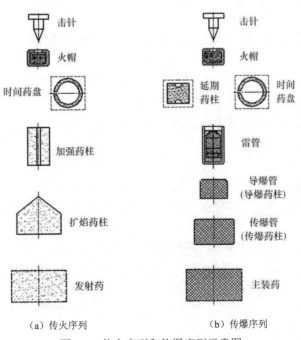

（a）传火序列　　　　　　（b）传爆序列

图 5-1　传火序列和传爆序列示意图

传爆序列由一系列引爆火工品构成，可输出爆轰能量、引爆炸药装药；而传火序列由一系列引燃火工品构成，可输出火焰能量、引燃发射装药。在传爆序列中去掉最后一级火工品（传爆管），通过其输出的爆轰产物引燃发射药、推进剂或烟火药主装药而起传火序列作用的，称为双作用爆炸序列。还可根据其组成中有无隔爆件（回转式隔板、滑块或转子）或传爆通路是否永久对正，分为隔爆式（又称错位式）爆炸序列和非隔爆式（又称直列式）爆炸序列。隔爆式爆炸序列是利用锁定隔爆件，将第一级敏感火工品（雷管或火帽）与其下级火工品（导爆管或传爆管）之间的传爆通路隔断或使其错位，从而起保险作用；解除保险时需移去隔爆件，使第一级敏感火工品与其下级火工品之间的传爆通路接通或使其对正。非隔爆式爆炸序列的第一级火工品与下级火工品之间无隔爆件或不需错位，它的安全性靠以下三种途径保证：

（1）第一级火工品采取钝感型高电压强电流无起爆药雷管。

（2）利用两级保险开关控制第一级火工品的最小激发输入能量。

（3）传爆元件必须使用钝感传爆药。

5.1.3 火工品的特性

1. 火工品应满足的共性要求

对爆炸序列来说，首先需要考虑的是序列的输入和输出；而对单个火工品来说，是其本身的输入和输出。好的火工品是组成高效爆炸序列的关键，火工品应满足以下共性要求。

1）合适的感度

火工品对外界输入能量响应的敏感程度称为感度。要求合适的感度是为了保证使用的安全与可靠。如果感度过大，危险性就大，不易保证安全；相反，如果感度过小，则要求大的输入冲量，会影响作用可靠性或增加配套使用难度。例如电雷管规定有最小发火电流，还要规定有最大的安全电流。

2）适当的威力

火工品输出能量的大小称为火工品的威力。火工品的威力是根据使用要求提出的，过大、过小都不利于使用。如爆炸序列中的雷管，威力过小就不能引爆导爆药、传爆药，会降低引信的可靠性；而威力过大，又会使引信的隔爆机构失去作用，会降低引信的安全性，或要求大尺寸的隔爆机构，给引信设计增加困难。又如点燃时间药盘的火帽，其输出火焰威力的大小会直接影响时间药盘中药剂的燃速，造成作用时间散布、难以满足延期时间的设计要求。所以，火工品的威力应适当。

3）使用的安全性

火工品是敏感元件，必须保证它在生产、运输、装配、发射和飞行中的安全。安全和感度有时会发生矛盾，辨证地解决这一矛盾十分重要。

4）长期储存安定性

火工品在一定条件下长期储存，不发生变化与失效的性能称为火工品的长期储存安定性。安定性取决于火工品中火工药剂各成分相互之间，以及药剂与其他金属、非金属之间，在一定温度和湿度影响下是否发生化学和物理变化。如果产品的安定性不好，在长期储存或环境温湿度发生变化时，就易产生变质或失效。一般引信要求长期储存10～20年，火工品长期储存期要满足引信要求。

5）适应环境的能力

火工品在制造、使用过程中会遇到各种环境力的作用。首先，其使用环境广阔，包括高空、深海、寒区和热区，光照条件、气温、气压变化范围大。其次，除静电危害外，随着现代化战争的发展，射频、杂散电流等意外电能作用日益增多，还有战场环境下的高热、高冲击和电磁干扰等。另外，火工品在制造、运输、使用过程中存在着大量震动、冲击、磕碰、跌落等机械作用。

火工品易受环境力的诱发，不仅会因性能衰变而失效，还可能被敏化而引发意外，从而影响产品的作用可靠性和安全性。火工品要采取诸如全密封、静电泄放和防射频等措施，以保证火工品具有抵抗外界诱发作用的能力。

在火工品应用中，还应具体分析使用条件，如在速射武器中，可能会发生射击故障，会造成弹丸长时间留膛，这样给火工品带来了耐高温问题；在石油射孔弹中，火工品不仅要耐高温，还要耐高压；在高空及高原应用的火工品存在高能粒子的辐射问题，以及防霉菌问题。

6）小型化

火工品是功能相对独立的元件，但也是武器系统的配套件。随着引信的小型化，火工品的结构设计应贯彻小型化原则，并注意与武器系统的尺寸、结构相匹配。

7）其他要求

制造火工品的原材料应立足国内，应结构简单、制造容易、成本低且易于大量生产。

2．引信中常用的火工品的特点

武器系统从发射到毁伤整个作用过程均是从火工品的首发作用开始的，几乎所有的弹药都要配备一种或多种火工品。作为影响武器系统最终效能的决定性因素之一的火工品，具有以下特点。

1）功能首发性

以典型的点火序列为例：底火——发射药或火帽——传火管或点火具——增程火药，序列的第一个元件是火工品。

以典型的爆炸序列为例：火帽（或电点火管）——火焰雷管——导爆管——传爆管和主装药；针刺雷管（或电雷管）——导爆管——传爆管和主装药，序列的第一个元件也是火工品。

因此，武器系统中的燃烧和爆轰以点火器（点火具等）的点火和起爆器（雷管等）的爆炸为始发能源。

2）作用敏感性

火工品在武器系统的点火序列和爆炸序列中处于首发地位，也是最敏感的元件。其中所装填的火工药剂是武器系统所用药剂中感度最高的，如在点火序列中药剂感度从高到低的顺序为点火药——延期药——发射药或推进剂；在爆炸序列中药剂的感度从高到低的顺序为起爆药——传爆药——主装药。

3）使用广泛性

火工品的功能首发性和作用敏感性决定了它在武器系统中的地位和作用，它广泛应用于常规武器弹药系统、航空航天系统及各种特种系统中。

为有效打击各种目标，适应未来战争和作战环境，火工品从点火、起爆、做特种功等基本作用拓展到能实现定向起爆和可控起爆等更高层次的用途。火工品的作用不仅仅体现在初始点火起爆这一环节，更全面地体现在武器系统的战场生存、运载过程修正、毁伤等多个环节中。除广泛应用于武器系统，火工品在民用方面也有越来越广泛的应用。

4）作用一次性

火工品是一次性作用的元件，同一发产品其功能无法重现。

5.2 爆 炸 元 件

5.2.1 火帽

火帽是将弱小的激发冲量转换为火焰的点火元件，通常作为引信爆炸序列的第一个起爆元件，也可单独完成某种特殊任务，如点燃保险药柱、推动保险件、激活热电池等。

按激发冲量的形式，火帽可分为机械激发火帽和电激发火帽。机械激发火帽包括针刺火帽、撞击火帽和摩擦火帽（拉火帽），目前应用中以针刺火帽为主；电激发火帽包括电点火管和电点火头。

引信用火帽的性能要求是：有适当的感度和足够的火焰输出，能耐发射过程中的高冲击，长期储存性能稳定等。

1. 针刺火帽

以击针刺发发火的火帽为针刺火帽。针刺火帽在引信中使用得比较多，一般由帽壳、加强帽（或盖片）和针刺发火药剂等组成。发火药剂一般由氧化剂、可燃物以及起爆药组成。针刺火帽通常只装一种击发药，有时为了提高输出威力会在击发药后加装点火药。

火帽的尺寸与结构取决于引信中火帽的用途和位置。火帽的直径一般为 3～6mm，高度为 2～5mm，针刺火帽的典型结构如图 5-2 所示。

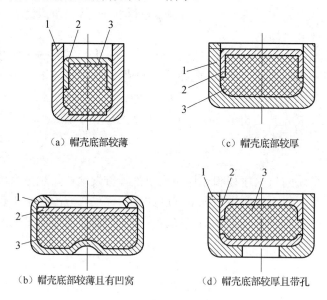

（a）帽壳底部较薄　　　　　（c）帽壳底部较厚

（b）帽壳底部较薄且有凹窝　　　（d）帽壳底部较厚且带孔

1—帽壳；2—加强帽（或盖片）；3—发火药剂

图 5-2　针刺火帽的典型结构

针刺火帽靠击针刺穿加强帽或盖片，使发火药受到摩擦和冲击而发火。根据帽壳结构形式的不同，火焰可以从不同的方向输出。当帽壳底部较薄（如图 5-2（a）所示）或具有凹窝（如图 5-2（b）所示）或带孔（如图 5-2（d）所示）时，火焰主要从帽壳底部喷出；而当帽壳底部较厚（如图 5-2（c）所示）时，火焰则从加强帽喷出。有时，针刺火帽也用于没有击针的头部碰击发火机构中，这时火帽主要靠高速碎片的冲击发火。

针刺火帽的主要性能包括针刺感度、点火能力、发火时间、抗冲击能力以及长期储存性等。

2. 撞击火帽

撞击火帽一般由帽壳、发火药和击砧组成。发火药装在帽壳与击砧之间，火焰从帽壳或击砧的开口端输出，其典型结构如图 5-3 所示。撞击火帽靠钝头击针撞击发火。与针刺火帽不同的是，撞击火帽的击针不刺穿帽壳，而是挤压装在帽壳与击砧之间的发火药（击发药），火焰只从一端输出。因此，撞击火帽适于密封的延期机构的点火。撞击火帽的感度比针刺火帽的低，击发药与针刺药基本相同。

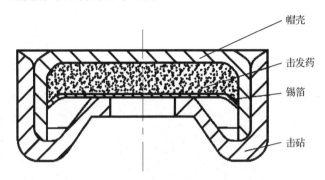

帽壳

击发药

锡箔

击砧

图 5-3　撞击火帽的典型结构

3. 摩擦火帽

摩擦火帽也称拉火帽，通常是靠拉动金属丝（铜丝和铝丝）与摩擦发火药（摩擦药）产生摩擦而发火的，一般由帽壳与摩擦药组成。图 5-4 为时-2 引信所用拉火帽的结构。拉火帽与金属丝等零件组成拉火管。拉火管在时-2 引信上的配置如图 5-5 所示。拉火帽主要用于手榴弹引信中。

5.2.2　电点火头和电点火管

电点火头和电点火管大都是金属桥丝式的，其输出与机械火帽相似。电点火头的结构比较简单，一般由引线、铂铱桥丝、发火药和保护套筒组成（如图 5-6 所示），其用途不同，保护套筒的形状也不同。电点火管通常带有金属管壳，发火头（包括桥丝及发火药等）被包封在金属管壳里面，引出极有独脚式（如图 5-7 所示）和引线式两种结构。

电点火头和电点火管可用于引信的爆炸序列，如用于时间药盘和自炸药盘的点火装置，但更多的是用于发射装置的点火机构，有时也作为引信保险机构动作的能源。

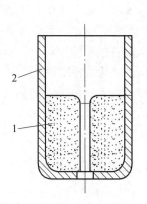

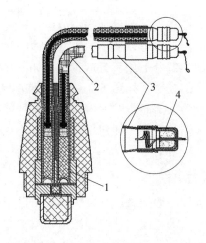

1—摩擦发火药；2—帽壳

图5-4　拉火帽的结构

1—雷管；2—导火索；3—拉火管；4—拉火帽

图5-5　拉火帽在引信中的配置

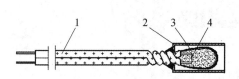

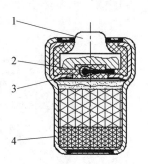

1—引线；2—保护套筒；3—发火药；4—铂铱桥丝

图5-6　电点火头的结构

1—中心电极；2—发火药；3—铂铱桥丝；4—金属管壳

图5-7　电点火管的结构

5.2.3　雷管

雷管是将机械能、热能、电能或化学能转换成爆轰能量的起爆元件。雷管与火帽的不同点在于，雷管的输出可直接起爆猛炸药。从能用非爆炸能量引爆这方面来说，雷管包括了火帽的作用。根据激发能量形式的不同，雷管可分为针刺雷管、火焰雷管、化学雷管和冲击片雷管等类型。除火焰雷管外，其他雷管一般都作为爆炸序列的第一个火工品。

引信用雷管要有适当的感度、足够的起爆威力和尽量短的作用时间（延期雷管除外），特别是电雷管，其作用时间要求在 $10\mu s$ 以下，针刺雷管和火焰雷管的作用时间也要求在数百微秒范围内。对雷管的其他要求与对火帽的要求相同。

雷管使下一个火工品完全起爆的能力（即起爆威力）取决于其爆压、爆速、爆温、爆轰传播方向以及管壳碎片的动能等，而这些参数又与雷管装药（主要是底层装药）的成分、密度、雷管直径、管壳的材料、尺寸、形状、周围介质限制的情况等一系列因素有关。

一般结构的雷管，其爆轰威力（主要指爆压和爆速）分布如图 5-8 所示。从图中可以看出，雷管爆炸后输出端的轴向起爆能力最大，输入端的最小。雷管输出端底部若做成具有聚能效应的凹形结构时，输出端的轴向起爆能力将进一步增大。

1. 针刺雷管

针刺雷管的发火原理与针刺火帽的相同。针刺雷管一般由管壳、加强帽和装药三部分组成，其典型结构如图 5-9 所示。

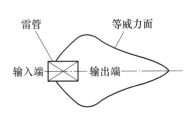

图 5-8　雷管爆轰威力分布图

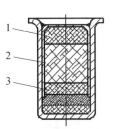

1—针刺药；2—糊精氮化铅；3—特屈儿

图 5-9　针刺雷管

针刺雷管的装药一般分三层：输入端（上层）为针刺药，中间层为起爆药，输出端（底层）为猛炸药。延期针刺雷管在发火药的下层加装延期药，使输出的爆轰延迟一段时间。针刺雷管的中层装药多为糊精氮化铅，其作用是将针刺药产生的火焰转变为爆轰，并使底层猛炸药起爆。底层猛炸药目前多用特屈儿，也有的用泰安或黑索金，它是决定雷管输出爆轰威力的主要装药。

针刺雷管也可用于不带击针的碰炸机构中，主要靠碰击时产生的碎片起爆。

2. 火焰雷管

火焰雷管（如图 5-10 所示）靠火帽或延期元件输出的火焰来引爆，其结构与针刺雷管相似，但加强帽上有中心孔（传火孔）。为了防止药粉撒出且不影响传火，通常在传火孔下部垫一个直径稍大于加强帽内径的绸垫。

火焰雷管的装药通常也分三层：发火药多为火焰感度较高的斯蒂芬酸铅，中层和底层装药与针刺雷管的相同。

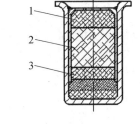

1—斯蒂芬酸铅；2—糊精氮化铅；3—特屈儿

图 5-10　火焰雷管

火焰雷管的火焰感度用该雷管能够百分之百被引爆时雷管与标准黑药柱（引燃药柱）之间的距离来表示，距离越大，雷管的火焰感度越高。

3. 电雷管

电雷管靠电能来引爆，电能可由各种形式的电源产生，且电源可配置在远离雷管的位置。电雷管一般由电极塞、装药和管壳组成。电雷管的装药一般有两层：靠近电极的为起爆药，多用氮化铅；输出端为猛炸药，常用泰安和黑索金。

电雷管的作用时间很短，最短的只有数微秒，而且时间散布较小（偏差一般在 1μs 以内），这有利于提高引信的瞬发度和减小作用时间散布。一般来说，电雷管起爆所需的能量比其他雷管所需的能量小得多，如起爆针刺雷管需要大约 0.1J 的能量，而起爆电雷管只需要 $10^{-5}\sim10^{-3}$J 的能量，这有利于提高引信的发火可靠性。

根据起爆方式，电雷管可分为火花式、导电药式、薄膜式和桥丝式等类型。导电药式和薄膜式电雷管的起爆机理介于火花式与桥丝式之间，所以也叫中间式电雷管。根据接电方式，电雷管又有独脚式和引线式两种结构。各种类型的电雷管在引信中都有应用，其典型结构如图 5-11 所示。

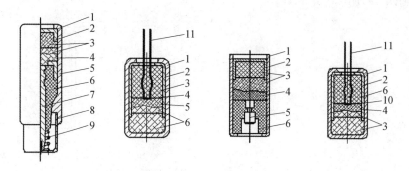

（a）LD1-A 火花式电雷管　（b）桥丝式电雷管　（c）LD-3 导电药式电雷管　（d）LD-2 薄膜式电雷管

1—管壳；2—加强帽；3—猛炸药；4—氮化铅；5—导电管；6—塑料塞；

7—中心电极；8—接电帽；9—接电簧；10—桥丝；11—引出线

图 5-11　电雷管的典型结构

决定各种电雷管可靠起爆的条件不仅是能量的大小，更重要的是提供能量的方式。由于起爆机理的不同，各种类型的电雷管对电源有着不同的要求。

火花式电雷管的两极之间为一个很小的绝缘间隙，中间压有氮化铅。当两极间加上足够高的电压时，间隙被击穿，产生电火花，从而使氮化铅起爆。火花式电雷管一般为独脚式结构，两极之间构成环形火花间隙。由于火花式电雷管是靠电击穿时的放电火花起爆的，因此要求电源要有足够高的电压，但电容可以很小。在电容大于某一最小值的情况下，火花式电雷管的起爆取决于电压的大小，而对电容的变化不敏感，即对能量的变化不敏感。和其他电雷管相比，火花式电雷管的起爆电压最高（数千伏特）、起爆电容最小（一百多皮法）、作用时间短（一般小于 $3\mu s$）。

桥丝式电雷管直接靠热起爆，即利用电流通过金属桥丝时产生的热量使周围的起爆药达到爆发点而起爆。可见，决定桥丝式电雷管起爆的条件是电流的大小和持续时间的长短。电流过小持续时间很长，或者电流较大但持续时间过短，都不能保证雷管可靠起爆。对起爆电源来说，要求电压或电容都不能过小，只能在一定的范围内变化。表 5-1 所列为微秒桥丝式电雷管的起爆试验结果，根据表中数据可知：为了使微秒桥丝式电雷管获得最短的作用时间，在一定能量下，电容和电压应有一个最佳匹配值；但当电容和电压在一定范围内变化时，桥丝式电雷管的起爆又取决于能量的大小。由于桥丝式电雷管的内阻很小（几欧姆到几十欧姆），故以较低的电压（如数伏）即可得到所需的起爆电流。为了得到最短的作用时间（如数微秒），起爆电压则要适当提高。但总的来说，和其他电雷管相比，桥丝式电雷管的起爆电压最低、电容最大。

表 5-1　微秒桥丝式电雷管的起爆试验结果

起爆能量/J	电容/pF	电压/V	试验发数	起爆率（%）	作用时间/μs
3×10^{-4}	10×10^{6}	8	5	80	76
	1×10^{6}	24.5	5	100	7.9

起爆能量/J	电容/pF	电压/V	试验发数	起爆率（%）	作用时间/μs
3×10^{-4}	0.1×10^{6}	77.5	10	100	3
	0.05×10^{6}	110	10	100	2.57
	4900	346	8	100	1.9
	3000	450	9	100	3
	2500	490	10	100	2
	2000	548	10	100	6
	1500	633	10	100	5
	1170	714	10	90	6.3
	780	878	10	0	—

桥丝式电雷管通常为引线式结构，金属桥丝焊接在具有固定极距的两根引线上；也可采用独脚式结构，金属桥丝可用金属镀膜来代替，以改进生产工艺。桥丝式电雷管的主要优点是安全性好，而且其性能可以进行较准确的计算和测量。

导电药式电雷管属于中间式电雷管，一般也为独脚式结构。它与火花式电雷管的区别是其两极间的装药为掺有石墨粉（乙炔黑）等导电物质的糊精氮化铅（又称导电氮化铅）。它的起爆机理与火花式电雷管相近，即主要是靠击穿放电产生的火花而起爆。但这种击穿是在由导电药形成的非连续的微观电路中发生的，因此要比火花式电雷管的放电过程复杂，但击穿电压却低得多。导电药式电雷管的内阻一般在 0.1MΩ 以上。

薄膜式电雷管是以具有一定导电性能的薄膜作为电桥的中间式电雷管，如 LD-2。它的极间距离用电极塞保持在 0.04～0.08mm 的范围内。在电极塞内表面的两极间涂上一层由石墨与聚苯乙烯乙酸丁酯溶液配制的电阻薄膜（配比为 1.1∶15），其电阻值为 1～10kΩ。电流加热可能是薄膜式电雷管起爆的主要原因，即与桥丝式相近。但当电压较高时，也可能存在电击穿的作用。目前生产的薄膜式电雷管的安全性较差、内阻散布较大、性能不够稳定，因此应用受到限制。

玻璃半导体薄膜电雷管的主要性能比上述几种电雷管有显著改善。玻璃半导体是一种无序半导体（即非晶体），由砷、碲等组成。它具有"开关"特性：当电压达到某值时，其内阻由平时的高阻态（如 20～100MΩ）突变到低阻态；当电流小于某数值后，又回到高阻态。在由高阻态转变到低阻态的瞬间，出现足以引起起爆药爆炸的电火花。这一转换过程所经历的时间极短，特别是当施加电压较高时，这一过程的时间甚至不到 1.5×10^{-10}s。转换电压主要与极间距离有关，由于玻璃半导体为非晶体，因此杂质的影响较小。极间距离可用光刻法精确控制，因而转换电压的散布可控制得很小，也就是这种电雷管的起爆电压 U_B 和安全电压 U_A 的散布范围很窄。这样当起爆电压不变时，可大大提高安全电压值。这对解决引信的安全性和作用可靠性都十分有利。玻璃半导体薄膜电雷管主要靠电压起爆，特别是当起爆电容较大时，起爆电压几乎不随电容的变化而变化。起爆电压的大小，还可根据需要进行调整。由于半导体的转换时间极短，所以雷管的作用时间也很短，一般为 3μs 左右，而且其抗电干扰性能较好。此外，这种雷管耐潮和耐水性强，产品受潮后只要进行干燥，仍能恢复到原来的性能。

4. 化学雷管

化学雷管是利用几种药剂接触时发生的爆炸反应来起爆的雷管。此种雷管多用于定时炸弹的防排机构。图 5-12 所示为利用硫酸与含氯酸钾的发火药接触时发生爆炸反应而起爆的化学雷管，常称酸雷管，通常要求硫酸要有一定的浓度，而且在低温下应保持良好的流动性。

5. 冲击片雷管

冲击片雷管是出现于 20 世纪 70 年代的一种新型雷管，又称 Slapper 雷管。该雷管不含任何起爆药和松装猛炸药，仅装有高密度的钝感猛炸药，且炸药与换能元件不直接接触。冲击片雷管只有在特定的高能电脉冲（电流 2～4kA，电压 2～5kV，功率 4～10MW）作用下才能引爆。这种高能电脉冲抗自然界及通常的战场电磁射频、高空电磁脉冲、闪电、瞬态电脉冲、杂散电流等恶劣电磁环境的能力较强。由于该雷管中无敏感的起爆药及低密度装药，所以具有耐冲击的特点，且用于引信爆炸序列时无须错位，即能用于直列式爆炸序列的引信。

冲击片雷管的结构如图 5-13 所示。

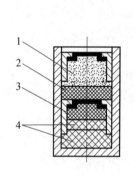

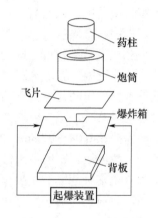

1—发火药；2—沥青斯蒂芬酸铅；

3—粉末氮化铅；4—太安

图 5-12　化学雷管　　　　　图 5-13　冲击片雷管的结构

5.3　底火与点火具

5.3.1　底火

底火是靠输入机械能或电能刺激发火的引燃性火工品，用于输出火焰引燃发射装药或传火药包，是发射装药传火序列的第一级火工品。在有药筒的弹药中，底火装在枪弹弹壳或炮弹药筒的底部；而对于药筒分装式弹药，底火一般插在炮闩上。底火按所配用的武器可分为枪弹底火和炮弹底火；按其与药筒（弹壳）结合的方式可分为压入式底火（又称点火管、门管）和旋入式（螺纹式）底火；按能量输入方式又可分为撞击底火、电底火和电撞两用底火。

（1）撞击底火：靠撞击作用发火的底火，用于枪弹和炮弹。枪弹底火即撞击火帽；炮弹底火一般由底火体、火帽、火台、传火药、闭气塞和盖片等组成。传火药一般是黑火药，也有亚铁氰化铅和高氯酸钾混制的点火药。大中口径炮弹都采用旋入式底火（如图5-14所示），一般都有锥形体起单向阀门作用，配合连接处涂有密封剂，以防止发射药燃烧产物泄漏。

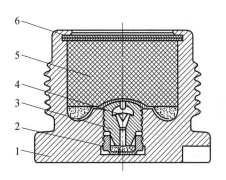

1—底火体；2—火帽；3—压螺；4—闭气塞；5—传火药；6—盖片

图5-14　旋入式底火

（2）电底火：靠电能作用发火的底火。其基本构造同电火帽，一般用于小口径炮弹，发火时间一般要求在1ms以下。电底火可以提高火炮的射速，并使火炮实现齐射。

（3）电撞两用底火：在撞击或电能两种作用下都能发火的底火。其结构特点是在撞击底火上加装电发火件。撞击时由火帽发火点燃传火药；当输入电能时，电发火件发火点燃传火。由于既可由电能激发又可由撞击能激发，这种底火的发火可靠性较高。

为了保证大中口径炮弹的发射装药可靠点火，常采用具有多孔传火管的长管底火。长管底火以黑火药作为传火药，底火引发时，点燃黑火药。火焰从孔中喷出，同时点燃周围的发射药，使其充分燃烧。

底火应具有适当的感度、合适的点火能力以及足够的耐压强度，以保证发火可靠和勤务处理安全。对于旋入式底火，要求射击后便于卸下，以利于药筒修复再用。

5.3.2　点火具

点火具是在外界刺激能量的作用下激发，并输出较大的火焰，从而直接点燃发射（推进）装药或烟火药的火工品，又称点火管、点火器、点火药盒，广泛用于炮弹、航空炸弹、鱼雷、火箭、导弹及航天器中，可完成程序点火及传火序列的点火等。

点火具通常由发火件、点火药、扩燃药和壳体组成，若需延时，则在点火药与扩燃药之间装入延期药。点火具所输出的火焰应能安全可靠地点燃主装药（下一级装药），有的还必须具有一定的火焰温度（约1000K）、火焰长度（约100mm）和燃烧持续时间（毫秒至秒量级）。发火件是装配在点火具壳体内的电发火头、火帽或其他发火件。常用的点火药是三硝基间苯二酚铅、硫氰酸铅与氯酸钾的混合物。壳体一般为铝、铜、铁等金属，也可用特种塑料制造。

点火具按用途可分为火箭点火具、发射装置点火具（如鱼雷、航空炸弹、抛射弹点火具等）和药柱点火具（如燃气发生器、火焰喷射器和文件销毁器点火具等）；按刺激方式可分为电点火具和非电点火具。

电点火具又有单桥式、双桥式、双引火头式、薄膜式等类型，通常用于火箭发射点火，引燃黑火药，点燃火箭推进剂。为增强使用可靠性，有时并联两个电点火头。

非电点火具又分为惯性点火具、隔板点火具、酸（化学能激发）点火具和放热合金点火具等。惯性点火具又称机械发火点火具或延期点火具，用于火箭增程弹，利用炮弹发射时的惯性力使击针撞击火帽，点燃延期药柱；延期药柱点燃点火药，点火药的火焰点燃火箭推进剂，使炮弹增程，故又称增程点火具。隔板点火具利用施主装药（上一级装药）产生的冲击波，穿过金属隔板而引发受主装药，使之在密闭状态下燃烧并输出火焰，其外壳有较高的耐压性，作用时完整无损，可装在火箭发动机外面，便于检查，且不受静电、射频影响，比较安全。酸点火具是利用酸与装药发生化学反应激发燃烧喷出火焰的点火具。

第6章 内 弹 道

6.1 概　　述

内弹道学是专门研究弹丸在膛内运动规律的科学。它所研究的对象是膛内的射击现象，包括火药在膛内的燃烧规律、弹丸运动的规律以及膛内压力（即物理学中的压强，工程中习惯称为压力）的变化规律等方面的内容。

1798 年，拉格朗日对膛内气流现象做出气流密度沿轴向为均匀分布的假设，从而确定出膛内压力和弹底压力之间的近似关系，开启了内弹道学理论研究的序幕；1864 年，雷萨尔应用热力学第一定律建立了内弹道能量方程；1868～1875 年，诺贝尔和艾贝尔应用密闭爆发器的试验，确定出火药燃气的状态方程。最早用数学方法来研究内弹道现象的还有萨罗（Sarau，1876 年）、希伯持（Sebert，1882 年）、雨果尼特（Hugoniot，1882 年）、莱欧韦勒（Liouvile，1895 年）和查尔伯尼尔（Charbonnier，1908 年）。半经验计算方法是由瓦利尔（Valier，1899 年）和海登瑞斯（Hcyenreich，1900 年）提出的。从那时起，就有了大量内弹道学方面的书籍。

20 世纪 60 年代，大威力火炮在其发展过程中发生了多次危险的膛炸事故。同时，高压的非电量电测技术和计算机技术及计算技术得到了飞速发展，大大推动了复杂的内弹道多相流模型的发展。20 世纪 70 年代中期，美国的内弹道学者如 K.K.Kuo、M.Summerfield、H.Krier、P.Gough 等先后提出了内弹道两相流体力学数学模型。该模型以气体动力学原理为基础，研究了弹后空间的燃气和固体药粒之间的质量、动量和能量的输运过程，同时考虑了气固相之间及固相与固相之间的相互作用，而把弹丸的运动仅作为一个边界条件来引入，使射击过程从点火开始就可以在理论上加以描述。

6.2　膛内射击过程

6.2.1　点火传火过程

射击过程是从击发开始的，通常是利用击针撞击或通过电流击发药筒底部的底火/电底火，使底火药着火，底火药的火焰又进一步点燃底火中的点火药，产生高温高压的气体和灼热粒子流，同时引燃发射药的表面，并使发射药在高温高压环境下稳定燃烧。

点火传火过程在经典内弹道中称为前期。

6.2.2　挤进过程

当弹丸装填到位后，铜或尼龙弹带前部的锥形斜面与药室前的坡膛密切接触，完成卡膛定位，药室处于密闭状态。为了保证膛内的火药燃气密封并强制弹丸沿膛线螺旋运动，弹带直径通常比阴线直径略大 0.5mm，使弹带挤进有一定的强制量。在完成点火、传火过程后，随着火药的燃烧，产生大量的高温高压燃气。当膛内的燃气压力增加到克服上述强制量所产生的阻力时，弹丸开始运动。弹丸开始启动瞬间的压力称为启动压力，一般为 10～20MPa。

当弹带挤进膛线后，随着膛内压力的增长，迫使弹丸向前加速运动，使弹带产生塑性变形挤进膛线，变形阻力随弹带挤进膛线深度的加深而增加。因此，弹带挤进阻力将迅速增加，在弹带全部挤进膛线瞬间达到最大值，与之相应的火药燃气压力称为挤进压力 p_0。这一过程称为挤进过程。此后弹带被刻成与膛线相吻合的沟槽，阻力迅速下降至沿膛线运动的摩擦阻力值。一般火炮所测出的阻力曲线如图 6-1 所示。

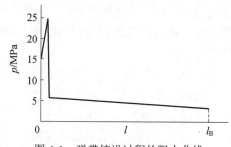

图 6-1　弹带挤进过程的阻力曲线

弹带挤进膛线的过程是内弹道全过程的一个初始阶段，描述内弹道过程的数学模型应当包含这一阶段。但是该阶段的物理过程非常复杂，涉及弹带在快速变化的压力作用下的塑性力学问题，且经历的行程和时间又都非常短，难以通过实验准确测量。因此，为了简化处理，经典内弹道学通常采用在达到挤进压力瞬间，弹丸才开始运动的假设，即所谓瞬时挤进假设。显然，该假设实质上略去了挤进过程，认为挤进压力与启动压力完全等同，并作为解内弹道过程的起始条件。

6.2.3　发射药燃烧推动弹丸膛内运动过程

当弹带全部挤入膛线后，阻力突然下降。随着火药的继续燃烧不断补充高温高压燃气，并急速膨胀做功，从而使膛内产生了多种形式的运动。弹丸除沿身管轴线方向做直线运动外，还围绕弹轴做旋转运动。同时，正在燃烧的药粒和燃气也随弹丸一起做向前运动，而炮身则产生后坐运行。所有这些运动既同时发生又相互影响，形成了复杂的膛内射击现象。这一过程在经典内弹道中称为第一时期。

6.2.4　发射药燃完后弹丸膛内运动过程

火药燃烧完以后，燃气还具有很高的压力和温度，它还继续推动弹丸向前加速运动。忽略散热的能量损失，该阶段属于绝热膨胀阶段。这一过程在经典内弹道中称为第二时期。

6.2.5　后效作用时期

当弹丸射出炮口以后，处在膛内的高温高压燃气以极高的速度从膛口流出，在膛外急速膨胀，超越并包围弹丸，形成气动力结构异常复杂的膛口流场。这种高速气流将对武器系统产生两种后效作用：一种是对火炮身管的后效作用；另一种是对弹丸的后效作用。

6.3 经典内弹道方程

6.3.1 火药燃烧规律分析

内弹道过程中的火药燃烧规律是影响膛内压力变化规律和弹丸速度变化规律的决定性因素，也是内弹道研究的首要问题。

火炮火药都是均匀而致密的胶质固体，基本上能保证药粒表面所进行的燃烧反应沿着厚度方向向药粒内部平行推进。从火炮射击时炮口附近有时能检到未燃尽的药粒，其形状与燃烧前的形状相似只是其厚度变薄，就可以证实这一点。详细地研究火药燃烧过程的发生和发展，属于燃烧理论的研究范畴，内弹道学所研究的不是这种微观的燃烧机理，而是燃烧过程中宏观的燃气生成量的变化规律。

从分析这种燃烧过程的特点可以看出，燃烧过程中火药燃气生成量的变化规律可以分为燃气生成量随药粒厚度的变化规律和沿药粒厚度燃烧快慢的变化规律。前者仅与药粒的形状尺寸有关，称为燃气生成规律，相应的表达此规律的函数称为燃气生成函数或形状函数；后者称为燃烧速度定律，相应的函数称为燃烧速度函数。这两者综合体现了燃气生成量随时间的变化规律，通常以燃气生成速率的形式表示。这两种规律虽然各有其本身的含义，但又有密切的联系。因为实验很难直接测定形状复杂的药粒的厚度随时间的变化，通常是测定燃气生成量随时间的变化规律，然后通过形状函数换算出厚度随时间的变化，才能建立厚度随时间的变化规律。因此在经典内弹道的研究方法中，燃烧速度定律对于燃气生成规律有着强烈的依赖性。

对实际的火炮装药来说，由于以下原因，不可避免地会导致药粒之间燃烧条件的差异，从而产生各种随机性因素。

（1）火药在制造过程中，因尺寸的制造偏差和理化性能的不均一性，以致各药粒之间的尺寸和几何形状及燃烧性能不可能完全相同。

（2）在药室中各个药粒相对于点火源处于不同的位置，使得药粒的点火有先后，药粒表面的着火位置也各不相同，这种点火的不均一性必将导致药粒燃烧的不均一性。

（3）膛内燃烧的药粒在气流作用下处于不同的运动状态和位置，因此有不同的燃烧环境（如不同的外界压力和表面气流的相对速度），从而导致燃烧的不均一性。

上述分析表明，在实际装药条件下，从理论上建立准确的燃气生成规律是困难的。但是实践已证实，火药的燃烧过程可以认为是按药粒表面平行层逐层燃烧的（称为皮奥伯特定律）。在一定的简化假设条件下，有可能建立理想的燃烧模型，确定出近似的燃气生成函数。几何燃烧定律就是这种把实际燃烧过程理想化了的理论模型。

6.3.2 几何燃烧定律

针对上节所述导致药粒间燃烧条件差异的原因，为了把燃烧条件理想化，以便建立理论模型，几何燃烧定律是建立在下面三个假设的基础上的：

（1）装药的所有药粒具有均一的理化性能，以及完全相同的几何形状和尺寸。

（2）所有药粒表面都同时着火。

（3）所有药粒具有相同的燃烧环境。

在上述假设的理想条件下，所有药粒将进行平行层燃烧，并始终保持相同的几何形状和尺寸。因此只要研究一个药粒的燃气生成规律，就可以表达出全部药粒的燃气生成规律。而一个药粒的燃气生成规律，在上述假设下，将完全由其几何形状和尺寸所确定。这就是几何燃烧定律的实质和称为几何燃烧定律的原因。

正是由于几何燃烧定律的建立，经典内弹道理论才形成了完备和系统的体系，人们才发现了药粒几何形状对于控制火药燃气生成规律的重要作用，从而发明了一系列燃烧渐增性良好的新型药粒几何形状，对指导装药设计和内弹道理论的发展和应用起到了重要的促进作用。

虽然几何燃烧定律只是对火药真实燃烧规律的初步近似，它给出了实际燃烧过程的一个理想化了的简化"轮廓"，但是由于火药在实际制造过程中，已经充分注意和力求将其形状和尺寸的不一致性减小到最小程度，在点火方面亦采用了多种设计，尽量使装药的全部药粒实现其点火的同时性，因此这些假设与实际的距离也不是太远。所以几何燃烧定律确实抓住了影响燃烧过程的最主要和最本质的影响因素。当被忽略的次要因素在实际过程中确实没有起主导作用时，几何燃烧定律就能较好地描述火药燃气的生成规律。这也是 1880 年法国学者维也里提出几何燃烧定律以来，其在内弹道学领域一直被广泛应用的缘故。

当然，在应用几何燃烧定律来描述火药的燃烧过程时，必须清醒地认识到它只是实际过程的理想化和近似；它不能解释实际燃烧的全部现象，它与实际燃气的生成规律还有一定的偏差，有时这个偏差还相当大。所以在历史上，几乎与几何燃烧定律提出的同时及以后，曾提出过一系列的所谓火药实际燃烧规律或称为物理燃烧定律，直到内弹道势平衡理论提出了实际燃气生成函数。表明火药燃烧规律的探索和研究，一直是内弹道学研究发展的中心问题。

1. 火药燃气生成函数

1）简单形状火药

现在以带状药为例，根据几何燃烧定律来导出其燃气生成函数。带状药的形状如图 6-2 所示。

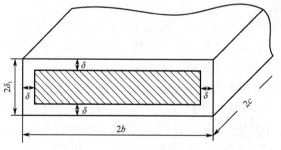

图 6-2　带状药的形状及其参数

图 6-2 中，$2c$、$2b$ 及 $2\delta_1$ 分别为带状药的起始长度、宽度及厚度，与其相应的起始体积和表面积为 Λ_1 和 S_1。按照同时着火假设和平行层燃烧的规律，当燃去厚度为 δ 时，全部表面都向内推进了 δ。根据几何学的知识，可计算出燃去的体积 Λ 和药粒在燃去厚度 δ 后的表面积 S。显然，Λ、S 都是 δ 的函数。将这三个变量分别表示为相对量，有

相对已燃厚度　　　　　　　　　　$Z=\delta/\delta_1$

相对燃烧表面　　　　　　　　　　$\sigma=S/S_1$

相对已燃部分　　　　　　　　　　$\psi=\Lambda/\Lambda_1$

由于假设所有药粒的形状尺寸都一致，因此由一个药粒所导出的 σ 及 ψ 即代表了全部装药的相对燃烧表面和相对已燃部分。由于密度的均一性，相对已燃部分也是火药的相对已燃质量。

对带状药，有

$$\psi = \frac{\Lambda}{\Lambda_1} = 1 - \frac{(2b-2\delta)(2c-2\delta)(2\delta_1-2\delta)}{2b \cdot 2c \cdot 2\delta_1}$$

$$\sigma = \frac{S}{S_1} = \frac{2[4(b-\delta)(\delta_1-\delta) + 4(c-\delta)(\delta_1-\delta) + 4(b-\delta)(c-\delta)]}{2(4b\delta_1 + 4c\delta_1 + 4bc)}$$

令

$$\alpha = \delta_1/b; \quad \beta = \delta_1/c$$

得

$$\psi = \chi Z(1 + \lambda Z + \mu Z^2) \tag{6-1}$$

$$\sigma = 1 + 2\lambda Z + 3\mu Z^2 \tag{6-2}$$

式中：

$$\chi = 1 + \alpha + \beta$$

$$\lambda = -\frac{\alpha + \beta + \alpha\beta}{1 + \alpha + \beta}$$

$$\mu = \frac{\alpha\beta}{1 + \alpha + \beta}$$

仅与火药的形状和尺寸有关，所以称为火药的形状特征量，或燃气生成系数。

式（6-1）及式（6-2）为燃气生成函数两种不同的表现形式，前者直接表示了燃气生成量随厚度的变化规律，后者则表示燃烧面随厚度的变化规律，它们之间有一定的内在联系。

当燃去厚度增量为 $\mathrm{d}\delta$ 时，其燃去体积增量 $\mathrm{d}\Lambda$ 是该瞬间药粒表面积 S 和燃去厚度增量 $\mathrm{d}\delta$ 的乘积，即

$$\mathrm{d}\Lambda = S\mathrm{d}\delta$$

有

$$\frac{\mathrm{d}\Lambda}{\Lambda_1} = \frac{S_1\delta_1}{\Lambda_1} \cdot \frac{S}{S_1} \cdot \frac{\mathrm{d}\delta}{\delta_1}$$

$\dfrac{S_1\delta_1}{\Lambda_1}$ 对一定几何形状和尺寸的药粒是一个常数，因此有

$$\mathrm{d}\psi = \frac{S_1\delta_1}{\Lambda_1}\sigma\mathrm{d}Z$$

即

$$\frac{\mathrm{d}\psi}{\mathrm{d}Z} = \frac{S_1\delta_1}{\Lambda_1}\sigma$$

将式（6-1）对 Z 求导数，并根据式（6-2），有

$$\frac{S_1\delta_1}{\Lambda_1} = \chi \tag{6-3}$$

所以

$$\frac{\mathrm{d}\psi}{\mathrm{d}Z} = \chi\sigma \qquad\qquad (6\text{-}4)$$

式（6-3）是 χ 的一般定义，适用于各种形状的火药。容易验证，对带状药来说，由此定义可导出

$$\chi = 1 + \alpha + \beta$$

虽然上面仅以带状药为例进行推导，但实际上其结果适用于几乎所有的简单形状火药。例如管状药可以看作是用带状药卷起来的，因为宽度方向封闭了，在其燃烧过程中宽度不再减小，所以可以看作宽度为无穷大的带状药。

为了表明火药形状和尺寸的变化对各形状特征量的影响，以及对相应的 σ-Z 和 ψ-Z 的曲线形状的影响，现以管状、带状、方片状、方棍状和立方体这五种简单形状组成一个系列进行比较，如表 6-1 所示。

表 6-1　简单形状火药的形状特征量

序号	火药形状	火药尺寸	比值	χ	λ	μ
1	管状	$2b = \infty$	$\alpha = 0$	$1 + \beta$	$-\dfrac{\beta}{1+\beta}$	0
2	带状	$2\delta_1 < 2b < 2c$	$1 > \alpha > \beta$	$1 + \alpha + \beta$	$-\dfrac{\alpha + \beta + 2\beta}{1 + \alpha + \beta}$	$\dfrac{\alpha\beta}{1 + \alpha + \beta}$
3	方片状	$2\delta_1 < 2b = 2c$	$1 > \alpha = \beta$	$1 + 2\beta$	$-\dfrac{2\beta + \beta^2}{1 + 2\beta}$	$\dfrac{\beta^2}{1 + 2\beta}$
4	方棍状	$2\delta_1 = 2b < 2c$	$1 = \alpha > \beta$	$\alpha + \beta$	$-\dfrac{1 + 2\beta}{2 + \beta}$	$\dfrac{\beta}{2 + \beta}$
5	立方体	$2\delta_1 = 2b = 2c$	$1 = \alpha = \beta$	3	-1	$1/3$

表 6-1 中的药形系列表明，从管状药顺序演变到立方体火药，形状特征量有规律地变化：χ 从略大于 1 顺序增加到 3，但 $|\lambda|$ 从略大于 0 增加到 1，而 μ 从 0 增加到 1/3。此外，就每种药形而言，其 $|\lambda|$ 值总大于 μ 值，而 Z 又是在 0～1 间变动，这说明在式（6-1）和式（6-2）中，含系数 μ 的高次项对燃烧面的影响远小于其余低次项，因而 λ 的符号和数值成为影响燃烧面变化特征的主要参数。因为 λ 都是负的，表明随 Z 值的加大，σ 由起始值 1 逐渐减小，即燃烧面在燃烧过程中不断减小，这称为燃烧减面性。所有这些简单形状火药同属燃烧减面性火药，只是减面性的程度不同而已。从管状药到立方体药，随着 $|\lambda|$ 值的递增，减面性也越显著。

为了显示这五种药形之间燃气生成规律的差别，图 6-3 和图 6-4 分别给出了简单形状火药的 σ-Z 和 ψ-Z 曲线。

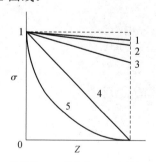

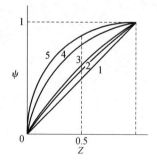

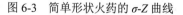

1—管状药；2—带状药；3—方片状药；
4—方棍状药；5—立方体药

图 6-3　简单形状火药的 σ-Z 曲线　　图 6-4　简单形状火药的 ψ-Z 曲线

从图 6-3 中可以看到，各形状火药的 σ-Z 曲线都是以 $Z=0$、$\sigma=1$ 为起点，且都位于 $\sigma=1$ 水平线的下方，这是减面燃烧的特征。由曲线的斜率和斜率的变化率，有

$$\frac{\mathrm{d}\sigma}{\mathrm{d}Z} = 2\lambda + 6\mu Z$$

$$\frac{\mathrm{d}^2\sigma}{\mathrm{d}Z^2} = 6\mu > 0$$

结合表 6-1 中所列 λ 和 μ 的数值，可知管状药是接近于定面燃烧的，随着药形如表 6-1 中序列的演变，各相应曲线所表现的燃烧减面性也更加显著，立方体药形具有最大的减面性。此外，在燃烧结束瞬间，与 $Z=1$ 相应的 $\sigma_b=1+2\lambda+3\mu$ 除方棍状和立方体状均为 0 之外，其他都有一定值，标志着燃完瞬间的燃烧面。这种理想燃烧面的存在也标志着几何燃烧定律均一性假设的特征。

由图 6-4 可见，各形状火药的曲线具有相同的起点 $Z=0$，$\psi=0$ 和相同的终点 $Z=1$，$\psi=1$。曲线的斜率如式（6-4）所示，其与燃烧面成比例地变化，比例系数则恒等于起点的斜率 $(\mathrm{d}\psi/\mathrm{d}z)_0=\chi$。因此，该序列火药 χ 的递增及相应 σ 减少的变化规律，决定了该序列火药 ψ-Z 曲线间的差异。如将这些曲线在相同 Z 的情况下对相应的各 ψ 值进行比较，则可得出：燃烧减面性越大的药形，相应的 ψ 也越大。例如，当 $Z=0.5$ 时，管状药的 $\psi=0.5005$，而立方体药则为 $\psi=0.875$。由此可见，凡是燃烧减面性越大的火药，在燃烧开始阶段的燃气生成量越多，而在燃烧后期又相应地增加缓慢。

减面燃烧药形有两个系列，表 6-1 所列的属直角柱形系列，还有一种是旋转体系列，属于这一系列的药形有管状、开缝管状、圆片状、圆柱状及球状。管状药分属两个系列是因为在后一系列中是将其看作无限宽的带状药，这一系列的燃气生成规律与前一系列是对应的。

2）多孔火药

在简单形状火药中，管状药是减面性最小的。这是管状药的外圆柱面及内圆柱面同时进行平行层燃烧的结果，前者在燃烧过程中是减面的，而后者却是增面的，这两者正好抵消。管状药所表现出的微弱减面性，其实是两侧端面燃烧所产生的。如果长度为无限大，也就是不计两端面燃烧的减面性，则可保持燃烧始终不变，称为定面燃烧，或中性燃烧。

基于单孔的管状药接近定面燃烧的概念，为了使火药具有增面燃烧性能，又产生了增加内孔的多孔火药系列。但是多孔火药与管状药不同，多孔火药在燃完厚度的瞬间，火药却未全部燃尽，而是分裂成若干碎粒。七孔火药燃烧分裂过程如图 6-5 所示。

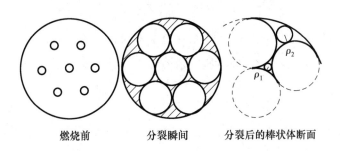

| 燃烧前 | 分裂瞬间 | 分裂后的棒状体断面 |

图 6-5　七孔火药燃烧分裂过程

因此多孔火药的燃烧存在两个阶段，即分裂前的主体燃烧阶段和分裂后的碎粒燃烧阶

段。多孔火药燃烧的增面性只存在于主体燃烧阶段，而在碎粒燃烧阶段，则是强烈的减面性。对于某种标准尺寸的七孔火药，与分裂点相对应的 σ_s 和 ψ_s 分别为 1.37 和 0.85。表明在分裂瞬间，燃烧面增加 37%，但尚有 15% 的碎粒要进行减面性燃烧。为了提高多孔火药的增面性能，减小分裂后的碎粒数量，又进一步将圆柱外表面改为花边形外表面，如图 6-6 所示。通过这种改变，σ_s 虽仍是 1.37，但 ψ_s 却从 0.85 增加到 0.95，也就是只有 5% 属于减面燃烧。但是多孔火药燃烧增面性的评判标志主要取决于孔的数目，因此通过增加孔数可达到增加 σ_s 的目的，这也成为多孔火药的一个发展趋势。目前，除了用得较多的七孔火药，又相继发展了十四孔及十九孔火药，国外还有对三十七孔火药的研究报道，从而形成了多孔火药的系列。

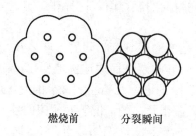

燃烧前　　　　分裂瞬间

图 6-6　花边形七孔火药燃烧断面图

　　根据几何燃烧定律可导出多孔火药的燃气生成函数，其推导方法同前述的简单药形的相似，只是几何关系更为复杂。不同的是，多孔火药燃烧分两个阶段，因此应分别建立其燃气生成函数。

　　（1）主体燃烧阶段。主体燃烧阶段是根据其几何形状，采用几何方法来推导其燃气生成函数，得到与简单药形形式完全相同的函数，即

$$\psi = \chi Z(1 + \lambda Z + \mu Z^2)$$
$$\sigma = 1 + 2\lambda Z + 3\mu Z^2$$

其火药形状特征量的公式可归结为以下的普遍形式，即

$$\begin{cases} \chi = \dfrac{Q_1 + 2\Pi_1}{Q_1} \cdot \beta \\[2mm] \lambda = \dfrac{(n-1) - 2\Pi_1}{Q_1 + 2\Pi_1} \cdot \beta \\[2mm] \mu = -\dfrac{(n-1)}{Q_1 + 2\Pi_1} \cdot \beta^2 \end{cases} \tag{6-5}$$

式中：Π_1 为药粒原始横截面上的周长 L_1（包括各内孔的周长）和以药粒长度 $2c$ 为直径的圆周长之比，即 $\Pi_1 = \dfrac{L_1}{2\pi c}$；$Q_1$ 为药粒原始横截面积 A_1 和以 $2c$ 为直径的圆面积之比，即 $Q_1 = \dfrac{A_1}{\pi c^2}$；$\beta = \delta_1 / c$；$n$ 为孔数。

　　为方便起见，可以利用式（6-6）来计算各种形状多孔火药的 Π_1 及 Q_1，即

$$\begin{cases} \varPi_1 = \dfrac{Ab + Bd_0}{2C} \\ Q_1 = \dfrac{Ca^2 + Ab^2 - Bd_0{}^2}{(2c)^2} \end{cases} \qquad (6\text{-}6)$$

式中：$2c$ 为火药粒长度；A、B、C、a、b 均随药形而变，可由表 6-2 查出。

表 6-2 多孔火药 $\varPi_1$ 和 Q_1 计算用系数表

药　　形	A	B	C	b	a
圆柱形七孔	1	7	0	D_0	0
花边形七孔	2	8	$12\sqrt{3}/\pi$	$d_0+4\delta_1$	$d_0+2\delta_1$
花边十四孔	8/3	47/3	$26\sqrt{3}/\pi$	$d_0+4\delta_1$	$d_0+2\delta_1$
花边十九孔	3	21	$36\sqrt{3}/\pi$	$d_0+4\delta_1$	$d_0+2\delta_1$
D_0 为药粒外径；d_0 为孔内径					

多孔火药主体燃烧阶段的燃气生成系数 λ 和 μ 的符号与简单形状火药的相反，即 λ 为正号而 μ 为负号，同样 $|\mu|$ 的数值亦远小于 λ。λ 作为主导因素判别增面性能的特征，所有有关孔径、孔数以及药粒长度对燃烧增面性的影响，主要可通过这个量来体现，即凡使 λ 值加大的因素，都将提高其燃烧增面性。

既然 $\lambda>0$ 是增面燃烧的标志，那么在多孔火药药形尺寸设计时，必须保证 $\lambda>0$。由式（6-5）的第二式可知，只当

$$\frac{(n-1)}{2} > \varPi_1 = \frac{L_1}{2\pi c}$$

时，才有 $\lambda>0$。对于外径为 D_0、内径为 d_0 的圆柱形多孔火药，$L_1=(D_0+nd_0)\pi$，则必须有

$$2c > \frac{2(D_0 + nd_0)}{n-1}$$

上式规定了多孔火药粒长度的下限，即有足够的长度时，才能实现增面燃烧。

（2）碎粒燃烧阶段。碎粒的截面是不规则的曲边三角形，几何上精确地计算其燃气生成函数并非不可能，但是很繁琐。由于其燃气生成量只占总量的百分之几到百分之十几，近似处理的精度已经足够，因此假定在碎粒燃烧阶段的燃气生成函数为二次函数，即

$$\psi = \chi_s Z(1 + \lambda_s Z)，\quad 1 \leqslant Z \leqslant Z_b$$

式中：χ_s、λ_s 为碎粒燃烧阶段的燃气生成系数，可以通过该函数在碎粒燃烧阶段的起点和终点应当满足的边界条件来确定。

$$\psi = \psi_s = \chi_s(1 + \lambda_s)，\quad Z=1$$
$$\psi = 1 = \chi_s Z_b(1 + \lambda_s Z_b)，\quad Z=Z_b$$

式中：Z_b 为碎粒全部燃完时的燃去相对厚度。如果 ρ 为碎粒断面的内切圆半径，则

$$Z_b = \frac{\delta_1 + \rho}{\delta_1}$$

于是可以解出

$$\begin{cases} \chi_s = \dfrac{1-\psi_s Z_b^2}{Z_b - Z_b^2} \\ \lambda_s = \dfrac{\psi_s}{\chi_s} - 1 \end{cases} \qquad (6\text{-}7)$$

对于圆柱形多孔火药来说，外层碎粒和内层碎粒的断面是不同的，为方便起见，可近似取其加权平均半径计算，即

$$\frac{1}{\rho} = \frac{\alpha_1}{\rho_1} + \frac{\alpha_2}{\rho_2}$$

式中：α_1、α_2 分别为断面内切圆半径，是 ρ_1、ρ_2 的面积百分数。对各种多孔火药药形，可依下式计算，即

$$\rho = D_1\left(\frac{d_0}{2} + \delta_1\right) \qquad D_1 = \begin{cases} 0.2956\,(\text{圆柱形}) \\ 0.1547\,(\text{花边形}) \end{cases}$$

2. 燃烧速度函数

从式（6-4）可以得出 ψ 对时间 t 的变化率，即

$$\frac{\mathrm{d}\psi}{\mathrm{d}t} = \frac{\chi}{\delta_1}\sigma\frac{\mathrm{d}\delta}{\mathrm{d}t} \qquad (6\text{-}8)$$

式中：$\dfrac{\mathrm{d}\psi}{\mathrm{d}t}$ 和 $\dfrac{\mathrm{d}\delta}{\mathrm{d}t}$ 分别称为火药的燃气生成速率和燃烧速度，或简称火药的质量燃速和线燃速。此式表明，燃气生成速率与燃烧面和燃烧速度的乘积成比例。因此，除了前面导出的燃气生成函数外，还必须建立相应的燃烧速度函数。

火药的燃烧是非常复杂的物理化学变化，变化过程中不仅产生一系列的连锁化学反应，同时还伴随着气固两相间的物质传递和热交换现象。通过这些现象研究火药的燃烧速度，虽然有助于理解有关问题的物理本质，但并不适应内弹道应用的需要。内弹道建立了适应其实用性要求的研究方法。

内弹道学中燃烧速度定律的建立，是依据实际试验而不涉及其燃烧机理。它是在几何燃烧定律的基础上，根据火药在密闭容器中燃烧测出的 p-t 曲线，经过一定的数据处理得出的。在火药的理化性能和燃烧前的初始温度一定时，火药的燃烧速度仅是压力的函数，可表示为

$$r = \frac{\mathrm{d}\delta}{\mathrm{d}t} = f(p)$$

在正常试验条件下，实测的燃速与压力的关系如图 6-7 所示。

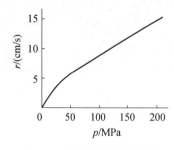

图 6-7　燃速与压力的关系

在选择适当的函数形式表示该变化规律时，由于低压时的实验数据有明显的散布，因此对于压力较高的实验点，通常采用两种函数形式，且这两种函数都有较好的拟合性能。一种是二项式：

$$r = u_0 + u_1 p \tag{6-9}$$

另一种则是指数函数，即德萨莫特—罗伯特方程：

$$r = u_1 p^n \tag{6-10}$$

式中：u_0、u_1 等由实验确定的常数称为燃速常数；指数式中的 n 称为燃速指数。它们都是与火药性质和药温有关的常量。虽然这两种不同形式的燃速表达式来源于相同的实验数据，准确程度也相当，但用于内弹道计算中，指数式要方便一些。因而经典内弹道中应用得更广泛的是指数式。此外，在普遍应用电子计算机来解内弹道问题以前，为获得内弹道数学模型的分析解，根据在一定压力范围内，n 接近于 1 的事实，经典内弹道也曾广泛地采用正比式。在二项式中取 $u_0=0$，或在指数式中取 $n=1$ 的特殊情况，即

$$r = u_1 p \tag{6-11}$$

火药燃烧速度随压力变化的规律，是按照火药燃烧理论的解释，认为随着压力的增加，气相密度也相应增大，从而使得高温火焰区更接近火药的表面，从而不仅提高了化学反应的速度，而且使气相向固相的传热增加。这两种因素都使得燃烧速度增加。同样，应用该原理也可解释在低压情况下有时会出现燃烧反应不完全和传热效应不充分而导致的不完全燃烧现象。

6.3.3　火药燃气状态方程

1. 理想气体状态方程

一定量的气体的状态一般可用下列三个物理量来表征：气体所占据的体积 V、压力（即物理学中的压强）p、温度 T。这三个表征气体状态的量，称为气体的状态参量。

实验表明，表征对气体平衡状态的上述三个状态参量之间存在着一定的关系，其中被称为理想气体三大实验定律的是：

（1）玻意耳—马略特定律。1660 年和 1676 年，罗伯特·玻意耳和马略特通过实验，分别得出了"一定质量的气体，在温度不变时，它的体积与压强成反比"的实验定律。

（2）查理定律。查理发现了等压条件下的 $V\text{-}T$ 定律。

（3）盖·吕萨克定律。1802 年，盖·吕萨克总结出所有气体都遵从下述规律："一定质量的气体，在压强不变的条件下，温度每升高（或降低）1℃，增加或减少的体积等于 0℃ 时体积的 $\dfrac{100}{26\,666}$"。

在任何情况下绝对遵守上述三条实验定律的气体，称为理想气体。理想气体状态的三个参量 p、V、T 之间的关系即理想气体状态方程，可从这三条实验定律导出克拉珀龙（Clapeyron）方程：

$$\frac{pV}{T} = R^* \quad \text{（1mol 的理想气体）}$$

上式也可用式（6-12）表示：

$$p = \frac{\rho R^* T}{M} \tag{6-12}$$

式中：ρ 为空气密度；R^*=8314.32J/(kmol·K)，该常数普遍适用于任何气体，称为气体普适

常数；M 为气体的平均分子量。

事实上，理想气体进行了如下假设：气体分子可当作质点，即分子本身的体积忽略不计；气体分子间的相互作用力，除碰撞时外，可以忽略不计。一般气体，在压力不太大（与大气压比较）和温度不太低（与室温比较）的实验范围内，也遵守克拉珀龙方程。

2. 真实气体状态方程

理想气体实际上是不存在的，它只是真实气体的初步近似。对于真实气体，通常分子间的距离比固体和液体要大得多，但随着气体压力的增大，分子间的距离随之减小，此时分子间的相互作用力也急剧增大，从而导致克拉珀龙方程出现偏差。

如果把分子看作球形，根据各种测量的结果，气体分子半径 r 的数量级为 10^{-10}m，所以，分子的体积约为

$$v_1 = \frac{4}{3}\pi r^3 \approx 4.2 \times 10^{-30}\, \text{m}^3$$

在标准状态下，1mol 气体的体积为 $V_0 = 22.4 \times 10^{-3}\, \text{m}^3$，分子数为 6.025×10^{23}，因此，气体分子本身的总体积为

$$V_1 = 6.025 \times 10^{23} \times 4.2 \times 10^{-30} \approx 2.5 \times 10^{-6}\, \text{m}^3$$

这个体积约等于 1mol 气体所占体积的万分之一，本可忽略不计，但是当压力增大至 5000 倍时，假定玻意耳—马略特定律仍能适用，这时气体体积将为

$$V_0' = \frac{22.4 \times 10^{-3}}{5000} \approx 4.5 \times 10^{-6}\, \text{m}^3$$

这就是说，气体分子的总体积已超过气体所占体积的一半。由此可知，在这样的高压下如果还要忽略气体分子本身的体积，理想气体状态方程显然不可能与实际情况相符合。另一方面，气体分子是一个复杂的系统。当两分子彼此相距为平衡距离 r_0（数量级约为 10^{-10}m）时，每个分子上所受的斥力与引力恰好平衡。通常分子间的距离大于平衡距离 r_0，分子力表现为斥力。在容器中的气体，对于器壁上的分子，其分子作用球有半球处于气体分子外部，使得该分子所受的分子引力的合力指向分子内部，因而削减了碰撞器壁的动能，也就削弱了施加器壁的压力。

真实气体状态方程通常采用范德瓦尔状态方程来描述，即

$$\left(p + \frac{a}{v^2}\right)(v - \alpha) = RT \tag{6-13}$$

式中：v 为气体的比容，即单位质量气体所占有的体积；a 为与气体分子间吸引力有关的常数；α 为单位质量气体分子体积有关的修正量，在内弹道学中称为余容；R 为与气体组分有关的气体常数；T 为燃气温度。

3. 燃气状态方程

火炮发射推动弹丸运动的是高温、高压的火药燃气。对于相同的气体压力，当温度升高时，单位体积的气体数量减少，气体分子的间距加大，从而使分子间的引力减小；另一方面，对于相同间距的分子，当温度升高时，气体具有的热运动动能增大，而分子间的引力不变，因此气体分子间吸引力的影响减小。对于高温、高压的火药燃气，气体分子的间距较大，气体热运动动能很大，此时式（6-13）中的 $\frac{a}{v^2}$ 项可以忽略不计。但火药燃气的气

体密度已较高，因此气体余容的影响已很显著，必须要考虑。

早在 19 世纪 60 年代，诺贝尔和艾贝尔开始应用密闭爆发器及铜柱测压法研究火药燃气的最大压力与装药量之间的关系，得到了火药燃气的状态方程：诺贝尔—艾贝尔状态方程，即

$$p(\upsilon - \alpha) = RT \tag{6-14}$$

由此可见，诺贝尔—艾贝尔状态方程就是范德瓦尔方程在高温条件下应用的特殊情况。

6.3.4 定容燃烧状态方程

定容燃烧具有体积不变化、燃气不做功的特点，研究定容条件下的压力变化规律，比较容易确定出火药性能及其燃烧规律。因此，定容条件下气体状态方程的研究也是内弹道学中的重要部分。

在内弹道试验中使用的定容密闭容器称为密闭爆发器。密闭爆发器一般都采用如图 6-8 所示的总体结构。

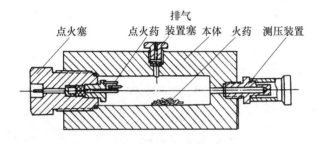

图 6-8　密闭爆发器的结构图

图 6-8 中密闭爆发器的本体常为炮钢制的圆筒，两端分别与点火塞、测压装置等以螺纹连接，并用紫铜垫片密封，以防止高压燃气泄漏；放置火药粒的空间称为药室，药室容积的大小及其长细比都有一定的规格；点火药常为粉状硝化棉压制的圆片，其中嵌有电阻丝与导线连接，通过点火塞引出与点火电源相连接；测压装置中则安装有测压传感器。试验时，接通点火电源，电阻丝被电流加热而点燃点火药，进而再点燃火药；随燃气生成量变化的压力作用于压力传感器，产生变化的电信号，输入到放大及记录装置，从而记录压力随时间变化规律的全过程。试验后的高压燃气则通过排气装置塞排出。

在定容燃烧的情况下，火药气体没有做功，如果忽略热散失，则这时气体的温度 T 就是火药燃烧时的爆温 T_1。此时，燃气的状态方程为

$$p(\upsilon - \alpha) = RT_1 \tag{6-15}$$

设密闭爆发器的容积为 V_0，其中装有质量为 ω 的火药，其密度为 γ，并设在某一瞬间火药燃烧掉的质量为 $\omega_t = \omega\psi$，则燃气的比容为

$$\upsilon = \frac{V_0 - \dfrac{\omega - \omega_t}{\gamma}}{\omega_t} = \frac{V_0 - \dfrac{\omega}{\gamma}(1-\psi)}{\omega\psi} \tag{6-16}$$

再令火药力 $f = RT_1$，代入式（6-15），得

$$p = \frac{\omega\psi RT_1}{V_0 - \dfrac{\omega}{\gamma}(1-\psi) - \alpha\omega\psi} = \frac{\omega\psi f}{V_\psi} \tag{6-17}$$

式中：

$$V_\psi = V_0 - \frac{\omega}{\gamma}(1-\psi) - \alpha\omega\psi \qquad (6-18)$$

称为自由容积，表示火药燃气所占有的实际空间容积。在火药整个燃烧过程中，V_ψ 将随 ψ 变化而变化。在火药开始燃烧时，$\psi=0$，有

$$V_{\psi=0} = V_0 - \frac{\omega}{\gamma}$$

在火药燃烧结束时，$\psi=1$，有

$$V_{\psi=1} = V_0 - \alpha\omega$$

常用的硝化棉火药和硝化甘油火药，其余容 α 为（0.85～1.05）$\times 10^{-3}$ m³/kg，而黑火药的 α 只有 0.5×10^{-3} m³/kg 左右，火药密度 γ 在 1.6×10^{-3} kg/m³ 左右，故对于作为常用发射药的硝化棉火药和硝化甘油火药，有

$$\alpha > \frac{1}{\gamma}$$

由此，得

$$V_{\psi=0} > V_\psi > V_{\psi=1}$$

也就是说，自由容积 V_ψ 随着火药燃烧的进行而不断减小。

在内弹道中，通常采用装药量与燃烧时容积的比值来衡量装药的多少，称为装填密度 Δ，即

$$\Delta = \frac{\omega}{V_0} \qquad (6-19)$$

则式（6-17）可表示为

$$p_\psi = \frac{f\Delta\psi}{1 - \dfrac{\Delta}{\gamma} - \left(\alpha - \dfrac{1}{\gamma}\right)\Delta\psi} \qquad (6-20)$$

当火药燃烧结束时，$\psi=1$，这时密闭爆发器中的压力达到最大值，有

$$p_m = \frac{f\omega}{V_0 - \alpha\omega} = \frac{f\Delta}{1 - \alpha\Delta} \qquad (6-21)$$

对式（6-21）进行变形，有

$$\frac{p_m}{\Delta} = f + \alpha p_m \qquad (6-22)$$

这是一个以 p_m 和 $\dfrac{p_m}{\Delta}$ 为坐标的直线方程，f 是直线的截距，α 是直线的斜率。如果用两种不同的装填密度 Δ_1 和 Δ_2 做两次实验，求得相应的最大值 p_{m1} 和 p_{m2}，就可求得余容 α 和火药力 f，即

$$\alpha = \frac{\dfrac{p_{m2}}{\Delta_2} - \dfrac{p_{m1}}{\Delta_1}}{p_{m2} - p_{m1}} \qquad (6-23)$$

$$f = \frac{p_{m1}}{\Delta_1} - \alpha p_{m1} = \frac{p_{m2}}{\Delta_2} - \alpha p_{m2} \qquad (6-24)$$

实验时所取的两个装填密度不能太近，否则会引起较大的误差。若采用多个装填密度进行实验，并用最小二乘求解余容 α 和火药力 f，可以求得更高的精度。

6.3.5 变容燃烧状态方程

在射击过程中，弹丸向前运动，弹后空间不断增加，因此膛内压力是弹后空间容积的函数。如图 6-9 所示，设火炮的炮膛横断面面积为 S，在药室容积中装有质量为 ω 的火药，并设当火药燃烧到 ψ 时，弹丸向前运动的距离为 l，此时弹后空间增加了 Sl。这时弹丸后部的自由容积为

$$V_0 - \frac{\omega}{\gamma}(1-\psi) - \alpha\omega\psi + Sl = V_\psi + Sl$$

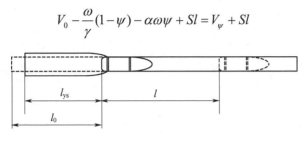

图 6-9 射击时膛内容积变化的图解

同时，火药气体膨胀做功，温度不断下降，温度 T 成为变量。因此，按式（6-17），变容情况下的火药气体状态方程为

$$p(V_\psi + Sl) = \omega\psi RT$$

由于火炮的药室直径通常大于炮膛直径，为了简化计算，对于实际长度为 l_{ys} 的药室，以一容积等于药室容积、截面积等于炮膛截面积的圆柱体来代替药室，该圆柱体的长度 l_0 称为药室容积缩径长。即

$$l_0 = \frac{V_0}{S}$$

以弹丸行程函数 l_ψ 来表示压力 p，并设

$$l_\psi = \frac{V_\psi}{S} = l_0 \left[1 - \frac{\Delta}{\gamma} - \left(\alpha - \frac{1}{\gamma} \right)\Delta\psi \right] \tag{6-25}$$

则变容状态方程可表示为

$$Sp(l_\psi + l) = \omega\psi RT \tag{6-26}$$

6.4　射击过程中的能量转换

射击的过程是一个能量转换的过程，在这个过程中，火药通过燃烧放出其潜能，推动弹丸向前运动，并转换成弹丸的动能，而弹丸的旋转、弹带的摩擦、火炮的后坐等也消耗了一定的能量，但火药的潜能中还有大量的能量并未被利用。

6.4.1 火药燃烧能量与燃气内能

火药是一种含能材料，内含巨大的化学能。随着火药的燃烧，其所含的潜能逐步释放，并对外做功，尚未做功的能量转换成燃气的内能。

对于内装 ω 火药的弹药，当火药燃烧到 ψ 时，已燃火药量为 $\omega\psi$。而火药燃烧的爆温

为 T_1，定容条件下燃气的热容（平均）为 C_v，则 $\omega\psi$ 火药所含的能量为

$$E_\psi = \omega\psi C_v T_1$$

但在射击的过程中，火药的能量并没有被全部用来做功，燃气的温度也不是 0K，所以还有大量的能量以燃气内能的形式储存在燃气中。对于燃烧温度为 T 的 $\omega\psi$ 火药，燃气的内能为

$$E_T = \omega\psi C_v T$$

这部分能量还未被利用。因此，用于做功的火药能量为

$$\Delta E = E_\psi - E_T = \omega\psi C_v (T_1 - T) \tag{6-27}$$

按照热力学所给出的定容下的热容关系式，有

$$C_v = \frac{R}{k-1}$$

式中：k 为燃气的比热比。对于常用的火药，k 的变化范围为 $1.20\sim1.25$。而 $f = RT_1$，并令 $\theta = k-1$，则有

$$\Delta E = \frac{\omega\psi}{\theta}(f - RT) \tag{6-28}$$

6.4.2　射击时火药气体所做的功

1. 弹丸直线运动

火炮发射的目的是将弹丸以尽可能大的速度推出炮口，因此，弹丸出炮口的动能也就是火药燃气所做的有效功。对于质量为 m 的弹丸，其瞬时绝对速度为 v_a，则弹丸直线运动所具有的动能为

$$E_1 = \frac{1}{2} m v_a^2 \tag{6-29}$$

由于后坐的存在，绝对速度 v_a 稍小于相对速度 v（相对炮管）。

2. 弹丸旋转运动

对于旋转稳定的弹丸，燃气在给予弹丸直线运动的同时，通过弹带嵌入膛线的强制作用，也赋予弹丸一定转速的旋转。对于口径为 d（$d=2r$，r 为半径）、膛线缠角为 α 的火炮，由弹带嵌入膛线点沿膛线运动的事实，可得弹丸角加速度 Ω 与相对速度 v 的关系为

$$\tan\alpha = \frac{r\Omega}{v}$$

对于缠度为 η 的等齐膛线，有

$$\tan\alpha = \frac{\pi}{\eta}$$

由此可得弹丸角加速度 Ω 与相对速度 v 的关系为

$$\Omega = \frac{v}{r}\tan\alpha = \frac{\pi}{\eta r}v \tag{6-30}$$

设弹丸绕弹轴的转动惯量为

$$I = m\rho^2$$

式中：m 为弹丸质量；ρ 为惯性半径。则弹丸旋转的转动动能为

$$E_2 = \frac{1}{2} I \Omega^2 = \frac{1}{2} m v^2 \cdot \left(\frac{\rho}{r}\right)^2 \tan^2 \alpha \qquad (6\text{-}31)$$

3. 克服摩擦阻力

当弹带全部挤进膛线后，弹带变形的阻力已不存在。弹丸所受的作用力除弹底的燃气压力 p_d 与炮膛截面积 S 的乘积外，每根膛线的导转侧上膛线对弹带的作用力 N，以及摩擦力 $f_1 N$（f_1 为摩擦系数）在炮膛轴线方向的分力的合力，将是弹丸直线运动的阻力。膛线数量为 n，图 6-10 是作用于弹丸上力的示意图。

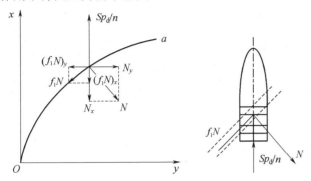

图 6-10 作用于弹丸上力的示意图

将 N 和 $f_1 N$ 沿 x 轴和 y 轴分解，并合成沿 x 轴方向的合力 $\boldsymbol{R}_x$ 和绕弹轴的合力矩 $\boldsymbol{M}_n$，其大小为

$$R_x = nN(\sin\alpha + f_1 \cos\alpha)$$
$$M_n = nrN(\cos\alpha - f_1 \sin\alpha) \qquad (6\text{-}32)$$

根据牛顿第二定律，则弹丸直线运动方程为

$$S p_d - R_x = m \frac{\mathrm{d} v_a}{\mathrm{d} t} \approx m \frac{\mathrm{d} v}{\mathrm{d} t}$$

式中：p_d 为弹底压力。把 v 与 v_a 的差异和 R_x 的影响用稍大于 1 的虚拟质量系数 φ_1 来考虑，其大小为

$$\varphi_1 m \frac{\mathrm{d} v}{\mathrm{d} t} = S p_d \qquad (6\text{-}33)$$

另一方面，弹丸旋转运动方程为

$$M_n = m \rho^2 \frac{\mathrm{d} \Omega}{\mathrm{d} t}$$

在等齐膛线情况下，α 为定值，由式（6-30），有

$$\frac{\mathrm{d} \Omega}{\mathrm{d} t} = \frac{\tan\alpha}{r} \cdot \frac{\mathrm{d} v}{\mathrm{d} t} = \frac{\tan\alpha}{r} \cdot \frac{S p_d}{\varphi_1 m}$$

代入旋转运动，有

$$m \rho^2 \frac{\tan\alpha}{r} \cdot \frac{S p_d}{\varphi_1 m} = M_n = nrN(\cos\alpha - f_1 \sin\alpha)$$

由此可解得弹带的正压力为

$$N = \frac{1}{n} \left(\frac{\rho}{r}\right)^2 \frac{S p_d \tan\alpha}{\varphi_1 (\cos\alpha - f_1 \sin\alpha)} \qquad (6\text{-}34)$$

带入式（6-32），可得弹丸运动阻力为

$$R_x = \left(\frac{\rho}{r}\right)^2 S p_d \tan\alpha \frac{\tan\alpha + f_1}{\varphi_1(1 - f_1\tan\alpha)} \tag{6-35}$$

考虑火炮后坐等因素，并考虑到 $f_1 \ll 1$、$\tan\alpha \ll 1$，即 $1 - f_1\tan\alpha \approx 1$，同时火炮后坐部分质量 $M \gg m + \omega$，因此只保留 $\frac{m+\omega}{M}$ 的一阶，忽略其高阶。令

$$K_1 = \left(1 - \frac{m + \omega/2}{M + m + \omega}\right)^2 \approx 1 - \frac{2m + \omega}{M} \tag{6-36}$$

$$K_2 = \left(\frac{\rho}{r}\right)^2 \frac{\tan^2\alpha}{1 - f_1\tan\alpha} \approx \left(\frac{\rho}{r}\right)^2 \tan^2\alpha \tag{6-37}$$

$$K_3 = \left(\frac{\rho}{r}\right)^2 \frac{f_1\tan\alpha}{1 - f_1\tan\alpha} \approx \left(\frac{\rho}{r}\right)^2 f_1\tan\alpha \tag{6-38}$$

$$\varphi_1 = K_1 + K_2 + K_3 \tag{6-39}$$

式中：K_1 表征后坐运动的存在对弹丸运动的影响；K_2 表征弹丸旋转运动对弹丸运动的影响；K_3 表征膛线摩擦阻力对弹丸运动的影响。由此可推导出虚拟质量系数。

4. 火药及火药气体的运动

在内弹道过程中，弹丸在火药燃气压力的推动下向前做加速运动，火药燃气及燃烧着的药粒也随着一起向前运动，从而形成了气固混合的非定常流动现象。为了简化模型，经典内弹道做了如下假设：

（1）假定药室断面与炮膛断面完全相同，即略去实际存在的坡膛前后断面的差异。

（2）混合介质是无黏的，与膛壁之间也无摩擦力存在。

（3）燃烧着的药粒与火药燃气具有相同的运动速度 v_ω。

（4）炮身后坐运动略去不计。

（5）弹后空间的流体密度 ρ 是均匀分布的。

第（5）条假设称为拉格朗日假设，它是速度线性分布的充分条件，其数学表达式为

$$\frac{\partial\rho}{\partial x} = 0 \tag{6-40}$$

若取膛底为流动方向 x 轴的原点，由一维流动基本方程，其连续方程和动量方程为

$$\frac{\partial\rho}{\partial t} + \frac{\partial}{\partial x}(\rho v_\omega) = 0$$

$$\frac{dv_\omega}{dt} = \frac{\partial v_\omega}{\partial t} + v_\omega\frac{\partial v_\omega}{\partial x} = -\frac{1}{\rho}\frac{\partial p}{\partial x}$$

展开连续方程，且由式（6-40），得

$$\frac{\partial v_\omega}{\partial x} = -\frac{1}{\rho}\frac{\partial\rho}{\partial t} = -\frac{1}{\rho}\frac{d\rho}{dt} = K(t)$$

表示 v_ω 是 x 的线性函数。对上式积分，并考虑在膛底 $x=0$ 处，应有 $v_\omega=0$；在弹底 $x=L$ 处，有 $v_\omega=v$，可得

$$v_\omega = K(t)x + K_1(t) = \frac{x}{L}v \tag{6-41}$$

式（6-41）表明，气流的速度是按线性分布的。对 v_ω 分别求偏导数，注意 L 为时间函

数，则

$$\frac{\partial v_\omega}{\partial t} = \frac{x}{L}\frac{dv}{dt} - \frac{xv}{L^2}\frac{dL}{dt} = \frac{x}{L}\frac{dv}{dt} - \frac{xv^2}{L^2}$$

$$v_\omega \frac{\partial v_\omega}{\partial x} = \frac{v}{L}v_\omega = \frac{xv^2}{L^2}$$

有

$$\frac{dv_\omega}{dt} = \frac{\partial v_\omega}{\partial t} + v_\omega \frac{\partial v_\omega}{\partial x} = \frac{x}{L}\frac{dv}{dt} \qquad (6\text{-}42)$$

式（6-42）表明，气流的加速度也是按线性分布的。代入动量方程，将 p 写为 p_x，表明随 x 而变，则

$$\frac{\partial p_x}{\partial x} = -\rho \frac{x}{L}\frac{dv}{dt}$$

由于 ρ 是均匀分布的，因此

$$\rho = \frac{\omega}{SL}$$

再将弹丸运动方程式（6-33）代入，得

$$\frac{\partial p_x}{\partial x} = -\frac{\omega}{SL^2}\frac{Sp_d}{\varphi_1 m}x$$

将上式从 x 到 L 积分，得

$$\int_{p_x}^{p_d} dp_x = p_d - p_x = -\frac{\omega}{\varphi_1 m}\frac{p_d}{L^2}\int_x^L x dx$$

于是，有

$$p_x = p_d\left[1 + \frac{\omega}{2\varphi_1 m}\left(1 - \frac{x^2}{L^2}\right)\right] \qquad (6\text{-}43)$$

由此可见，任一瞬间弹后空间的压力分布规律是一个二次曲线。当 $x=0$ 时，式（6-43）即为膛底压力 p_t：

$$p_t = p_d\left(1 + \frac{1}{2}\frac{\omega}{\varphi_1 m}\right) \qquad (6\text{-}44)$$

由于各点的膛压不一致，这给各弹道的计算带来一定的困难。为了简化问题，引入平均膛压的概念，即认为火药是在平均膛压下燃烧，弹丸的运动和能量的交换也是在同一平均膛压 p 下进行的。为此，有

$$p = \frac{1}{L}\int_0^L p_x dx = \frac{1}{L}\int_0^L p_d\left[1 + \frac{\omega}{2\varphi_1 m}\left(1 - \frac{x^2}{L^2}\right)\right]dx$$

$$= p_d\left(1 + \frac{1}{3}\frac{\omega}{\varphi_1 m}\right) \qquad (6\text{-}45)$$

比较式（6-44）和式（6-45），有

$$p_t > p > p_d \qquad (6\text{-}46)$$

令

$$\varphi_2 = \varphi_1 + \frac{\omega}{3m} \qquad (6\text{-}47)$$

有

$$Sp = \varphi_2 m \frac{dv}{dt}$$

而燃气微元体运动的能量为

$$dE_4 = \frac{d\omega}{2} v_\omega^2 = \frac{1}{2}\left(\frac{\omega}{L}dx\right)\left(\frac{x}{L}v\right)^2 = \frac{\omega v^2}{2}\left(\frac{x}{L}\right)^2 \frac{dx}{L}$$

燃气运动的能量为

$$E_4 = \int_0^L dE_4 = \frac{\omega}{2}\frac{v^2}{L^3}\int_0^L x^2 dx = \frac{1}{2}mv^2 \cdot \frac{\omega}{3m} \tag{6-48}$$

5. 身管等后坐力运动

设火炮发射时的后坐部分质量为 M，后坐速度为 v_1，忽略后坐系统的外力作用，系统的动量守恒，即

$$m(v - v_1) + \omega \bar{v}_\omega - Mv_1 = 0$$

式中：$\bar{v}_\omega$ 为未燃尽药粒及燃气的平均速度。在膛底处，燃气速度与炮膛的相同，为 $-v_1$；在弹底处，燃气速度与弹丸的相同，为 $(v-v_1)$，所以有

$$\bar{v}_\omega = \frac{-v_1 + (v - v_1)}{2} = \frac{v}{2} - v_1$$

带入能量守恒方程式，得

$$v_1 = \frac{m + \omega/2}{M + m + \omega}v$$

由于 $M \gg m + \omega$，且 $m^2 \gg \omega^2/4$，由此可得火炮后坐部分的能量为

$$E_5 = \frac{1}{2}M\left(\frac{m + \omega/2}{M + m + \omega}\right)^2 v^2 \approx \frac{1}{2}mv^2 \cdot \frac{m + \omega}{M} \tag{6-49}$$

6.4.3 能量平衡方程

在内弹道过程中，火药燃烧而不断产生高温燃气，在一定空间中燃气量的增加必然导致压力的升高，在压力作用下推动弹丸加速运动，弹后空间不断增加。高温燃气膨胀做功时，燃气的部分内能也相应地转化为弹丸的动能以及其他形式的次要能量，如后坐动能和膛壁热散失等，所以内弹道过程本质上是一种变质量变容积的能量转换过程，表达这种能量转换的关系式就称为内弹道能量守恒方程，即

$$\Delta E = Q + W \tag{6-50}$$

式中：Q 为通过身管、药筒、弹丸等散发的热能；W 为燃气所做各种功的总和。功主要转换成以下能量：

（1）弹丸直线运动所具有的能量 E_1。

（2）弹丸旋转运动所具有的能量 E_2。

（3）弹丸克服摩擦阻力所消耗的能量 E_3。

（4）火药及火药气体的运动能量 E_4。

（5）身管和其他后坐部分的后坐运动能量 E_5。

（6）弹丸挤进膛线所消耗的能量 E_6。

其中，E_6 只在挤进膛线时存在，根据瞬时挤进的假设，E_6 应为 0。此时，有

$$W = \sum_{i=1}^{5} E_i$$

6.4.4 次要功计算系数

由 6.4.2 的分析可知，机械功 W 中的每一项 E_i 都与 $\frac{1}{2}mv^2$ 成正比，即 $E_i = \frac{K_i}{2}mv^2$。令

$$\varphi = \sum_{i=1}^{5} K_i$$

则机械功可以写为

$$W = \sum_{i=1}^{5} E_i = \frac{\varphi}{2}mv^2$$

式中：

$$\begin{aligned} \varphi &= K_1 + K_2 + K_3 + K_4 + K_5 \\ &= 1 - \frac{2m+\omega}{M} + \left(\frac{\rho}{r}\right)^2 \tan^2\alpha + \left(\frac{\rho}{r}\right)^2 f_1 \tan\alpha + \frac{\omega}{3m} + \frac{m+\omega}{M} \\ &= 1 - \frac{m}{M} + \left(\frac{\rho}{r}\right)^2 \tan\alpha\left(\tan\alpha + f_1\right) + \frac{\omega}{3m} \end{aligned} \tag{6-51}$$

6.5 经典内弹道模型

6.5.1 经典内弹道的基本假设

经典内弹道模型由于所采用的假设不同而具有不同的模型，各个国家所习惯用的模型也略有差异。我国应用的常规内弹道模型建立在以下 8 条假设的基础上：

（1）火药燃烧遵循几何燃烧定律。

（2）膛内气流运动遵循拉格朗日假设，且设药粒在平均压力下燃烧，遵循燃烧速度定律。

（3）内膛表面热散失用减小火药力 f 或增加比热比 k 的方法间接修正。

（4）内弹道过程所完成的总的机械功与 $\frac{1}{2}mv^2$ 成正比，比例系数 φ 由式（6-51）计算。

（5）弹带挤进膛线是瞬时完成的，以一定的挤进压力 p_0 标志弹丸的启动条件。

（6）火药燃烧服从诺贝尔—艾贝尔状态方程。

（7）单位质量火药燃烧所释放出的能量及生成的燃气的燃烧温度均为定值，在以后膨胀做功过程中，燃气组分变化不予考虑，因此虽然燃气温度因膨胀而下降，但火药力 f、余容 α 及比热比 k 等均视为常数。

（8）弹带挤入膛线后，密闭良好，不存在漏气现象。

6.5.2 经典内弹道方程组

射击现象虽然是错综复杂的，但是就其物理实质来看，可以归纳为如下几种基本现象：

（1）体现火药燃烧时燃气质量变化规律的燃气生成方程

$$\psi = \chi Z(1 + \lambda Z + \mu Z^2)$$

和燃烧速度方程

$$\frac{dZ}{dt} = \frac{u_1 p^n}{\delta_1} = \frac{p^n}{I_b}$$

式中：$I_b = \delta_1/u_1$，只有当燃烧指数 $n=1$ 时，$I_b = I_k$ 才具有冲量的物理意义和量纲 I_k 下标 k 表示第一时期结束。

（2）体现弹丸运动规律并考虑各种次要功的运动方程

$$\varphi m \frac{dv}{dt} = Sp$$

和速度方程

$$\frac{dl}{dt} = v$$

（3）体现膛内气体状态以及能量转换过程的能量平衡方程

$$Sp(l_\psi + l) = f\omega\psi - \frac{\theta}{2}\varphi mv^2$$

式中：

$$l_\psi = l_0\left[1 - \frac{\Delta}{\gamma} - \left(\alpha - \frac{1}{\gamma}\right)\Delta\psi\right]$$

这些方程联立起来，组成了内弹道模型，即

$$\begin{cases}
\dfrac{dZ}{dt} = \dfrac{p^n}{I_b} \\[2mm]
\dfrac{dv}{dt} = \dfrac{Sp}{\varphi m} \\[2mm]
\dfrac{dl}{dt} = v \\[2mm]
\psi = \chi Z(1 + \lambda Z + \mu Z^2) \\[2mm]
p = \dfrac{f\omega\psi - \dfrac{\theta}{2}\varphi mv^2}{S\left\{l_0\left[1 - \dfrac{\Delta}{\gamma} - \left(\alpha - \dfrac{1}{\gamma}\right)\Delta\psi\right] + l\right\}}
\end{cases} \qquad (6\text{-}52)$$

式（6-52）的方程组中共有五个方程，Z、v、l、ψ、p 及 t 六个变量，其余各量都是已知量，取其中一个变量为自变量，其余五个变量作为该自变量的函数，则该五个变量可从方程组中解出。在内弹道的一些阶段，一些变量为 0，此时也将去掉相同数量的方程，方程组仍为封闭。

6.5.3 内弹道的四个时期

由于单一装药的装药结构简单，因此在各种弹药中最为常见。虽然榴弹炮常采用混合装药，但单一装药内弹道的求解方法也是混合装药内弹道求解的基础。在整个内弹道中，根据不同的燃烧特点，将分成前期、第一时期、第二时期，并把出炮口后仍有火药气体作用的后效期也纳入其中。

1. 前期

前期是弹丸点火到压力达到挤进压力 p_0 这一阶段。根据 6.5.1 节中经典内弹道的基本假设（5），弹丸是瞬时挤进膛线的，并在压力达到挤进压力 p_0 时才开始运动，所以这一时期的特点应该是定容燃烧。因此，$l=0$ 和 $v=0$ 恒成立，此时对应的模型由式（6-52）中的第 1 个、第 4 个和第 5 个三个方程组成。

求解该方程组可以得到 Z、ψ、p 随时间 t 的变化规律。点火完成时，点火药燃烧产生的压力为 p_B，当火药压力达到 p_0 时，则已燃发射药产生的压力为 (p_0-p_B)。此时，式（6-52）的第 5 个方程影响应变为

$$p = p_B + \frac{f\psi}{\dfrac{1}{\Delta} - \dfrac{1}{\gamma} - \left(\alpha - \dfrac{1}{\gamma}\right)\psi}$$

但是，人们对该过程各量的变化过程并不太关心，通常只是求解出该阶段结束时的各参量值，作为下一阶段的起始条件。为此，令 $p=p_0$，可解出对应的 ψ，并计为 ψ_0，有

$$\psi_0 = \frac{\dfrac{1}{\Delta} - \dfrac{1}{\gamma}}{\dfrac{f}{p_0 - p_B} + \alpha - \dfrac{1}{\gamma}} \tag{6-53}$$

由于通常 $p_B \ll p_0$，点火压力 p_B 往往可忽略。

计此时的相对已燃厚度为 Z_0，相对燃烧表面为 δ_0，把 ψ_0 代入式（6-52）的第 4 个方程，有

$$\psi_0 = \chi Z_0(1 + \lambda Z_0 + \mu Z_0^2) \tag{6-54}$$

这是一个关于 Z_0 的一元三次代数方程，可以由代数方法或逐步逼近求近似根的方法解决。但由于此时 Z_0 很小，可以略去三次项近似求解，得

$$\sigma_0 = \sqrt{1 + 4\frac{\lambda}{\chi}\psi_0}$$

$$Z_0 = \frac{\sigma_0 - 1}{2\lambda} = \frac{2\psi_0}{\chi(1 + \sigma_0)} \tag{6-55}$$

2. 第一时期

第一时期是内弹道中最复杂的阶段，其中既有火药燃烧生成新的燃气，又有膨胀做功推动弹丸运动。对于简单装药，整个时期可以用一个模型求解；而对于多孔装药，则需要将分裂前后分两个阶段采用不同的模型来求解。这两个阶段模型的形式是一样的，但参数不同。

第一时期的起始条件为

$$Z=Z_0 、 v = 0 、 l = 0 、 \psi = \psi_0 、 p = p_0$$

并且以该时期的起点作为时间起点。

求解物理过程的微分方程通常以时间 t 作为自变量，此时，式（6-52）中 $t=0$ 的初始条件为

$$Z(0)=Z_0 、 v(0) = 0 、 l(0) = 0 、 \psi(0) = \psi_0 、 p(0) = p_0$$

对于简单装药火药燃完时，有

$$Z=1 、 \psi = 1$$

对于多孔装药燃烧至分裂时，有

$$Z=1 \text{、} \psi = \psi_s$$

其他变量需通过求解微分方程得到。当以时间 t 作为自变量时，$Z=1$ 对应的 t 往往并非真步长，需要通过插值求得。

若采用已知起始和终止条件的变量 Z 作为自变量，把（$1-Z_0$）的 N 等分作为步长，则可直接求得结束时变量的值。此时，式（6-52）中的三个微分方程可改写为

$$\begin{cases} \dfrac{\mathrm{d}t}{\mathrm{d}Z} = \dfrac{1}{\dfrac{\mathrm{d}Z}{\mathrm{d}t}} = \dfrac{I_b}{p^n} \\[3mm] \dfrac{\mathrm{d}v}{\mathrm{d}Z} = \dfrac{\mathrm{d}v}{\mathrm{d}t} \cdot \dfrac{\mathrm{d}t}{\mathrm{d}Z} = \dfrac{SI_b}{\varphi m p^{n-1}} \\[3mm] \dfrac{\mathrm{d}l}{\mathrm{d}Z} = \dfrac{\mathrm{d}l}{\mathrm{d}t} \cdot \dfrac{\mathrm{d}t}{\mathrm{d}Z} = \dfrac{I_b v}{p^n} \end{cases} \qquad (6\text{-}56)$$

多孔装药燃烧至分裂后，火药将继续燃烧，此时燃气生成方程为 $\psi = \chi Z(1 + \lambda Z)$（系数已发生变化）。继续求解式（6-52）或微分方程改用式（6-56）后的模型，直至 $Z = Z_k = \dfrac{\delta_1 + \rho}{\delta_1}$ 烧完，此时 $\psi=1$。

第一时期结束时，与下阶段有关的参数为

$$t=t_k \text{、} \quad v=v_k \text{、} \quad l=l_k \text{、} \quad p = p_k$$

3. 第二时期

在第二时期中，由于火药已经燃完，不再有火药燃烧的现象，因此，式（6-52）中的第 1 个和第 4 个方程就不再存在了。但是，弹丸运动和气体状态变化及其能量转换这些现象仍将继续进行。因而其余三个方程仍然存在，只不过由于 $\psi=1$，第 5 个方程可简化为

$$p = \frac{f\omega - \dfrac{\theta}{2}\varphi m v^2}{S(l_1 + l)} \qquad (6\text{-}57)$$

式中：

$$l_1 = l_0(1 - \alpha\Delta)$$

其结束条件为弹丸出炮口瞬间，即

$$l = l_g$$

若采用 t 为自变量，结束点仍需通过插值近似求得。由于弹丸在这一时期的起始行程 l_k 已求出，结束行程 l_g 是已知的，所以采用弹丸运动行程 l 为自变量，并把（l_g-l_k）的 n 等分作为步长，则可直接求得结束时各变量的值。此时，式（6-52）中的第 2 个和第 3 个微分方程可改写为

$$\begin{cases} \dfrac{\mathrm{d}t}{\mathrm{d}l} = \dfrac{1}{\dfrac{\mathrm{d}l}{\mathrm{d}t}} = \dfrac{1}{v} \\[3mm] \dfrac{\mathrm{d}v}{\mathrm{d}l} = \dfrac{\mathrm{d}v}{\mathrm{d}t} \cdot \dfrac{\mathrm{d}t}{\mathrm{d}l} = \dfrac{S}{\varphi m v} \end{cases} \qquad (6\text{-}58)$$

而内弹道学基本方程式（6-57）不变。

4．后效期

当弹丸飞出炮口后，火药气体紧跟着冲出，这时火药气体仍具有较高的温度和压力。对于一般火炮，此时的燃气温度 T_g 为 1200～1500K，压力 p_g 为 50～100MPa。在炮口前一定距离 l_{hd}（即后效期长度，一般为 20～40 倍口径，引信计算通常取 38 倍）内，火药气体对弹丸继续产生推动作用，使弹丸的速度继续增加到最大速度 v_{max}，该速度增量一般为 0.5%～2%。

根据炮口燃气锥形冲出理论及试验数据，在后效期，弹底压力的经验公式为

$$p = \frac{1}{2} p_g \left(1 - \sqrt{\frac{l}{l_{hd}}} \right) \tag{6-59}$$

对应的速度增量约为

$$\Delta v \approx \frac{S}{m} \cdot \frac{p_g}{6} \cdot \frac{l_{hd}}{v_g}$$

而在引信设计中，后效期的压力通常采用指数衰减，即

$$p = p_g e^{-\alpha t} \tag{6-60}$$

式中：

$$\alpha = \frac{l_{hd}}{v_g} \ln \frac{p_g}{1.013 \times 10^5}$$

6.5.4　混合装药内弹道模型

采用两种或两种以上不同类型的火药所组成的装药称为混合装药。混合装药主要用于榴弹炮。因为榴弹炮的战术要求规定，它必须能以不同的初速将弹丸射击到很大的射程范围，并且命中地面目标的落角要足够大，以增加弹丸的杀伤效果。显然，仅用一种装药难以达到该要求，因此必须将装药分成若干号，每号装药的药量不同。但是随着装药量的减小，火药燃烧压力降低，使得火药燃烧结束位置向炮口方向移动，药量减小到一定量后就不能在膛内烧完。这种情况下就必须采用厚薄火药共同组成的混合装药的方法。在小号装药时，装药以薄火药为主，以保证一定的燃烧压力；在大号装药时，装药以厚火药为主，使得最大膛压不太高。

此外，在火炮、弹药及引信进行强度试验时，为了获得高于正常装药的强装药，可采用增加或更换部分火药为较薄的火药的方法。近代采用的可燃药筒的装药也是一种混合装药类型。

1．混合装药特征量

设有装药量为 ω_1 和 ω_2 两种火药组成的混合装药，它们的厚度、形状函数、燃速系数及火药力都分别为 δ_{11} 和 δ_{12}、χ_1、λ_1、μ_1 和 χ_2、λ_2、μ_2，u_{11} 和 u_{12}，f_1 和 f_2。若 ω 为总质量，则

$$\omega = \omega_1 + \omega_2$$

令 $\alpha_1 = \dfrac{\omega_1}{\omega}$、$\alpha_2 = \dfrac{\omega_2}{\omega}$ 分别表示厚、薄火药在总药量中所占的分数。当火药在某一瞬间

的已燃部分分别记为 ψ_1 及 ψ_2，则总药量的已燃部分 ψ 表示为

$$\psi = \frac{\omega_1\psi_1 + \omega_2\psi_2}{\omega} = \alpha_1\psi_1 + \alpha_2\psi_2 \tag{6-61}$$

由于 $\delta_{11} > \delta_{12}$，当薄火药燃尽后，$\psi_2 = 1$，此时有

$$\psi = \alpha_1\psi_1 + \alpha_2$$

而已燃火药气体的总能量为

$$f\omega\psi = f_1\omega\alpha_1\psi_1 + f_2\omega\alpha_2\psi_2$$

由于混合装药在燃烧过程中，ψ_1 与 ψ_2 不断变化，且不成比例，所以 f 并不是常量。只有火药完全燃完后，f 才是常量。但在常用的制式火药情况下，ψ_1 和 ψ_2 的差别并不显著，因此，混合装药的等效火药力可近似为

$$f = \alpha_1 f_1 + \alpha_2 f_2 \tag{6-62}$$

2. 混合装药内弹道模型

对于有 n 种火药的混合装药，其混合装药内弹道数学模型为

$$\begin{cases} \dfrac{dZ_i}{dt} = \dfrac{p^n}{I_{bi}} \\[2mm] \dfrac{dv}{dt} = \dfrac{Sp}{\varphi m} \\[2mm] \dfrac{dl}{dt} = v \\[2mm] \psi_i = \chi_i Z_i \left(1 + \lambda_i Z_i + \mu_i Z_i^2\right) \\[2mm] p = \dfrac{\displaystyle\sum_{i=1}^{n} f_i\omega_i\psi_i - \dfrac{\theta}{2}\varphi m v^2}{S\left\{l_0\left[1 - \displaystyle\sum_{i=1}^{n}\dfrac{\Delta_i}{\gamma_i}(1-\psi_i) - \displaystyle\sum_{i=1}^{n}\alpha_i\Delta_i\psi_i\right] + l\right\}} \\[2mm] i = 1, 2, \cdots, n \end{cases} \tag{6-63}$$

共计（$2n+3$）个方程。当最薄的火药（下标为 n）燃完后，$\psi_n = 1$，其余（$n-1$）种火药继续燃烧，此时，方程也减少 2 个，即 $i = 1$，2，$\cdots$，$n-1$。以后依次类推，直至最厚的火药烧完。

对于多孔火药，考虑分裂前的主体燃烧阶段和分裂后的碎粒燃烧阶段，其形状函数为

$$\psi_i = \begin{cases} \chi_i Z_i(1 + \lambda_i Z_i + \mu_i Z_i^2), & Z_{i0} \leqslant Z_i \leqslant 1 \\[1mm] \chi_{si} Z_i(1 + \lambda_{si} Z_i), & 1 < Z_i \leqslant Z_{ki} \\[1mm] 1, & Z > Z_{ki} \end{cases} \tag{6-64}$$

式中：

$$Z_{ki} = \frac{\delta_{1i} + \rho_i}{\delta_{1i}}$$

$$\rho_i = \begin{cases} 0.2956\left(\dfrac{d_{0i}}{2} + \delta_{1i}\right), & \text{柱形多孔} \\[2mm] 0.1547\left(\dfrac{d_{0i}}{2} + \delta_{1i}\right), & \text{花边多孔} \end{cases}$$

6.5.5 迫击炮弹内弹道模型

迫击炮弹和无后坐力炮与火炮不同，它们在发射过程中有燃气流失，因此，在内弹道模型中有所不同。下面以迫击炮弹为例进行简单的介绍。

1．迫击炮弹内弹道特点

迫击炮弹通常采用滑膛、炮口装填，弹丸定心部与膛壁有一定的间隙，同时，装药结构与一般炮弹也有较大的差异。因此，迫击炮弹内弹道具有以下特点。

1）装药由两个部分组成

迫击炮弹的装药一般分为基本药管和辅助药包两个组成部分。基本药管在尾管内，主要起传火的作用（0号装药起发射药作用），其装填密度很大，一般为 $\Delta=(0.65\sim0.80)\times10^3\text{kg/m}^3$；多个辅助药包系在尾管周围，以获得不同的初速，由于药室容积很大，装药量小，使得装填密度很低，为 $\Delta_0=(0.04\sim0.15)\times10^3\text{kg/m}^3$。

发射时，底火点燃基本药管，由于装填密度很大，压力很快升高。当压力达到破膜压力 p_{m0} 时，燃气从传火孔进入药室，点燃辅助药包，基本药管的压力则迅速下降到与药室的压力基本相同。

火药在基本药管内燃烧属于定容燃烧，根据式（6-53），破膜时基本药管的已燃部分为

$$\psi_0 = \frac{\dfrac{1}{\Delta}-\dfrac{1}{\gamma}}{\dfrac{f}{p_{m0}}+\alpha-\dfrac{1}{\gamma}}$$

当燃气快速进入药室后，药室内的压力为

$$p_0 = \frac{f_0 \Delta_0 \psi_0}{1-\dfrac{\Delta_0}{\gamma}(1-\psi_0)-\alpha_0\Delta_0\psi_0-\dfrac{\Delta_i}{\gamma}} \tag{6-65}$$

式中：$\Delta_i=\dfrac{\omega_i}{V_0}$，而 ω_i 代表基本药管及辅助药包的装药量；α_0 为基本药管内装药的余容；f_0 为经过散热修正的换算火药力。

2）射击过程中有气体流失

迫击炮弹定心部与膛壁有一定的间隙，所以在整个射击过程中火药气体将不断地从间隙流出，并考虑气体流出量较小而忽略对燃气温度的影响，它的秒流量为

$$G = \varphi_2 A S_\Delta p$$

式中：$S_\Delta = S-S' = \dfrac{\pi}{4}(d^2-d'^2)$，为间隙面积，而 S' 和 d' 分别是弹丸定心部面积和直径。相对流量则为

$$\eta = \frac{y}{\omega} = \frac{\varphi_2 A S_\Delta \int_0^t p\,\mathrm{d}t}{\omega} \tag{6-66}$$

$$= \frac{\varphi_2 A S_\Delta I_k}{\omega}Z = \bar{\eta}_k Z$$

式中：$\bar{\eta}_k = \dfrac{\varphi_2 A S_\Delta I_k}{\omega}$ 代表火药燃烧结束瞬间的相对流量。一般迫击炮弹的 $\bar{\eta}_k$ 都很小，只有

百分之几。

此外，当定心部出炮口后，膛内燃气大量冲出，因此第二时期计算到定心部出炮口为止，此后按后效期来计算。

3）具有较大的热散失

迫击炮的药室容积 V_0 较大，装填密度 Δ_0 很小，所以，当基本药管燃烧所生成的气体从传火孔冲出时，因迅速膨胀而冷却。另一方面，由于药室内的金属表面较一般火炮大得多，且弹丸速度较低又增长了火药气体与炮膛表面的接触时间，因此加剧了热散失。

迫击炮弹的热散失通常采用测压方法进行间接计算，当基本药管燃完时测得的最大压力为 p_{m0}，则换算火药力 f_0 为

$$f_0 = p_0 \left(\frac{1}{\Delta_0} - \alpha_0 \right) \tag{6-67}$$

4）后坐部分需考虑土地的作用

由于迫击炮弹通常不旋转，与膛壁的摩擦力也很小，所以 $K_2=0$、$K_3=0$。同时其装药量也很小，所以 $K_4 \approx 0$。但迫击炮中与反后坐相关的除炮管和座钣外，部分土地也起反后坐作用，因此，后坐质量为

$$M_0 = M_{身管} + M_{座钣} + M_{土地} \tag{6-68}$$

式中：$M_{土地}$ 由经验公式

$$M_{土地} = 485 S_{座钣}^{\frac{3}{2}} \tag{6-69}$$

确定，其中 $S_{座钣}$ 代表座钣的面积。

2．迫击炮弹内弹道模型

迫击炮弹内弹道相关方程如下。

（1）体现火药燃烧时燃气质量变化规律的燃气生成方程

$$\psi = \chi Z (1 + \lambda Z + \mu Z^2)$$

和燃烧速度方程

$$\frac{dZ}{dt} = \frac{u_1 p^n}{\delta_1} = \frac{p^n}{I_b}$$

式中：$I_b = \delta_1 / u_1$。

（2）体现弹丸运动规律并考虑各种次要功的运动方程

$$\varphi m \frac{dv}{dt} = S'p$$

和速度方程

$$\frac{dl}{dt} = v$$

（3）体现膛内气体流失的流量方程

$$\eta = \frac{y}{\omega} = \frac{\varphi_2 A S_\Delta I_k}{\omega} Z = \bar{\eta}_k Z$$

（4）体现膛内气体状态以及能量转换过程的能量平衡方程

$$Sp(l_\psi + l) = f_\psi \omega \left(\frac{\psi + x_0}{1 + x_0} - \eta \right) - \frac{\theta}{2} \varphi m v^2$$

式中：

$$x_0 = \frac{\omega_0}{\omega_i}$$

$$\omega = \omega_0 + \omega_i$$

$$f_\psi = \frac{f_0 \omega_0 + f \omega_i \psi}{\omega_0 + \omega_i \psi}$$

$$l_\psi = l_0 \left[1 - \frac{\Delta}{\gamma}(1 - \psi) - \alpha(\psi - \eta)\Delta \right]$$

这些方程联立起来，组成了内弹道模型，即

$$
\begin{cases}
\dfrac{\mathrm{d}Z}{\mathrm{d}t} = \dfrac{p^n}{I_b} \\[2mm]
\dfrac{\mathrm{d}v}{\mathrm{d}t} = \dfrac{S'p}{\varphi m} \\[2mm]
\dfrac{\mathrm{d}l}{\mathrm{d}t} = v \\[2mm]
\psi = \chi Z(1 + \lambda Z + \mu Z^2) \\[2mm]
\eta = \dfrac{\varphi_2 A S_\Delta I_k}{\omega} Z \\[2mm]
p = \dfrac{\dfrac{f_0 \omega_0 + f \omega_i \psi}{\omega_0 + \omega_i \psi}(\omega_0 + \omega_i \psi - \omega \eta) - \dfrac{\theta}{2}\varphi m v^2}{S\left\{ l_0 \left[1 - \dfrac{\Delta}{\gamma}(1 - \psi) - \alpha(\psi - \eta)\Delta \right] + l \right\}}
\end{cases}
\tag{6-70}
$$

该方程组中共有六个方程，Z、v、l、ψ、η、p 及 t 七个变量，其余各量都是已知量，取其中一个变量为自变量，其余六个变量作为该自变量的函数，则该六个变量可从方程组中解出。

6.6　内弹道计算举例

在一定初始条件下，对内弹道中压力和速度进行数值计算，假定初始条件如下所示。

（1）构造弹丸装填条件：枪(炮)膛横断面积 1.681dm^2，弹重 10.24kg，药室容积 10.35dm^3，身管行程 62.25dm。

（2）进程进行条件：启动压力 45 000kPa，火药热力系数 0.25，次要功系数 1.222。

（3）火药装填条件：火药密度 1.6kg/dm^3，火药力 948 000kgf·dm/kg，余容 1dm^3/kg，药量 10.35kg，烧速指数 0.9627，烧速系数 0.000 008 8dm^3/(s·kg)。

（4）火药特征：圆柱形多孔火药，孔数 7，半厚度 0.0088dm，孔道直径 0.022dm，药粒直径 0.1364dm，药粒长度 2.6dm。

计算结果如图 6-11 所示。

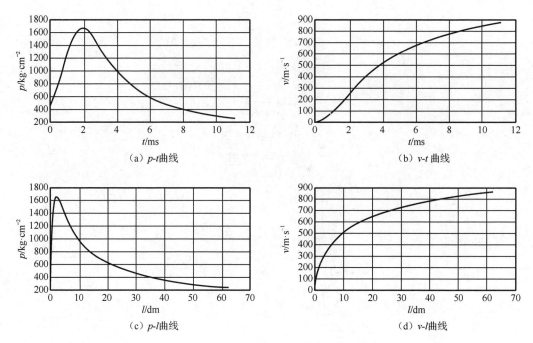

（a）p-t曲线 　　　　　　　　　　（b）v-t 曲线

（c）p-l曲线 　　　　　　　　　　（d）v-l曲线

图 6-11　　内弹道计算结果

第7章 外 弹 道

外弹道学可定义为研究弹丸在飞行中的运动规律及有关问题的科学。弹丸在飞行中的运动规律包括弹丸质心运动规律和弹丸刚体围绕质心运动规律。所谓与运动有关的问题，主要指其丸在飞行时对其上所受诸力的分析与计算、有关弹道的修正理论和方法，以及关于气象条件的必备知识等。

7.1 弹丸的空气动力与力矩

7.1.1 大气特性基本知识

1. 大气构成

围绕在地球周围的一层空气叫作"大气层"，如图 7-1 所示。大气是一种均匀的混合气体，由于地球引力的作用，靠近地面的空气较稠密，而离开地面越远空气就越稀薄，最后逐渐过渡到宇宙空间。

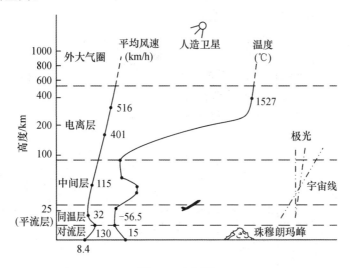

图 7-1 大气层

在 86km 高度以下，大气成分中氧、氮的比例没有多大变化，其他气体的比例也大致相同。在干燥空气中，氮占 78.3%，氧气占 21.0%，其他稀有气体不到 1%。在地面附近还有少量的水蒸气、二氧化碳和微量尘埃杂质。在地表面上，水蒸气和空气的质量混合比一般为（0.1～20）×10^{-3}；而在 1.5～2km 高度上，水蒸气的相对含量仅为近地面的 1/2；在 5km 高度上则为近地面的 1/10，对流层顶水蒸气和空气的质量混合比仅为 10×10^{-6} 量级，平流层则更低。

接近地面的大气层称为对流层，其温度越接近地面越高，形成温度随高度增加而降低的某种分布。在赤道上空，对流层的厚度为 17～18km，在中纬度地区为 10～12km，两极处约为 8km。这一层在整个大气中是不等厚的，但包含的空气质量约占整个大气的 3/4。弹丸主要在这一层飞行。

对流层之上为平流层，其顶界离地面约 30km，其中 20km 以下为温度恒定的同温层。平流层之上到 80km 高度为中间层，再向上为电离层，外大气圈是电离层之外的大气最外层。

2. 炮兵大气标准

在对流层和平流层的大气中，大气物理属性（如气温、气压、密度等）不仅随高度变化，而且随所在地的经纬度、季节、气象条件以及日夜、时间等不同而变化，而在大气中飞行的一切飞行物（包括弹丸）其气动力特性又受到大气物理属性的影响。因此，为了便于计算、整理和比较飞行试验数据，以及给出标准弹丸的性能数据，人为地规定了大气物理属性随高度变化的规律。标准大气就是被国际上承认的、能概略反映中纬度地区全年大气特征的一种假想的气温、气压和密度的垂直分布规律。因此，标准大气具有近似性、静态性、通用性和稳定性。现在世界各国（包括我国）的国家标准多采用国际标准大气。

炮兵标准大气属于标准弹道大气，亦称"表定气象条件"，它是进行外弹道计算和射击所采用的标准大气。我国的炮兵标准大气基本上与苏联 1927 年制定的炮兵标准大气相当。

1）湿空气状态方程与虚温

理想气体状态方程最常用的表达式为

$$p = \frac{\rho R^* T}{M} \tag{7-1}$$

式中：$R^* = 8314.32$J/（kmol·K），它与气体成分无关。对于干洁空气，其平均分子量 $M = 28.9644$kg/kmol，所以空气的气体常数 $R = 287.053$J/（kg·K）；对于水蒸气，其分子量为 $M_s = 18.015\,34$kg/kmol，所以水蒸气的气体常数 $R_s = 461.513$J/（kg·K）；对于水蒸气分压为 a 的湿空气，其平均分子量

$$M_v = M\left(1 - \frac{a}{p}\frac{M - M_s}{M}\right) = M\left(1 - 0.378018\frac{a}{p}\right) \approx M\left(1 - \frac{3}{8}\frac{a}{p}\right)$$

而分压比 $\frac{a}{p}$ 将随着高度的增加而很快趋于 0，所以 $\frac{R^*}{M_v}$ 不为常数。引入虚温：

$$\tau = \frac{T}{1 - \frac{3}{8}\frac{a}{p}}$$

则湿空气的状态方程还可写为

$$p = \rho R \tau \tag{7-2}$$

式中：$R = \frac{R^*}{M}$。

2）地面标准值

炮兵标准大气的地面标准值规定为：

气温：$t_{0N}=15℃$（并采用 $T=273+t$ 的近似式）；

气压：$p_{0N}=100\text{kPa}$；

水蒸气分压：$a_{0n}=846.7\text{Pa}$（即相对湿度50%）；

虚温：$\tau_{0N}=288.9\text{K}$；

密度：$\rho_{0N}=1.206\text{kg/m}^3$；

无风雨。

3）气温随高度分布的标准定律

炮兵标准大气的气温 τ（即虚温，本标准内同）随高度 y 分布的标准定律为

$$\tau=\begin{cases}\tau_{0N}-G_1y, & y\leqslant9300\text{m}（对流层）\\ A+B(y-9300)+C(y-9300)^2, & 9300\text{m}<y\leqslant12\,000\text{m}（亚同温层）\\ 221.5, & 12\,000\text{m}<y\leqslant30\,000\text{m}（同温层）\end{cases}\quad(7\text{-}3)$$

式中：$G_1=6.328\times10^{-3}\text{K/m}$；$A=230.0\text{K}$；$B=-6.328\times10^{-3}\text{K/m}$；$C=1.172\times10^{-6}\text{K/m}^2$。

4）气压、密度随高度分布的标准定律

炮兵标准大气的气压 p 随高度 y 分布的标准是根据"大气铅直平衡"假设，并忽略重力加速度 g 随 y 的增加而稍微减小得到的。对于厚度为 $\mathrm{d}y$、上下面压差为 $\mathrm{d}p$ 的空气微团，有

$$\mathrm{d}p+\rho g\mathrm{d}y=0 \quad(7\text{-}4)$$

所以

$$\frac{\mathrm{d}p}{p}=-\frac{g}{R}\frac{\mathrm{d}y}{\tau} \quad(7\text{-}5)$$

积分，得

$$p=p_{0N}\mathrm{e}^{-\frac{g}{R}\int_0^y\frac{\mathrm{d}y}{\tau}} \quad(7\text{-}6)$$

由此可得气压函数为

$$\pi(y)=\frac{p}{p_{0N}}=\mathrm{e}^{-\frac{g}{R}\int_0^y\frac{\mathrm{d}y}{\tau}} \quad(7\text{-}7)$$

密度函数为

$$H(y)=\frac{\rho}{\rho_{0n}}=\frac{\tau_{0N}}{\tau}\pi(y) \quad(7\text{-}8)$$

气压函数和密度函数随高度的变化如图7-2所示。

3. 国际大气标准

标准大气又称"参考大气"。世界上第一个国际标准大气就是国际空运委员会（ICAN）采纳了Toussaint于1919年提出的建议："从海平面（温度为15℃）到11km高度（温度为-56.5℃）之间的常数负梯度-0.0065℃/m和从11～20km之间的零梯度（即等温层）组成的两段直线"而形成。现行的国际标准大气是国际标准化组织（ISO）采用1976年美国标准大气中的一部分得到的，我国也采用其中 30km 以下部分作为国家标准

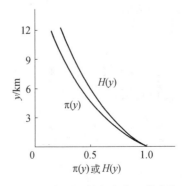

图7-2　气压函数和密度函数曲线

（GB1920—1980），并于 1980 年 5 月 1 日起生效。

1）基本假设

假定空气是干洁的，在 86km 高度以下，大气是均匀混合物，其中每种气体成分的相对体积是不变的，即空气的平均分子量 M 是常数，M=28.9644kg/kmol。

假定气体是完全气体，遵循状态方程：

$$p = \frac{\rho R^* T}{M} \tag{7-9}$$

在均质层中，大气假定遵循静力学方程：

$$\mathrm{d}p + \rho g \mathrm{d}y = 0 \tag{7-10}$$

2）海平面大气特性值

国际大气标准是根据中纬度地区的气象条件制定的，其海平面的大气特性值（部分）规定如下：

声速：C_0=340.294m/s；

重力加速度：g_0=9.806 65m/s^2；

平均分子量：M_0=28.9644kg/kmol；

气压：p_0=101.325kPa；

气温：T_0=288.15K；

密度：ρ=1.2250kg/m^3；

黏性系数：μ_0=17.894×10^{-6}kg/（m·s）。

3）气温随高度变化规律

在静力学方程式（7-10）中，重力加速度 g 是高度 y 的函数，即

$$g = g_0 \left(\frac{r_0}{r_0 + y} \right)^2 \tag{7-11}$$

式中：r_0=6 356 766m 是北纬 45° 处的地球有效半径。为了计算方便，采用位势高度 H 代替几何高度 y，使它们之间的关系为

$$\begin{cases} H = \beta \left(\dfrac{r_0 y}{r_0 + y} \right) \\ y = \dfrac{r_0 H}{\beta r_0 - H} \end{cases} \tag{7-12}$$

式中：β=1gpm/m。此时，静力学方程式（7-10）可简化为

$$\mathrm{d}p = -\rho g \mathrm{d}y = -p \frac{g_0}{\beta R T} \mathrm{d}H \tag{7-13}$$

这样就可以把随高度变化的引力场变为均强场计算，而且同地面 g 值无关。

国际标准大气的 30km 以下部分气温随（位势）高度 H 的分布规律为

$$T = \begin{cases} T_0 - aH, & H \leqslant 11\,000\text{m} \\ T_1, & 11\,000\text{m} < H \leqslant 20\,000\text{m} \\ T_1 + a_1(H - 20000), & 20\,000\text{m} < H \leqslant 30\,000\text{m} \end{cases} \tag{7-14}$$

式中：a=6.5×10^{-3}K/gpm，为对流层的温度下降率；T_1=261.65K，为平流层下部（即同温层）

温度；$a_1=1\times10^{-3}$K/gpm，为平流层上部温度上升率。

气压随高度变化规律由式（7-14）代入式（7-10）并积分得到，密度函数由气压函数与温度得到。

声速为

$$C=\frac{1}{\sqrt{\dfrac{\mathrm{d}\rho}{\mathrm{d}p}}}=\sqrt{kRT}\quad（\text{或}\ C=\sqrt{kR\tau}\ ）\tag{7-15}$$

式中：k 为绝热指数，即定压与定容的比热比。对于空气，$k=1.404$，$R=287$J/(kg·K)，$T=288.9$K。

空气的（动力）黏性系数采用下式计算：

$$\mu=\frac{\beta T^{\frac{3}{2}}}{T+S}\tag{7-16}$$

式中：$\beta=1.458\times10^{-6}$kg/（sm·$\sqrt{\text{K}}$）；$S=110.4$K。

4．我国平均大气

我国地域广阔，南北跨度很大。大陆部分的纬度从北纬20°到北纬54°，而最南端的岛礁曾母暗沙则为北纬 4°，所以各地气象条件差别很大。我国几个纬度地区的年平均温度廓线如图 7-3 所示，其中我国 60 个观测站（在国土上较均匀分布的）1960～1969 年 10 年的探空资料的平均廓线（与我国 35°N 附近的情况相近，N 表示北纬），大体上可代表我国的平均大气结构。由该平均廓线可知，我国的年平均对流层顶在 16km 附近，比（国际）标准大气约高 5km。在对流层下部，我国的年平均温度高于标准大气。在对流层中、上部与此相反。在 30km 以下，我国的平均温度与标准大气的最大偏差约为±9℃，出现在对流层顶层和中部。

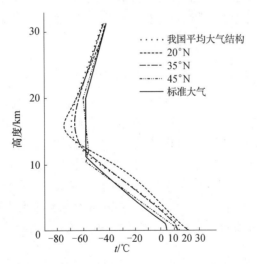

图 7-3　我国几个纬度地区的年平均温度廓线

我国大气与标准大气的偏差如图 7-4 所示。一般情况下我国各高度上的平均气压都比标准大气高，最大偏差为 5%左右，出现在 12km 附近。在 10km 以下，我国的密度值略小于标准大气，10km 以上则大于标准大气，最大偏差为 8%，出现在 16km 附近。随着纬度的降低，30km 以下的我国大气与标准大气的偏差加大。

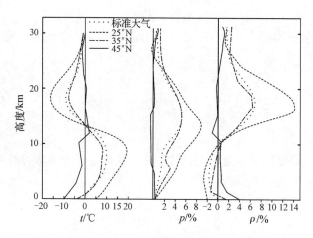

图 7-4 我国大气与标准大气的偏差

我国的平均纬度约为北纬 35°，而海平面重力加速度 g_0' 随纬度 φ 的变化规律由兰伯特（Lambert）公式给出，即

$$g_0' = 9.780356(1 + 5.288 \times 10^{-3} \sin^2 \varphi - 5.9 \times 10^{-6} \sin^2 2\varphi) \qquad (7\text{-}17)$$

所以，我国海平面的平均重力加速度为 g_0' =9.797m/s²，比标准大气的 g_0 =9.806 65m/s² 略小，而 β =0.999 05gpm/m。

7.1.2 迎面空气阻力与阻力定律

1.迎面空气阻力分类

迎面空气阻力是空气阻止弹丸向前运动的阻力合力，根据形成该阻力的机理，迎面空气阻力可细分为摩擦阻力、涡流阻力和波动阻力。随着速度等因素的变化，构成迎面空气阻力三部分的比例也将发生很大的变化。

1）摩擦阻力

当弹丸与空气之间存在相对运动时，使得相邻体层之间存在速度梯度，由于空气的黏性（或称内摩擦），从而存在剪应力（或黏性摩擦应力）来抵抗速度梯度。黏性的影响仅存在于具有相对运动弹丸表面的一层，称为附面层或黏层。当弹丸速度 v 较声速 C 小得多时，空气环绕弹体流过呈现所谓的环流现象（如图 7-5 所示），此时的空气阻力主要是摩擦阻力。摩擦阻力的大小除受气流黏性及弹速影响外，还与弹丸表面积的大小及弹丸表面的光洁程度有关。

弹丸表面加工应有一定的光洁度，有的进行表面涂漆，其目的之一就是为了减小摩擦阻力。由于在总阻力中摩擦阻力占的比重较小，故对弹丸表面光洁度的要求一般不是很高，但应尽可能保证各发弹丸的表面光洁度一致，以免影响射击密集度。

2）涡流阻力

随着弹丸速度 v 增大至一定程度，且小于声速 C 时，气流将明显地不环绕弹表流动，并在弹底附近出现旋涡（如图 7-6 所示）。此时弹体尾部附近没有气流流过，形成了接近真空的低压区，周围压力较高的气流向低压区闯入填补，造成杂乱无章的旋涡。弹头与弹尾涡流区的压力差，即构成所谓的涡流阻力。影响此阻力的主要因素是弹尾部形状、弹丸与气流之间相对运动速度的大小和方向以及弹丸底部是否排气等。

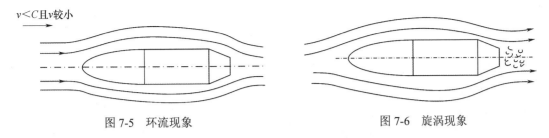

<table>
<tr><td>图 7-5 环流现象</td><td>图 7-6 旋涡现象</td></tr>
</table>

弹丸在亚声速飞行时，涡流阻力占总阻力的大部分。此时，为了减小阻力应尽量地将弹尾部设计成流线型以减小涡阻，如亚声速的迫击炮弹。

3）波动阻力

设点扰源以等速 v 相对于静止的空气向左运动，如图 7-7 所示，0、-1、-2 等点分别表示点扰源的现时、1s 前及 2s 前诸瞬时的位置，1s 前这一瞬时发出的微弱扰动波现在刚到达以-1 为球心、C 为半径的球面上；而 2s 前这一瞬时发出的微弱扰动波，现在则到达以-2 为球心、$2C$ 为半径的球面上；-3s、-4s 前点扰源发出的球面波以此类推。当 $v<C$ 时，各瞬时发出的微弱扰动波向四面八方传播，不可能出现诸波前同时叠加的情况；而当 $v=C$ 时，一系列连续发出的微弱扰动波同时于现在瞬时位置重叠；当 $v<C$ 时，各瞬时连续发出的微弱扰动波必同时重叠于一锥面上，此锥面为诸球面扰动波的包络面，且锥顶即点扰源的现在瞬时位置。一般称此包络面为马赫波或马赫锥，锥的半顶角为

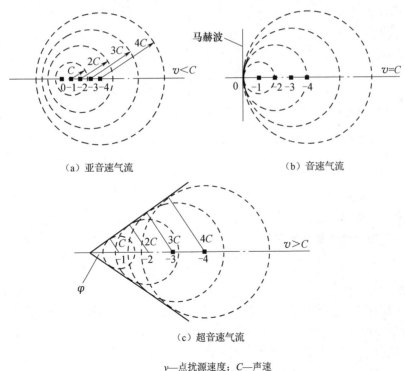

（a）亚音速气流　　　　（b）音速气流

（c）超音速气流

v—点扰源速度；C—声速

图 7-7 扰动的传播与马赫波

$$\varphi = \arcsin^{-1}\frac{C}{v} \qquad (7\text{-}18)$$

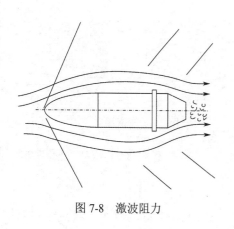

图 7-8　激波阻力

并称 φ 为马赫角，而且记马赫数

$$Ma = \frac{v}{C} \qquad (7\text{-}19)$$

当弹速 v 稍小于 C 时，由于靠近弹表的某一区域内的气流温度所对应的声速 C 值可能小于弹速，即出现局部超声速区，因而出现局部激波。

当弹丸与空气之间的相对运动速度 v 大于等于声速 C 时，除前述的摩擦阻力及涡流阻力外，又增加了一种波动阻力或称激波阻力（如图 7-8 所示）。

对于中等速度（即 500m/s 左右）的现有制式弹而言，在总的空气阻力中一般摩擦阻力占 6%～10%，涡流阻力及波动阻力则分别占 40%～50%。对于中等以上初速的弹丸，一方面，为了减小超声速飞行的波阻，应将弹丸设计得锐长一些；另一方面，由于空气阻力使弹丸后期处于跨声速或亚声速飞行，故应该注意减小涡流阻力。考虑到上述两方面及其他有关要求，常将弹尾部做成锥角为 12°～18° 的截锥形（一般称为船尾形）。

2．空气阻力的一般表达式

由空气动力学分析和风洞实验可知，迎面空气阻力与弹丸特性（如形状、大小、底部排气与否）、空气特性（如气温、密度、黏性）以及弹丸和空气之间相对运动特性（如弹速、攻角）三方面有着密切的关系。迎面空气阻力的一般表达式为

$$R_x = \frac{\rho v^2}{2}SC_{x0}(Ma) \qquad (7\text{-}20)$$

式中：R_x 为空气阻力，亦称迎面阻力或切向阻力，其指向与弹丸质心速度 v 共线反向；ρ 为空气密度；S 为弹丸特征面积，$S = \frac{\pi d^2}{4}$，d 一般可取弹丸最大直径；C_{x0} 为阻力系数，在一定速度范围内近似为 Ma 的函数，下角"0"表示攻角 $\delta=0$。

式（7-20）中 C_{x0}、ρ、S 及 v 分别反映了空气特性、弹丸特性及相对运动特性对阻力 R_x 的影响。由于在枪炮弹丸一般的飞行 Ma 范围内（$0.6<Ma<3$），黏性的变化对阻力的影响较小，故式（7-20）忽略了空气黏性对阻力的影响。

3．阻力定律

对于标准大气，声速 C 和空气密度 ρ 是确定的，而弹速 v 及特征面积 S 均可测定。所以，应用式（7-20）计算空气阻力的问题，关键在于求出阻力系数 C_{x0} 与 Ma 的关系。实验证明，该曲线形状与弹形的关系密切。

由大量实验发现，对于形状相差不大的弹丸 Ⅰ 及 Ⅱ，它们各自的阻力系数曲线之间存在着如图 7-9 所示及如式（7-21）所示的特性。

$$\frac{C_{x0}^{\text{I}}(Ma_1)}{C_{x0}^{\text{II}}(Ma_1)} \approx \frac{C_{x0}^{\text{I}}(Ma_2)}{C_{x0}^{\text{II}}(Ma_2)} \approx \cdots \approx 常数 \qquad (7\text{-}21)$$

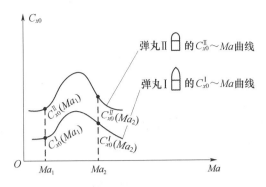

图 7-9 旋转弹的阻力系数曲线示意图

式中：上角"Ⅰ"及"Ⅱ"分别表示对应弹丸Ⅰ及Ⅱ。上式说明：形状相差不大的两个弹丸，它们在 Ma 相同且 $\delta=0$ 时的阻力系数比值近似等于常数。

如果取定某个标准弹，精确地实测出 $\delta=0$ 时的阻力系数曲线（也可用一组标准弹测出它们的平均曲线），此种标准弹的阻力系数 C_{x0} 与 Ma 的关系称为阻力定律，并记为 C_{x0N} (Ma)。目前我国常用的是 43 年阻力定律，它用的是旋转式弹丸，其弧形弹头部长为 $h_r=$ $(3.0\sim3.5)d$。43 年阻力定律的曲线如图 7-10 所示。在 43 年阻力定律之前，我国也采用过西亚切阻力定律。

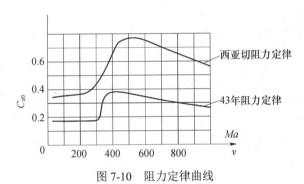

图 7-10 阻力定律曲线

4．弹形系数

有了阻力定律，则对于和标准弹形状相近的某待测弹，就只需用少量实验测出任一 Ma_1 处的 C_{x0} (Ma_1) 值，然后用简便的计算法可得出该待测弹的阻力系数曲线。因为，根据阻力定律，C_{x0N} (Ma_1)、C_{x0N} (Ma_2)、…为已知，将测出的 C_{x0} (Ma_1) 代入式（7-21）并取等号，得

$$\frac{C_{x0}(Ma_1)}{C_{x0N}(Ma_1)}=i(\text{常数}) \tag{7-22}$$

该常数 i 称为弹形系数。有了 i，则可算出待测弹在 Ma_2、Ma_3、…等的阻力系数值：C_{x0} (Ma_2) $=iC_{x0N}$ (Ma_2)、C_{x0} (Ma_3) $=iC_{x0N}$ (Ma_3)、…，即得出了待测弹的阻力系数曲线。

严格来说，弹形系数与弹速或 Ma 有关，是一个变量。但是，当待测弹与标准弹的形状相近时，在一定条件下将 i 值近似取成常数对枪炮及弹丸的方案设计计算而言，一般不致造成不能容许的误差。

弹形系数 i 是反映弹形特性的重要参数，它的取值大小标志着枪炮及弹丸的设计质量。如果 i 值过大，说明弹丸所受空气阻力大，要求枪炮具有较高的初速才能使弹丸飞行到给定的距离；如果 i 值过小，则在一定条件下必须使弹丸设计得锐长一些，这对旋转弹的飞行稳定性可能不利，或使炸药装量减小而降低威力。

获得对应的弹形系数的量值大小，通常采用如下三种方法：

（1）实验测定。用风洞吹风试验或射击试验。前者属于实验空气动力学的内容，本书不做介绍；后者通常采用动能法，利用短距离水平设计试验，飞行过程中克服空气阻力做功使得动能减小，详见专业书籍。

（2）对比选定。利用已有的各种枪炮弹丸的弹形系数资料，将已有的和拟设计的兵器在射程（或射高）、初速、射角及威力（如存速、弹重等）等方面进行比较，参考已有资料的数据和初步选定拟设计弹丸的 i 值。

（3）公式计算。一种是空气动力学中的公式，对于波动阻力及摩擦阻力的阻力系数而言，只要给定弹形，用理论公式计算可得到足够准确的结果；对于涡流阻力系数，用半经验公式也可得到相当准确的结果，本书不予介绍。另一种是经验公式，即

$$i_{43} = 2.900 - 1.373H + 0.320H^2 - 0.0267H^3 \tag{7-23}$$

式中：

$$H = \frac{h_r + E}{d} - 0.30$$

h_r 和 E 分别是弹丸弧形弹头部和截锥弹尾部长度。此法在给定条件下直接求算 i 值比较方便，但局限性较大。该式适用于弹头部为圆弧形、$v_0 \geqslant 500\text{m/s}$、$\psi \approx 45°$ 时的旋转弹。

采用弹形系数这一概念的目的仅仅是为了应用的方便，在空气动力学理论及实验技术和电子计算技术高度发展的今天，直接计算阻力系数、逐步减少甚至抛弃对弹形系数的使用已经成为现实。

5. 弹道系数及阻力函数

1）空气阻力加速度

空气阻力 $\boldsymbol{R}_x$ 对弹丸的影响是使弹丸减速，因此，阻力加速度 $\boldsymbol{a}_x$ 的指向始终与弹丸质心速度 $\boldsymbol{v}$ 共线反向。

由式（7-20）和式（7-22）可得阻力加速度的大小为

$$a_x = \frac{1}{m} \cdot \frac{\rho v^2}{2} \cdot \frac{\pi d^2}{4} \cdot i C_{x0\text{N}}(Ma)$$

为了计算方便，以及为了能明显地看出影响阻力加速度 a_x 的物理因素，引入符号

$$c = \frac{id^2}{m} \times 10^3 \tag{7-24}$$

$$H(y) = \frac{\rho}{\rho_{0\text{N}}} = \frac{P}{P_{0\text{N}}} \frac{\tau_{0\text{N}}}{\tau} \tag{7-25}$$

$$F(v) = \frac{\pi}{8} \rho_{0\text{N}} \times 10^{-3} v^2 C_{x0\text{N}}\left(\frac{v}{C}\right) = 4.736 \times 10^{-4} v^2 C_{x0\text{N}}\left(\frac{v}{C}\right) \tag{7-26}$$

得

$$a_x = \left(\frac{id^2}{m} \times 10^3 \right) \left(\frac{\rho}{\rho_{0N}} \right) \left[\frac{\pi}{8} \rho_{0N} \times 10^{-3} v^2 C_{x0N} \left(\frac{v}{C} \right) \right] \qquad (7\text{-}27)$$

$$= cH(y)F(v)$$

2）弹道系数

由式（7-24）可知，系数 c 由表示弹丸形状、大小及惯性特性的量 i、d 及 m 组成，故系数 c 反映了弹丸组合特性对 a_x 的影响。而前面引入的弹形系数 i 仅反映了弹形特性与阻力的关系。当初速及射角等条件相同时，c 值越大则阻力加速度 a_x 越大，射程越小；c 值为零时 $a_x=0$，相当于弹丸不受空气阻力的情况（真空条件），此时弹丸的射程最大。如图 7-11 所示，c 值越大，对应的射程越小。也就是说，c 值的差异导致了弹道的差异，因此，c 称为弹道系数。

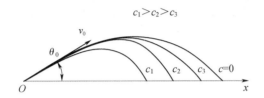

图 7-11　弹道系数与弹道形状的关系

根据弹丸构造及设计理论得知，弹丸质量 m 与弹径 d 的立方成比例，即

$$m = C_m d^3 \times 10^3 \qquad (7\text{-}28)$$

式中：C_m 称为弹丸质量系数（kg/dm）。C_m 值反映了弹丸内腔大小形状以及弹丸壁厚等弹丸内部结构。对于同类型弹丸而言，C_m 值在一定范围内变化。除穿甲弹等少数弹种外，通常的炮弹 C_m 值多为 10~20。

将式（7-28）代入式（7-24），有

$$c = \frac{i}{C_m d} \qquad (7\text{-}29)$$

所以，当弹形系数 i 和弹丸质量系数 C_m 一定时，口径 d 越小，c 值越大，即弹丸所受空气阻力的影响（a_x）越大；或反之。例如，当 $v_0=900\text{m/s}$ 时，$d=7.62\text{mm}$，枪弹的最大射程约为 4km；而 $d=152\text{mm}$ 时，炮弹的射程则可达 20km 以上。

3）阻力函数

由式（7-26）可知，$F(v)$ 含有阻力定律，习惯上称为阻力函数。它是弹速 v 与声速 C 比值的函数。由于与两个变量相关，为了处理方便，令假想速度：

$$v_\tau = \frac{C_{0N}}{C} v \qquad (7\text{-}30)$$

由于 C_{0N} 为单值函数，有

$$C_{x0N} \left(\frac{v}{C} \right) = C_{x0N} \left(\frac{v_\tau}{C_{0N}} \right)$$

该假想速度 v_τ 称为虚速。由式（7-15），有 $C=\sqrt{kR\tau}$ 和 $C_{0N}=\sqrt{kR\tau_{0N}}$，代入式（7-30），有

$$v_\tau = \sqrt{\frac{\tau_{0N}}{\tau}}v \qquad (7\text{-}31)$$

再代入式（7-26），有

$$F(v) = 4.736\times10^{-4}v_\tau^2\frac{\tau}{\tau_{0N}}C_{x0N}\left(\frac{v_\tau}{C_{0N}}\right) = \frac{\tau}{\tau_{0N}}F(v_\tau) \qquad (7\text{-}32)$$

此时阻力加速度的表达式为

$$a_x = cH(y)F(v) = c\pi(y)F(v_\tau) \qquad (7\text{-}33)$$

阻力函数 $F(v_\tau)$ 一般以表格形式给出，为了计算方便，也可采用以下经验公式：

$$F(v_\tau) = \begin{cases} 7.454\times10^{-5}v_\tau^2, & v_\tau < 250 \\ 629.61 - 6.0255v_\tau + 1.8756\times10^{-2}v_\tau^2 - 1.8613\times10^{-5}v_\tau^3, & 250 \leqslant v_\tau < 400 \\ 6.394\times10^{-8}v_\tau^3 - 6.325\times10^{-5}v_\tau^2 + 0.1548 - 26.63, & 400 \leqslant v_\tau \leqslant 1400 \\ 1.2315\times10^{-4}v_\tau^2, & v_\tau > 1400 \end{cases} \qquad (7\text{-}34)$$

除了采用阻力函数 $F(v)$ 外，还常常采用另一阻力函数 $G(v)$。它们之间的关系为

$$F(v) = vG(v) \qquad (7\text{-}35)$$

对应地，有

$$G(v) = \sqrt{\frac{\tau}{\tau_{0N}}}G(v_\tau) \qquad (7\text{-}36)$$

7.1.3　攻角不为零时的空气动力与力矩

弹丸实际飞行中，总是存在一定的攻角 δ。由于 δ 的出现，使空气对弹丸作用的合力 R 既不与弹轴共线反向，也不与速度 v 共线反向，R 的作用点即压力中心 P（或称阻心），对旋转弹及尾翼弹作用点则分别在弹顶与质心 O' 之间及弹尾与质心 O' 之间，如图 7-12 所示。这一方面使 R 在沿速度 v 反向及垂直于 v 的方向上分别产生分量，即切向阻力和升力；另一方面，R 对质心 O' 产生力矩 M_z。除此以外，由于弹丸绕极轴（即弹轴）的旋转和绕赤道轴（即过质心且与弹轴垂直的任意轴）的转动等原因，又产生了极阻尼力矩、赤道阻尼力矩以及马格努斯力和马格努斯力矩。

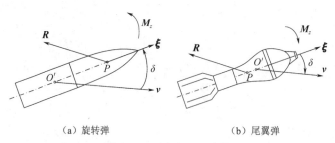

（a）旋转弹　　　　　　　　　　　　（b）尾翼弹

图 7-12　压力中心示意图

1. 静态空气动力和力矩

静态空气动力是指弹丸姿态不变，仅有气流以某个不变的攻角和流速流过时产生的空气动力。

1）切向阻力

切向阻力 R_x 即迎面阻力。当攻角 $\delta \neq 0$ 时，式（7-20）的形式为

$$R_x = \frac{\rho v^2}{2} S C_x(Ma, \delta) \tag{7-37}$$

该阻力总是与弹丸速度 v 共线反向。根据空气动力学可知，当 δ 不大且不在跨声速时，有

$$C_x = C_{x0}(1 + K\delta^2) \tag{7-38}$$

阻力的攻角系数

$$K = \frac{C_y'}{C_{x0}}$$

式中：C_y' 为升力系数导数（见"升力"）。实验表明，对旋转弹，$K=15 \sim 30$；对尾翼弹，K 值可达 40 左右。

2）升力

升力 R_y 与弹速 v 垂直，它的作用效果是使 v 改变方向，其表达式为

$$R_y = \frac{\rho v^2}{2} S C_y(Ma, \delta) = \frac{\rho v^2}{2} S C_y'(Ma)\delta \tag{7-39}$$

式中：C_y 为升力系数，它主要是弹形、马赫数及攻角的函数；$C_y'(Ma)$ 为升力系数导数，即

$$C_y'(Ma) = \frac{\partial C_y}{\partial \delta}$$

实验证明，当攻角不大时，$C_y(Ma, \delta) = C_y'(Ma)\delta$，而 $C_y'(Ma)$ 仅与弹形和 Ma 有关。

3）俯仰力矩及阻力臂

（1）俯仰力矩：M_z 是由于空气对弹丸作用的合力 R 不作用在弹丸质心 O' 上，R 相对于质心产生的力矩，如图 7-12 所示。对旋转弹而言，R 作用在质心与弹顶之间，力矩 M_z 的作用效果是使攻角 δ 增大，此时称 M_z 为翻转力矩；对尾翼弹而言，R 作用在质心与弹尾之间，力矩 M_z 的作用效果则是使 δ 减小，故对尾翼弹称 M_z 为稳定力矩。

当不考虑马格努斯力时，由于 R 位于弹轴及弹速组成的平面（即阻力面，或称攻角平面）内，故矢量 M_z 与该平面垂直。M_z 的表达式为

$$M_z = \frac{\rho v^2}{2} S l m_z(Ma, \delta) = \frac{\rho v^2}{2} S l m_z'(Ma)\delta \tag{7-40}$$

式中：l 为全弹长；力矩导数系数 $m_z'(Ma) = \frac{\partial m_z}{\partial \delta}$。实验证明，当攻角不大时，$m_z(Ma, \delta) = m_z'(Ma)\delta$，而 $m_z'(Ma)$ 仅与弹形和 Ma 有关。

对于翻转力矩而言，力矩系数导数 $m_z' > 0$；而对于稳定力矩而言，$m_z' < 0$。在已知 C_x 及 C_y' 时，可易于求出：

$$m_z' = \frac{h}{l}(C_x + C_y') \tag{7-41}$$

式中：h 为阻力臂，即弹丸质心至压心的距离。对于尾翼弹而言，$C_y' \gg C_x$，有 $m_z' \approx \frac{h}{l} C_y'$。

（2）阻力臂：计算压力中阻力臂可以采用经验公式近似计算。对于无尾翼弹，常用高巴尔（Gaubar）公式，即

$$h = \begin{cases} h_0 + 0.57h_r - 0.16d, & \text{卵形头部} \\ h_0 + 0.37h_r - 0.16d, & \text{锥形头部} \end{cases} \tag{7-42}$$

式中符号如图 7-13 所示。

4）导转力矩及平衡转速

（1）导转力矩。低速旋转尾翼弹一般是应用斜置
尾翼或尾翼斜切角使弹丸旋转。由于斜置角或斜切
角 ε 的存在，在迎面的作用下将产生一升力 R_{N_1}，并
与对面升力组成一对力偶，而所有尾翼的升力将共
同提供一个使弹丸绕其轴旋转的力矩，称为导转力
矩 $\boldsymbol{M}_{xw}$，其表达式为

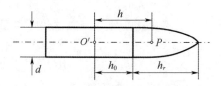

图 7-13　弹丸参数示意图

$$M_{xw} = \frac{\rho v^2}{2} Slm_{xw}(Ma,\varepsilon) = \frac{\rho v^2}{2} Slm'_{xw}(Ma)\varepsilon$$

式中：$m'_{xw}(Ma) = \dfrac{\partial m_{xw}}{\partial \varepsilon}$ 为导转力矩系数导数。

（2）平衡转速。对于尾翼弹，在导转力矩 $\boldsymbol{M}_{xw}$ 和极阻尼力矩 $\boldsymbol{M}_{xz}$ 的作用下，其转动方
程为

$$C\ddot{\gamma} = \frac{\rho v}{2} Sl\left[vm'_{xw}(Ma)\varepsilon - m'_{xz}(Ma)\dot{\gamma}\right]$$

当导转力矩和极阻尼力矩平衡时，转动方程的右端为零。由于动态 $v \neq 0$，力矩达到平
衡时的转速为平衡转速，即

$$\dot{\gamma}_{\mathrm{L}} = \frac{m'_{xw}(Ma)}{m'_{xz}(Ma)} v\varepsilon$$

上式表明，平衡转速与飞行速度 v 成正比，而与初始转速 $\dot{\gamma}_0$ 无关。

2．动态空气动力和力矩

动态空气动力是由弹丸自转和摆动或攻角变化产生的空气动力。

1）极阻尼力矩

弹丸绕弹轴（极轴）旋转时，由于空气的黏性带动弹丸表面的附面层一起旋转，消耗
弹丸的自转动能，使其自转角速度 $\dot{\gamma}$ 衰减，这个阻止弹丸自转的力矩称为极阻尼力矩 $\boldsymbol{M}_{xz}$，
其表达式为

$$M_{xz} = \frac{\rho v^2}{2} Slm_{xz}(Ma,\dot{\gamma}) = \frac{\rho v^2}{2} Slm'_{xz}(Ma) \cdot \frac{d}{v}\dot{\gamma} \tag{7-43}$$

式中：极阻尼力矩系数导数为

$$m'_{xz}(Ma) = \frac{\partial m_{xz}}{\partial \left(\dfrac{d}{v}\dot{\gamma}\right)}$$

2）赤道阻尼力矩

当弹丸围绕过质心且垂直于弹轴的任意赤道轴摆动时，由于迎向空气的一面压缩空气，
使压力增大，而另一面空气稀疏，使压力减小，形成一个反对弹丸摆动的力偶；同时弹丸
两侧的空气具有黏性，产生摩擦阻力也形成阻止其摆动的力偶。以上两个阻止弹丸摆动的
合力偶称为赤道阻尼力矩 $\boldsymbol{M}_{zz}$，其表达式为

$$M_{zz} = \frac{\rho v^2}{2} S l m_{zz}(Ma, \dot{\varphi}) = \frac{\rho v^2}{2} S l m'_{zz}(Ma) \cdot \frac{l}{v} \dot{\varphi} \qquad (7\text{-}44)$$

式中：赤道阻尼力矩系数导数为

$$m'_{zz}(Ma) = \frac{\partial m_{zz}}{\partial \left(\dfrac{l}{v} \dot{\varphi} \right)}$$

3）马格努斯力和马格努斯力矩

当弹丸自转并存在攻角时，由于弹表面附近流场相对于攻角平面不对称而产生垂直于攻角面的力及其质心的力矩。德国科学家马格努斯于 1852 年在研究火炮弹丸射击偏差时发现并研究了这一现象，故称此现象为马格努斯效应，相应的力和力矩称为马格努斯力和马格努斯力矩。

马格努斯效应成因较复杂，古典解释为：当弹丸在飞行中自转并存在攻角时，由于弹表空气附面层随同弹丸一起转动（图 7-14（a）中的环状虚线），因而，在垂直于弹轴的方向上，有横流以速度 $v\sin\delta$ 流经弹体，此气流与伴随弹体自转的两侧气流合成的结果，在弹体的一侧气流速度增大（图 7-14（b）中流线密集处），而另一侧气流速度减小（如图中流线稀疏处），根据伯努利定理，流速小的一侧其压力大于流速大的一侧，这就形成了马格努斯力 $\boldsymbol{R}_z$，指向 $\dot{\boldsymbol{\gamma}} \times \boldsymbol{v}$ 的方向。由于马格努斯力一般不恰好通过弹丸的质心，于是形成对质心的力矩，称为马格努斯力矩 $\boldsymbol{M}_y$。

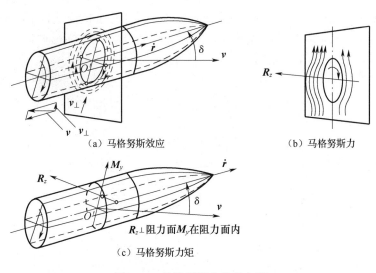

（a）马格努斯效应　　　　　　　（b）马格努斯力

$\boldsymbol{R}_z \perp$ 阻力面 $\boldsymbol{M}_y$ 在阻力面内

（c）马格努斯力矩

图 7-14　马格努斯力及其力矩

马格努斯力和马格努斯力矩的表达式分别为

$$R_z = \frac{\rho v^2}{2} S C_z(Ma, \delta, \dot{\gamma}) = \frac{\rho v^2}{2} S C'_z(Ma, \delta) \cdot \frac{d}{v} \dot{\gamma} = \frac{\rho v^2}{2} S C''_z(Ma) \cdot \frac{d}{v} \dot{\gamma} \delta \qquad (7\text{-}45)$$

和

$$M_y = \frac{\rho v^2}{2} S l m_y(Ma, \delta, \dot{\gamma}) = \frac{\rho v^2}{2} S m'_y(Ma, \delta) \cdot \frac{d}{v} \dot{\gamma} = \frac{\rho v^2}{2} S m''_y(Ma) \cdot \frac{d}{v} \dot{\gamma} \delta \qquad (7\text{-}46)$$

式中：马格努斯力系数的一阶和二阶导数为

$$C'_z(Ma,\delta) = \frac{\partial C_z}{\partial\left(\dfrac{d}{v}\dot{\gamma}\right)} \quad \text{和} \quad C''(Ma) = \frac{\partial^2 C_z}{\partial\left(\dfrac{d}{v}\dot{\gamma}\right)\partial\delta}$$

而马格努斯力矩系数的一阶和二阶导数为

$$m'_y(Ma,\delta) = \frac{\partial m_y}{\partial\left(\dfrac{d}{v}\dot{\gamma}\right)} \quad \text{和} \quad m''_y(Ma) = \frac{\partial^2 m'_y}{\partial\left(\dfrac{d}{v}\dot{\gamma}\right)\partial\delta}$$

7.2 理想外弹道模型

7.2.1 理想外弹道的基本假设与初速

1. 坐标系与弹道诸元

1）坐标系

研究弹丸质心运动规律时所采用的固联于地平面且不计地球旋转的静止坐标系，称为地面坐标系 $O\text{-}xyz$，如图 7-15 所示。其中原点 O 取枪炮口中心，即射出点，是弹道计算起点；包含初速 v_0 的铅直平面 $O\text{-}xy$ 的平面称为射击面，理想弹道即位于此平面内；过射出点 O 的水平面 $O\text{-}xz$ 称为炮（枪）口水平面；Ox 轴为上述两平面的交线，顺射向为正；Oy 轴在射击面内 $O\text{-}xy$ 与 Ox 轴垂直，向上为正；Oz 轴在炮口水平面 $O\text{-}xz$ 内，并与射击面 $O\text{-}xy$ 垂直，按右手法则确定 z 轴的正向。

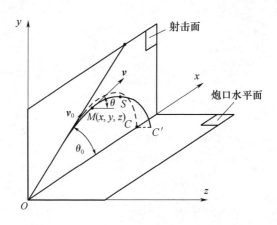

图 7-15　地面坐标系示意图

2）弹道

弹道是弹丸质心在空中的运动轨迹，它实际上是一条空间螺线。在一定假设下简化成如图 7-15 所示的平面曲线 $O\overset{\frown}{S}C$，并称为理想弹道。其中，全弹道的最高点 S 称为弹道顶点，S 点至炮口水平面 $O\text{-}xz$ 的距离，称为弹道顶点高，以 $y_s = Y$ 表示；弹丸自射出点 O 飞出后再回到炮口水平面 $O\text{-}xz$ 的一点 C 称为弹道落点；弹丸飞离射出点 O 后，与任意物体表面相碰着的一点 B 称为弹着点。弹道中，弧 $\overset{\frown}{OS}$ 称为升弧；弧 $\overset{\frown}{SC}$ 称为降弧。上述各项均示意于图 7-15 中。

3）弹道诸元

自射出点 O 算起的弹丸飞行时间 t、弹丸质心在地面坐标系中的坐标 (x, y, z)、质心速度的大小 v 及 v 与 x 轴正向的方向倾角 θ，总称为弹道诸元。在弹道上任意点、特定的点 O、S 及 C 则分别称为任意点诸元、射出点诸元、顶点诸元及落点诸元，并给特定点诸元以相应记号表示，如 X、Y、Z、v_0、v_C、θ_0、θ_C、T 等，分别称为全水平射程、弹道顶点高、落点侧偏、初速、落速、射角、落角及全飞行时间。

2. 基本假设

对于设计正确的弹丸，飞行中的攻角都很小，因此绕心运动对质心运动的影响也不大。为了使问题简化，引入下列基本假设：

（1）弹丸在全部飞行时间内攻角 $\delta = 0$。

（2）弹丸的外形和质量分布均关于弹轴对称。

（3）气象条件是标准的，无风雨。

（4）地球表面为平面，重力加速度为常数，方向垂直于地平面。

（5）忽略由于地球自转而产生的作用在飞行弹丸上的科氏惯性力。

以上假设称为质心运动基本假设。此时，由于重力和空气阻力始终在铅垂的射击面内，弹道轨迹将是一条平面曲线。因此，该假设条件下的质心运动只有两个自由度，求得的弹道可定义为理想弹道。

3. 炮口及其附近的相关速度

1）炮口相对速度 v_g

由内弹道可知，求解内弹道方程组可求得炮口速度 v_g。此时的炮口速度是相对于身管的，因此，v_g 是炮口相对速度。

2）炮口绝对速度 v_g'

考虑到身管的后坐运动，弹丸出炮口的绝对速度（即相对地面）v_g' 并不等于 v_g，而是炮口相对速度与后坐速度大小之差。

3）弹丸最大速度 v_m

弹丸飞离炮口之后，还有一个后效期。此时火药气体继续推动弹丸加速运动，并在达到最大速度 v_m 后，在空气阻力作用下做减速运动。

4）初速 v_0

初速 v_0 是外弹道的重要参量，但它是为了简化问题而定义的一个虚拟速度。后效期虽然很复杂，但其长度不长，因而在实际应用中假设弹丸一出枪炮口即仅受重力和空气阻力作用，好像后效期并不存在。为了修正此假设所产生的误差，采用一虚拟速度即初速 v_0。这个 v_0 必须满足的条件是：当仅仅考虑重力和空气阻力对弹丸运动的影响而不考虑后效期内火药气体对弹丸的作用时，在后效期终了之后的弹速必须与对应时间的真实弹速相等。

图 7-16 给出了炮口绝对速度、弹丸最大速度和初速间的关系。从图中可看出：

$$v_g' < v_m < v_0$$

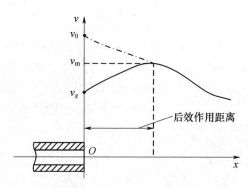

图 7-16　炮口绝对速度、弹丸最大速度和初速间的关系图

而炮口相对速度与炮口绝对速度的关系为 $v'_g < v_g$，因此在实际中常用 v_0 作为 v_g 来修正内弹道计算的一些参数。

7.2.2　理想外弹道模型方程

1. 质心运动矢量方程

在基本假设下，作用于弹丸的力仅有重力和空气阻力。根据牛顿定律，弹丸质心运动矢量方程为

$$m\frac{\mathrm{d}\boldsymbol{v}}{\mathrm{d}t} = \boldsymbol{R}_x + \boldsymbol{G}$$

等式两端同除以质量 m，得

$$\frac{\mathrm{d}\boldsymbol{v}}{\mathrm{d}t} = \boldsymbol{a}_x + \boldsymbol{g} \tag{7-47}$$

由于矢量方程无法进行计算，一般将其向取定的坐标系上投影，从而得出相应的标量方程。

2. 笛卡尔坐标系下的弹丸质心运动方程组

所谓笛卡尔坐标系下的弹丸质心运动方程组，就是将矢量方程式（7-47）向地面坐标系 $O\text{-}xyz$ 中的 x 及 y 轴分别投影所得到的方程组，图 7-17 中的 $O\text{-}xy$ 平面即为射击面。

将式（7-47）两端分别向 x 轴及 y 轴上投影，带入式（7-27）和式（7-35），并考虑到 $v_x = v\cos\theta$、$v_y = v\sin\theta$，有

$$\begin{cases} \dfrac{\mathrm{d}v_x}{\mathrm{d}t} = -cH(y)G(v)v_x \\[2mm] \dfrac{\mathrm{d}v_y}{\mathrm{d}t} = -cH(y)G(v)v_y - g \\[2mm] \dfrac{\mathrm{d}x}{\mathrm{d}t} = v_x \\[2mm] \dfrac{\mathrm{d}y}{\mathrm{d}t} = v_y \end{cases} \tag{7-48}$$

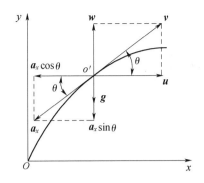

图 7-17　笛卡尔坐标系中质心加速度的分解

式中：$H(y) = \dfrac{\tau_{0N}}{\tau}\pi(y)$；$G(v) = 4.736 \times 10^{-4} vC_{x0N}(M)$，$v = \sqrt{v_x^2 + v_y^2}$，$M = \dfrac{v_\tau}{C_{0N}}$，$v_\tau = \sqrt{\dfrac{\tau_{0N}}{\tau}}v$，

$C_{x0N}(M)$ 一般采用 43 年阻力定律，$\pi(y)$ 为炮兵标准气象条件的气压函数。而积分起始条件为

$$t = 0 \text{ 时，} x = y = 0，v_{x_0} = v_0\cos\theta_0，v_{y_0} = v_0\sin\theta_0$$

式中：v_0 为初速；θ_0 为射角。方程组（7-48）多用于求解枪炮对地面或对空射击的各种弹道。

由式（7-48）及其初始条件可知，空气弹道由 c、v 和 θ 三个参数完全确定。

3. 自然坐标系下的弹丸质心运动方程组

所谓自然坐标系下的弹丸质心运动方程组，就是将矢量方程式（7-47）向自然坐标系的弹道切线轴 τ 和弹道法线轴 y（如图 7-18 所示）分别投影所得到的方程组。而此时表示弹丸质心运动规律的参量，仍是相对于地面坐标系 $O\text{-}xyz$ 而言的。考虑到：

$$\frac{\mathrm{d}v}{\mathrm{d}t} = \frac{\mathrm{d}v}{\mathrm{d}t}\tau_0 + v\frac{\mathrm{d}\tau_0}{\mathrm{d}t} = \frac{\mathrm{d}v}{\mathrm{d}t}\tau_0 + v\frac{\mathrm{d}\theta}{\mathrm{d}t}n_0$$

有

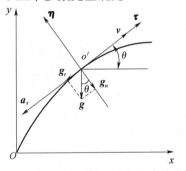

图 7-18　自然坐标系中质心加速度的分解

$$\begin{cases} \dfrac{\mathrm{d}v}{\mathrm{d}t} = -cH(y)F(v) - g\sin\theta \\[2mm] \dfrac{\mathrm{d}\theta}{\mathrm{d}t} = -\dfrac{g\cos\theta}{v} \\[2mm] \dfrac{\mathrm{d}x}{\mathrm{d}t} = v\cos\theta \\[2mm] \dfrac{\mathrm{d}y}{\mathrm{d}t} = v\sin\theta \end{cases} \qquad (7\text{-}49)$$

而积分起始条件为

$$t = 0 \text{ 时，} x = y = 0，v = v_0，\theta = \theta_0$$

式（7-49）常用于对弹道特性的分析以及在加入适当的项后求解火箭弹道等。

4. 以 x 为自变量的质心运动方程组

弹丸质心运动不仅可以采用时间 t 作为自变量，有时也采用坐标 x 作为自变量。此时，对于变量 u，有

$$\frac{\mathrm{d}u}{\mathrm{d}x} = \frac{\dfrac{\mathrm{d}u}{\mathrm{d}t}}{\dfrac{\mathrm{d}x}{\mathrm{d}t}} = \frac{1}{v_x}\frac{\mathrm{d}u}{\mathrm{d}t}$$

因此，弹丸质心运动方程有最简单的形式，即

$$\begin{cases} \dfrac{\mathrm{d}v_x}{\mathrm{d}x} = -cH(y)G(v) \\[2mm] \dfrac{\mathrm{d}p}{\mathrm{d}x} = -\dfrac{g}{v_x^2} \\[2mm] \dfrac{\mathrm{d}y}{\mathrm{d}x} = P \\[2mm] \dfrac{\mathrm{d}t}{\mathrm{d}x} = \dfrac{1}{v_x} \end{cases} \tag{7-50}$$

式中：$P=\tan\theta$，为弹丸飞行轨迹的斜率；$v = v_x\sqrt{1+P^2}$。积分起始条件为

$$x = 0 \text{ 时}, \quad y = 0, \quad v_x = v_0\cos\theta_0, \quad p = p_0 = \tan\theta_0, \quad t = 0$$

由于在大角度时 P 随角度 θ 的变化而剧烈变化，易造成计算误差，因此一般次方程组不适宜于 $\theta_0 > 60°$ 的弹道计算。

5. 弹丸质心运动方程组的求解

在计算工具不发达的时代，求解弹丸的外弹道是一个极其艰巨的工作，那时最常用的是表解法。常用的弹道表有地面火炮弹道表、高射炮弹道表、低伸弹道表。此外，对于低伸弹道，还可以用西亚切近似分析解法。

随着计算机的普及，对于上述弹道方程及其他弹道方程，目前通常采用龙格—库塔等数值解法。

7.2.3 空气弹道的一般特性

1. 真空弹道及其特点

1）真空弹道诸元公式

在真空中弹丸只受重力作用，此时的弹丸质心运动方程组式（7-48）可简化为

$$\begin{cases} \dfrac{\mathrm{d}v_x}{\mathrm{d}t} = 0 \\[2mm] \dfrac{\mathrm{d}v_y}{\mathrm{d}t} = -g \\[2mm] \dfrac{\mathrm{d}x}{\mathrm{d}t} = v_x \\[2mm] \dfrac{\mathrm{d}y}{\mathrm{d}t} = v_y \end{cases} \tag{7-51}$$

在起始条件 $t=0$ 时，$x=y=0$、$v_0=v_0\cos\theta_0$、$v_{y_0}=v_0\sin\theta_0$，可解得其运动规律为

$$\begin{cases} v_x = v_{x0} = v_0\cos\theta_0 \\ v_y = v_0\sin\theta_0 - gt \\ x = v_0\cos\theta_0 t \\ y = v_0\sin\theta_0 y - \dfrac{1}{2}gt^2 \end{cases} \qquad (7\text{-}52)$$

如图 7-19 所示，后两式消去时间 t 可得抛物线形式的真空弹道方程为

$$y = x\tan\theta_0 - \frac{gx^2}{2v_0^2\cos^2\theta_0} \qquad (7\text{-}53)$$

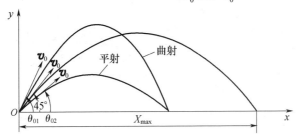

图 7-19 真空弹道

由 $v=\sqrt{v_x^2+v_y^2}$ 和 $\tan\theta = v_y/v_x$ 可求得速度：

$$v = \sqrt{v_0^2 - 2v_0\sin\theta_0 gt + g^2t^2} \qquad (7\text{-}54)$$

对于落点 $y_C=0$，式（7-52）可求得落点诸元为

$$t_C = T = \frac{2v_0\sin\theta_0}{g} \,、\quad x_C = X = \frac{v_0^2\sin 2\theta_0}{g} \,、\quad v_C = T = v_0 \,、\quad \theta_C = -\theta_0 \qquad (7\text{-}55)$$

对于顶点 $\theta_S=0$，式（7-52）可求得顶点诸元

$$t_S = \frac{v_0\sin\theta_0}{g} = \frac{T}{2} \,,\quad x_S = \frac{v_0^2\sin 2\theta_0}{2g} = \frac{X}{2} \,,\quad y_S = Y = \frac{v_0^2\sin^2\theta_0}{2g} \,,\quad v_S = v_0\cos\theta_0 \qquad (7\text{-}56)$$

2）弹道的对称性

由图 7-19 及式（7-55）、式（7-56）可知，真空弹道是关于铅垂线 $x=X/2=x$ 轴对称的，即有

$$v_C = v_0 \,,\quad x_S = \frac{X}{2} \,,\quad t_S = \frac{T}{2} \,,\quad \theta_C = -\theta_0$$

而且由式（7-53）按 x 的二次方程求解，得

$$x_{1,2} = x_S \pm \sqrt{x_S^2 - \frac{2v_0^2\cos^2\theta_0}{g}y}$$

这表明 $x=x_S$ 轴两边等高 y 处两点距该轴的距离相等，即升弧和降弧是关于 $x=x_S$ 轴对称的。对飞行时间也有类似的性质，即 $t_S=T/2$ 及等高两点的飞行时间与 t_S 的差的绝对值相等。

根据射程公式，即式（7-55）中 x_C 的计算式，可得抛物线弹道的最大射程 X_m 和相应的射角（即最大射程角）θ_{0X_m} 分别为

$$X_{\mathrm{m}} = \frac{v_0^2}{g}, \quad \theta_{0X_{\mathrm{m}}} = 45°$$

后者对于空气弹道也大致适用。

3）弹道刚性原理

在实际射击过程中，目标经常不在炮口水平面上。为此，分析在斜距离 D 一定时，炮目高低角 ε 和瞄准角 α 之间的关系。根据图 7-20，有

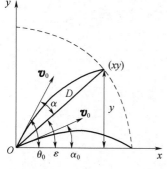

图 7-20　θ_0、α 及 ε 之间的关系

$$x=D\cos\varepsilon、y=D\sin\varepsilon、\theta_0=\alpha+\varepsilon$$

将以上三式代入真空弹道方程，并简化，可以得到斜射程公式为

$$D = \frac{2v_0^2 \cos(\alpha+\varepsilon)\sin\alpha}{g\cos^2\varepsilon} \tag{7-57}$$

将 $\varepsilon=0$ 时的瞄准角用 α_0 表示，则与斜距离 D 相等的水平射程 X 为

$$X = \frac{v_0^2 \sin 2\alpha_0}{g}$$

由于 $D=X$，故

$$2\cos(\alpha+\varepsilon)\sin\alpha = \sin 2\alpha_0 \cos^2\varepsilon$$

经三角简化，得

$$\sin(2\alpha+\varepsilon)=\sin2\alpha_0\cos^2\varepsilon+\sin\varepsilon \tag{7-58}$$

上式表明，当知道斜距离（用与之对应的瞄准角 α_0 表示）和炮目高低角 ε 后，就可算出瞄准角 α。

当用大初速的枪炮对低空或对地做短距离的斜射时，其瞄准角 α_0、α 均很小，其余弦近似为 1，式（7-58）展开后可简化为

$$\sin\alpha=\sin\alpha_0\cos\varepsilon \tag{7-59}$$

上式可用于自动瞄准具设计中。

根据实际计算表明：当 $\varepsilon\leqslant10°$、$\alpha_0\leqslant5°$ 时，α 与 α_0 的最大差不超过 $1'$（即 0.27 密位）。此时式（7-58）可进一步简化为

$$\alpha=\alpha_0 \tag{7-60}$$

这就是一般所说的弹道刚性原理，在空气弹道中也近似适用。

2. 速度沿全弹道的变化

弹丸在空中的飞行速度 v 是一个重要的参量。在理想弹道中，弹丸质心速度沿全弹道的变化由运动方程组式（7-49）之一

$$\frac{\mathrm{d}v}{\mathrm{d}t} = -cH(y)F(v) - g\sin\theta$$

所确定。如图 7-21 所示，在升弧上倾角 $\theta>0$，因而 $\mathrm{d}v/\mathrm{d}t<0$，因此在弹道升弧上弹丸速度始终在减小。在弹道顶点，$\theta_S=0$，此时有 $\dfrac{\mathrm{d}v}{\mathrm{d}t} = -cH(y)F(v) < 0$，故速度继续减小。过顶后的降弧上，$\theta<0$，$g\sin\theta=-g\sin|\theta|$，当 $cH(y)F(v)>g\sin|\theta|$，$\mathrm{d}v/\mathrm{d}t$ 仍为负值，速度继续减小。在降

弧上的某一点，$cH(y)F(v) = g\sin|\theta|$ $cH(y)F(v) = g\sin|\theta|$，此时 $dv/dt=0$，速度达到极小值 v_{min}。此后$|\theta|$继续增大，因而 $g\sin|\theta| > cH(y)F(v)$，$dv/dt > 0$ 速度又逐渐增大。

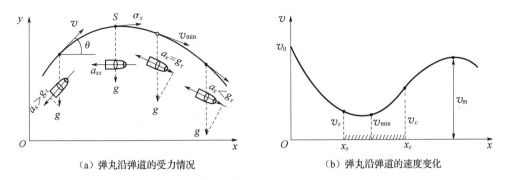

（a）弹丸沿弹道的受力情况　　　　　　（b）弹丸沿弹道的速度变化

图 7-21　弹丸受力与速度变化情况

对于超远程火炮或大高度航弹，随着速度的增大，空气阻力也随之增大，可能再次出现阻力等于重力在速度方向的分量，使速度再次出现极大值。

对于弹道系数大而速度小的物体，如带降落伞的弹药、带飘带的子弹，在弹道降弧段的重力作用下，弹道很快铅垂下落，并出现一极限速度v_j，此时满足 $F(v_j) = g/cH(y)$。

3．弹道的不对称性

空气弹道由于空气阻力的作用，其弹道不再对称（如图 7-22 所示），并且随着弹道系数的增大，其不对称性越来越显著。

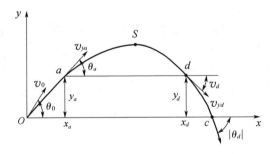

图 7-22　空气弹道的升弧与降弧

（1）降弧比升弧陡，即 $|\theta_d| > \theta_a$、$|\theta_c| > \theta_0$。

（2）顶点距离大于半射程，即 $x_S > X/2$，一般 $x_S = (0.5 \sim 0.7)X$，口径越大的弹丸，x_S 越接近 $X/2$。

（3）顶点时间小于全飞行时间的 1/2，即 $t_S < T/2$，一般 $t_S = (0.4 \sim 0.5)T$，口径越大的弹丸，t_S 越接近 $T/2$。

（4）顶点速度与平均水平分速大致相等，即 $v_S \approx X/T$。

4．最大射程角

最大射程角 θ_{0X_m} 是指某弹丸在一定初速下发射，获得最大射程 X_m 时的射角。对于真空弹道，$\theta_{0X_m} = 45°$；而对于空气弹道，θ_{0X_m} 可能大于或小于 45°。各种口径枪炮弹的最大射程角如图 7-23 所示。

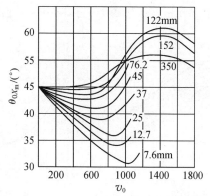

图 7-23　各种口径枪炮弹的最大射程角曲线

7.3　弹丸转速衰减规律

7.3.1　常用转速衰减规律

利用式（7-43）可以求解转速衰减规律，但要测定 $m_{xz}(Ma,\dot{\gamma})$ 或 $m'_{xz}(Ma)$ 并非易事。利用空气动力学原理也可求解，但往往需要大型专业软件。转速衰减规律通常采用检验公式计算。

常用的自转角速度计算公式有柔格里（E.Rggla）公式、施密特（F.Shmita）公式、范特柴里（Д.А.Вентцель）公式（两种形式）、斯列斯金（Н.А.Слецкин）公式（两种形式）和板口楢雄公式。

柔格里公式和施密特公式仅考虑了弹丸结构参数的影响，而没有考虑弹道环境的作用；其余几式都考虑了高度不同时空气密度的影响，但范特柴里一、二式和斯列斯金一式没有考虑弹形，特别是头部形状和空气黏性的影响；板口楢雄公式进一步考虑了弹形的影响；而斯列斯金二式则将上述因素全部加以考虑。由于柔格里公式简单，斯列斯金（二式）较完善，故它们使用较多。

1. 柔格里公式

柔格里公式为

$$\omega = \omega_0 e^{-0.075g\frac{ld3}{A}t} \tag{7-61}$$

式中：ω 和 ω_0 为绕弹轴的角速度及其初值；l 为弹全长；d 为弹径；A 为极转动惯量。

2. 施密特公式

施密特公式为

$$\omega = \omega_0 e^{-\frac{C'F}{0.56m}t} \tag{7-62}$$

式中：C' 为实验系数，平均 $C'_{CP} = 0.63$，最小 $C'_{min} = 0.5$；F 为弹丸表面积。

3. 范特柴里公式

范特柴里一式为

$$\omega = \omega_0 \mathrm{e}^{-\int_0^t \Gamma \mathrm{d}t} \approx \omega_0 \mathrm{e}^{-\Gamma_{CP}t} \qquad (7\text{-}63)$$

式中：

$$\Gamma = \frac{d^3 l}{Ag} \times 10^3 H(y) v K_\Gamma(M)$$

$$\Gamma_{CP} = \frac{d^3 l}{Ag} \times 10^3 H(y)_{CP} v_{CP} K_\Gamma(M)_{CP}$$

式中：下标 CP 表示该参数的平均；$K_\Gamma(M)$ 为弹丸的极抑制力特征数，由实验测定，$K_\Gamma(M)_{CP}=2\times10^{-6}$。

范特柴里二式为

$$\omega = \omega_0 \mathrm{e}^{-\frac{4l}{\rho C_m d^2} H(y) K_\Gamma(M) s} \qquad (7\text{-}64)$$

式中：ρ 为弹丸的惯性半径，对于一般榴弹，$\rho=0.52\sim0.57$，对于薄壁爆破弹，$\rho=0.6\sim0.65$；s 为弹丸飞行的弹道弧长。

4. 斯列斯金公式

斯列斯金一式为

$$\omega = \omega_0 \mathrm{e}^{\frac{\pi l d^3}{2A}\int_0^t C_f \rho v \mathrm{d}t} \qquad (7\text{-}65)$$

式中：ρ 为弹丸所在高度空气密度；C_f 为摩擦阻力系数，由实验测定，其平均值 $C_{fCP}=1.04\times10^{-3}$。

斯列斯金二式为

$$\omega = \omega_0 \mathrm{e}^{-0.00244 j_x \int_0^t [H(y)]^{4/5}[K(y)]^{\frac{1}{5}} v^{\frac{4}{5}} \mathrm{d}t} \qquad (7\text{-}66)$$

式中：$K(y)$ 为随弹丸飞行高度而变的空气相对黏度系数；j_x 为与弹形有关的常数。

$$j_x = \frac{5d^3}{A}\left\{ \frac{s_r^{4/5}}{152} + \frac{1}{32}\left[(l + s_r - h_r)^{4/5} - s_r^{4/5} \right] \right\}$$

$$s_r = \sqrt{h_r^2 + (d/2)^2}$$

5. 板口楯雄公式

板口楯雄公式为

$$\omega = \omega_0 \mathrm{e}^{\frac{mK_z}{A}\int_0^v \frac{F(v)}{F(v)+c'g\sin\theta} \mathrm{d}v} \qquad (7\text{-}67)$$

式中：

$$c' = \frac{1}{cH(y)}$$

式中：K_z 为实验系数，$K_z=0.6565\times10^{-6}$。

7.3.2 转速衰减规律求解

把飞行高度 y、速度 v 等都作为自变量时间 t 的函数，上述几种转速衰减的经验公式可以分为两大类：一类是简单的指数函数，另一类是指数用积分表示的指数函数。

1. 简单的指数函数

柔格里公式和施密特公式是简单的指数函数，其形式均为

$$\omega = \omega_0 e^{-at}$$

可见，两式指数中的系数不同。对于任何给定的时间 t，都可以很容易直接算出对应的转速。

2. 指数用积分表示的指数函数

其他几个公式都属于指数用积分表示的指数函数，它们的形式为

$$\omega = \omega_0 e^{-\int_0^t f(t)dt}$$

其中，范特柴里二式的弹丸飞行的弹道弧长可表示为

$$s = \int_0^t v dt$$

而板口楯雄公式中的积分可表示为

$$\int_{v_0}^{v} f(v)dv = \int_0^t f(v)\left(\frac{dv}{dt}\right)dt$$

$$\frac{dv}{dt} = -cH(y)F(v) - g\sin\theta$$

由于函数 $f(t)$ 难以用简单函数表示，因而无法直接得到转速的表达式，一般采用数值计算进行求解。常用的数值计算方法有两种：一是直接数值积分，另一种也是用得更多的是转换成微分方程后数值求解。转速的微分方程形式为

$$\frac{d\omega}{dt} = -\omega f(t)$$

对于最常用的斯列斯金公式（二式），有

$$\frac{d\omega}{dt} = -0.00244 j_x \omega [H(y)]^{\frac{4}{5}}[K(y)]^{\frac{1}{5}} v^{\frac{4}{5}} \tag{7-68}$$

其初值为 $t=0$ 时，$\omega=\omega_0$。这样，转速方程就可以与其他微分方程一起求解出来。

7.4 弹丸绕心运动与六自由度模型

7.4.1 弹丸的绕心运动

1. 绕心运动坐标系

描述弹丸围绕质心运动的坐标系与参量有多种，最常用的是如图 7-24 所示坐标系。取质心 o' 为坐标原点，速度 v 所在的铅垂平面 $o'\text{-}xy$ 为参考面，$o'\text{-}x$ 及 $o'\text{-}y$ 分别为水平轴及铅垂轴。速度 v 与弹轴 ξ 构成的平面称为阻力面，取阻力面与弹丸赤道面的交线为 η 轴，弹轴坐标系 $o'\text{-}\xi\eta\zeta$ 的 ζ 轴由右手法则确定。阻力面与铅垂面的夹角称为进动角 ν，其角速度矢量 $\dot{\nu}$ 与速度 v 一致（右旋弹，左旋弹与 v 反向）；弹体上给定直径与 ζ 轴的夹角为自转角 γ，其角速度矢量 $\dot{\gamma}$ 在弹轴上，右旋弹指向与 ξ 轴一致；弹轴 ξ 与相对速度 v 的夹角称为章动角 δ，其角速度矢量 $\dot{\delta}$ 垂直阻力面且在 η 轴上。

ν、γ 和 δ 三个角可以将弹丸在空间相对于速度 v 的位置唯一地确定，一般称它们为广

义坐标，对应的 $\dot{v}$、$\dot{\gamma}$ 和 $\dot{\delta}$ 称为广义速度。

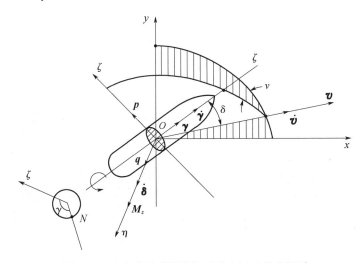

图 7-24　确定旋转弹刚体相对质心运动的坐标系

2．基本假设

为了使问题简化，以便寻求旋转弹丸绕心运动的基本规律，引入如下假设：

（1）弹丸是一个外形及质量分布均为轴对称的刚体。

（2）只考虑翻转力矩 $\boldsymbol{M}_z$。

（3）章动角很小。

根据刚体力学，由假设（1）可知，ξ、η 和 ζ 轴均为弹丸的惯性主轴；弹丸对于任一赤道轴的转动惯量相等。

3．绕心运动方程的组成和积分

设弹丸绕心运动的瞬时角速度 $\boldsymbol{\Omega}$ 在 ζ、η、ξ 轴上的投影分别为 $\boldsymbol{p}$、$\boldsymbol{q}$、$\boldsymbol{r}$，即

$$\boldsymbol{\Omega} = \boldsymbol{p} + \boldsymbol{q} + \boldsymbol{r} \tag{7-69}$$

则弹丸的转动动能为

$$T = \frac{1}{2}[A(p^2 + q^2) + Cr^2] \tag{7-70}$$

式中：A 为弹丸的赤道转动惯量；C 为弹丸的极转动惯量。根据第二类拉格朗日方程，有

$$\frac{\mathrm{d}}{\mathrm{d}t}\left(\frac{\partial T}{\partial \dot{q}_i}\right) - \frac{\partial T}{\partial q_i} = Q_i \tag{7-71}$$

式中：q_i 为广义坐标 v、γ、δ；$\dot{q}_i$ 为广义速度 $\dot{v}$、$\dot{\gamma}$ 和 $\dot{\delta}$；Q_i 为广义力，即力矩在对应广义速度矢量线上的投影

$$\begin{cases} Q_v = 0 \\ Q_\gamma = \dot{\delta} \\ Q_\delta = M_z \end{cases} \tag{7-72}$$

由图 7-24，可得

$$\begin{cases} p = -\dot{v}\sin\delta \\ q = \dot{\delta} \\ r = \dot{\gamma} + \dot{v}\cos\delta \end{cases} \quad (7\text{-}73)$$

代入式（7-70），有

$$\begin{aligned} T &= \frac{1}{2}[A(p^2 + q^2) + Cr^2] \\ &= \frac{1}{2}[A(\dot{v}^2\sin^2\delta + \dot{\delta}^2) + C(\dot{\gamma} + \dot{v}\cos\delta)^2] \end{aligned} \quad (7\text{-}74)$$

1）对广义坐标 γ 的积分

对式（7-74）求偏微分，有

$$\frac{\partial T}{\partial \dot{\gamma}} = C(\dot{\gamma} + \dot{v}\cos\delta) = Cr$$

$$\frac{\partial T}{\partial \gamma} = 0$$

代入式（7-71），得

$$C\frac{\mathrm{d}r}{\mathrm{d}t} = Q_\gamma = 0$$

故

$$r = r_0 = 常数 \quad (7\text{-}75)$$

上式说明，只考虑翻转力矩作用时，弹丸的轴向分角速度为常数 r_0。但是，如果考虑极阻尼力矩的影响，则弹丸的轴向分角速度是衰减的。

2）对广义坐标 v 的积分

对式（7-74）求偏微分，有

$$\frac{\partial T}{\partial \dot{v}} = A\dot{v}\sin^2\delta + C(\dot{\gamma} + \dot{v}\cos\delta)\cos\delta = A\dot{v}\sin^2\delta + Cr_0\cos\delta$$

$$\frac{\partial T}{\partial v} = 0$$

代入式（7-71），得

$$\frac{\mathrm{d}}{\mathrm{d}t}(A\dot{v}\sin^2\delta + Cr_0\cos\delta) = Q_v = 0$$

所以

$$A\dot{v}\sin^2\delta + Cr_0\cos\delta = K(常数)$$

因为 t=0 时，有 δ_0=0，因此，$K = Cr_0$。所以上式应为

$$A\dot{v}\sin^2\delta + Cr_0\cos\delta = Cr_0$$

可解得

$$\dot{v} = \frac{Cr_0}{(1 + \cos\delta)A} \quad (7\text{-}76)$$

当 δ 很小时，$\cos\delta \approx 1$，所以式（7-76）近似为

$$\dot{v} = \frac{Cr_0}{2A} \equiv \alpha \quad (7\text{-}77)$$

积分式（7-77），得

$$v = v_0 + \alpha t \quad (7\text{-}78)$$

上式说明，只考虑翻转力矩 M_z 时，阻力面绕速度矢量近似做等角速度（$\dot{v} = \alpha$）进动。

3）对广义坐标 δ 的积分

对式（7-74）求偏微分，有

$$\frac{\partial T}{\partial \dot{\delta}} = A\dot{\delta}$$

$$\frac{\partial T}{\partial \delta} = A\dot{v}^2 \sin\delta\cos\delta - C(\dot{\gamma} + \dot{v}\cos\delta)\dot{v}\sin\delta = A\alpha^2\sin\delta\cos\delta - Cr_0\alpha\sin\delta$$

代入式（7-71），得

$$A\ddot{\delta} - A\alpha^2\sin\delta\cos\delta + Cr_0\alpha\sin\delta = Q_\delta = M_z = A\beta\delta$$

式中：$\beta = \dfrac{d^2h}{A} \times 10^3 H(y)v^2 K_{M_z}(M)$。上式两边同除以 A，并考虑到

$$\alpha = \frac{Cr_0}{2A} \ 、 \ \sin\delta \approx \delta \ 、 \ \cos\delta \approx 1$$

代入，得

$$\ddot{\delta} + (\alpha^2 - \beta)\delta = 0$$

令

$$\sigma = 1 - \frac{\beta}{\alpha^2} \tag{7-79}$$

得

$$\ddot{\delta} + \alpha^2\sigma\delta = 0 \tag{7-80}$$

由于 σ 中含有 $H(y)$、v、$K_{M_z}(M)$ 等变量，故式（7-80）是二阶、线性、变系数齐次微分方程。在一小段弹道上，可取 $H(y)$、v、$K_{M_z}(M)$ 近似为常数，此时式（7-80）为常系数微分方程，初始条件为：$t = 0$ 时，$\delta = \delta_0 = 0$、$\dot{\delta} = \dot{\delta}_0 \neq 0$。对于飞行稳定的弹丸，有 $\sigma > 0$，此时方程（7-80）的解为

$$\delta = C_1 \cos(\alpha\sqrt{\sigma}t) + C_2 \sin(\alpha\sqrt{\sigma}t)$$

由初始条件，得

$$C_1 = 0 \ , \quad C_2 = \frac{\dot{\delta}_0}{\alpha\sqrt{\sigma}}$$

最后得方程（7-80）的解为

$$\delta = \frac{\dot{\delta}_0}{\alpha\sqrt{\sigma}} \sin(\alpha\sqrt{\sigma}t) \tag{7-81}$$

式（7-81）说明，只考虑翻转力矩作用的飞行稳定弹丸，弹轴在阻力面内做简谐振动。振动周期振幅分别为

$$T = \frac{2\pi}{\alpha\sqrt{\sigma}} \ 和 \ \delta_m = \frac{\dot{\delta}_0}{\alpha\sqrt{\sigma}} \tag{7-82}$$

4. 绕心运动的基本规律

由上述可知，旋转弹在只计入翻转力矩、δ 角很小且 $\sigma > 0$ 的条件下，绕心运动由下述三部分组成：

（1）弹丸绕弹轴等角速度旋转。

（2）阻力面绕速度矢量 v 做等角速度进动。

（3）弹轴在阻力面内相对于 v 做简谐振动。

$$\begin{cases} \dot{\gamma} \approx r_0 = \dfrac{2\pi}{\eta d} v_0 \\ v = v_0 + \alpha t \\ \delta = \dfrac{\dot{\delta}_0}{\alpha \sqrt{\sigma}} \sin(\alpha \sqrt{\sigma} t) \end{cases} \qquad (7\text{-}83)$$

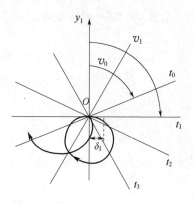

图 7-25　$\delta \sim v$ 曲线

式（7-83）的后两式即弹轴运动的参数方程，如果消去参变量 t，则得 $\delta = \delta(v)$ 的关系。这一关系描述的弹轴上任意点的运动轨迹为外摆线（如图 7-25 所示）。

必须明确，弹丸在实际飞行中还受到赤道阻尼力矩 M_{zz} 的作用，此力矩使弹丸的章动角衰减，如图 7-26 所示，弹轴既不重复摆到 $\delta = 0$ 的位置，也不再摆到的 δ_m 位置。

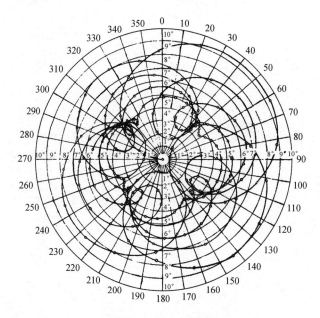

图 7-26　$\delta \sim v$ 实验曲线

7.4.2　绕心运动对质心运动的影响

1. 起始扰动

起始扰动主要指弹丸出炮口时的 $\dot{\delta}$ 及其方向，它对弹道上的质心运动和绕心运动都将产生一系列的影响。

弹丸自膛内开始运动到后效期结束，弹丸将经过约束期、半约束期和后效期三个阶段。约束期为弹丸开始运动到上定心部脱离炮口瞬间。在此期间弹丸运动受膛壁的约束，但由于弹丸上定心部与膛壁之间总存在一定的间隙，所以弹丸在膛内必有一定的章动角 δ_0 和较

大的章动角速度 $\dot{\delta}_0$（十几弧度/秒），而且火炮的振动也直接影响弹丸的运动。半约束期为弹丸上定心部脱离炮口到后弹带离开炮口。在此期间后弹带受约束，而后弹带前部的弹体则可较自由地转动。此时大量气体从弹炮间隙喷出，这加剧了炮管振动，并使弹丸章动角和章动角速度进一步加大。后效期为后弹带离开炮口到后效期结束。此时弹丸已完全不受约束，喷出的火药气体急需作用于弹丸，从而再次加大了弹丸章动角和章动角速度。

根据已有的理论和实验结果，影响起始扰动的因素有：弹丸质量、弹丸偏心、弹炮间隙、弹丸的静不平衡及动不平衡、炮口压力、火炮的振动、弹丸上定心部与弹带（或下定心部）的距离、弹丸质心到弹带（或下定心部）的距离、弹丸赤道转动惯量、阻力臂、弹丸转速等。

2. 速度平均偏角

弹丸章动角的出现，不仅使阻力增大，而且有了升力，它使弹丸速度的方向不断发生变化。由于阻力面以 ν 为轴旋转，弹轴又在阻力面内做周期性章动，ν 的方向变化将使升力的方向也随之变化，因此弹丸质心轨迹必将是一条空间螺线。取弹丸质心 O'，顺着速度 ν 的方向，并取真实阻力面为 y_1 轴，顺时针转 90° 为 x_1 轴，则弹轴空间轨迹在平面 $O'\text{-}x_1y_1$ 的投影为外摆线（如图 7-27 所示）。

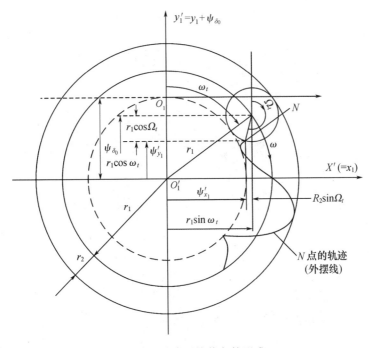

图 7-27 速度平均偏角的形成

$$\begin{cases} \psi_{x_1} = r_1 \sin(\omega t) - r_2 \sin(\Omega t) \\ \psi_{y_1} = r_1 \cos(\omega t) - r_2 \cos(\Omega t) - (r_2 - r_1) \end{cases} \tag{7-84}$$

式中：

$$r_1 = \frac{B}{\omega}; r_2 = \frac{B}{\Omega}\ \psi'_{x_1}$$

$$B = \frac{dl}{2m} \times 10^3 H(y)\nu K_y(M)\delta_m$$

由此可得速度平均偏角为

$$\overline{\boldsymbol{\psi}}_{\dot{\delta}_0} = B\left(\frac{1}{\omega} - \frac{1}{\Omega}\right) \tag{7-85}$$

式（7-84）描述了所谓的二圆运动。在 $O'\text{-}x_1y_1$ 坐标系中，沿 y_1 轴负向取 $\overline{O'O_1'} = \overline{\boldsymbol{\psi}}_{\dot{\delta}_0}$，以 O_1' 为圆心、r_1 为半径做角速度为 ω 的圆周运动；在 r_1 矢量端点，为另一圆的圆心，其半径为 r_2，r_2 矢量端点 N 绕自身圆心做角速度为 Ω 的圆周运动，有两个圆运动合成的结果，N 点描绘出一条外摆线。由于 $\Omega > \omega$，半径为 r_2 的圆周运动称为快圆运动，而半径为 r_1 的圆周运动称为慢圆运动。

速度平均偏角 $\overline{\boldsymbol{\psi}}_{\dot{\delta}_0}$ 的方向与起始章动 $\dot{\delta}_0$ 的方向相反，而 $\dot{\delta}_0$ 的大小和方向对各发射弹都是随机的，这就是射弹散布的一个重要原因。

3．动力平衡角与偏流

1）动力平衡角

如图 7-28 所示，重力的法向分量 $mg\cos\theta$ 使质心速度方向以 $|\dot{\theta}|$ 角速度向下转动，使得弹道逐渐弯曲。弹轴为了能追随切线下降，根据动量矩定理，必有力矩作用于其上，且力矩矢量应垂直于弹轴指向下方。该力矩为翻转力矩 M_z。为了形成指向下的翻转力矩，力矩平面必须在横侧方向，因此弹轴必须离开速度矢量偏向一侧，从而形成位于侧方向的动力平衡角 δ_{2p}。对于常用的右旋弹，δ_{2p} 偏向速度线的右侧。

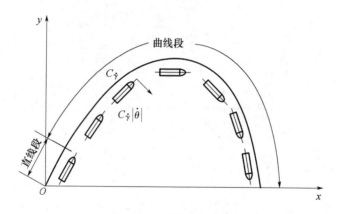

图 7-28　弹丸追随运动

根据上述分析，动量矩矢端 $C\dot{\gamma}$ 有速度 $u = C\dot{\gamma}|\dot{\theta}|$，由动力平衡角 δ_{2p} 下翻转力矩 M_z 等于 u，得

$$M_z = A\beta\delta_{2p} = C\dot{\gamma}|\dot{\theta}|$$

由此即可解出 δ_{2p}

$$\delta_{2p} = \frac{C\dot{\gamma}}{A\beta}|\dot{\theta}| \tag{7-86}$$

由式（7-41）和式（7-49）的第二式，有

$$\beta = \frac{d^2h}{A} \times 10^3 H(y)v^2 K_{M_z}(M)$$

$$|\dot{\theta}| = g\frac{\cos\theta}{v}$$

代入后整理，得

$$\delta_{2p} = \frac{Cg\cos\theta}{d^2 h \times 10^3 H(y) v^3 K_{M_z}(M)}\omega \qquad (7\text{-}87)$$

在最大射角时，弹道顶点附近有最大动力平衡角，即

$$\delta_{2p_{\max}} = \frac{Cg}{d^2 h \times 10^3 H(y) v_S^3 K_{M_z}(M_S)}\omega_S \qquad (7\text{-}88)$$

2）偏流

由于动力平衡角的存在，使得弹轴离开速度矢量偏向一侧，相应就出现了指向弹轴一侧的升力。对于右旋弹，升力指向右侧，其大小为

$$R_{y\delta_{2p}} = dl \times 10^3 H(y) v^2 K_y(M)\delta_{2p} \qquad (7\text{-}89)$$

这个力使弹速 v 矢量向右偏离，弹道也因此向射击面右方扭转。该扭转的弹道在炮口水平面上的投影称为偏流曲线，落点 C 的 z 值称为偏流 Z（如图 7-29 所示）。

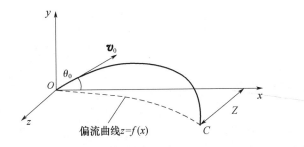

图 7-29　偏流与偏流曲线

偏流一般不大，火炮的偏流按 Z/X 计算，并换算成密位数，其值为 $20\sim30\text{mil}$，通常可以采用迎面射进行测定。

7.4.3　外弹道六自由度模型

1．坐标系及坐标变换

1）坐标系

弹丸的运动规律不因坐标系的选取而改变，但坐标系的选取应以建立运动方程简单、便于分析问题为原则。本节介绍外弹道学常用坐标系及它们之间的转换关系。

（1）惯性坐标系，射击坐标系，地面坐标系：$Oxyz$（E）。

（2）平动坐标系，基准坐标系：$Ox_N y_N z_N$（N）。

（3）速度坐标系（弹道坐标系）：$Ox_2 y_2 z_2$（V）。

如图 7-30 所示，速度坐标系（先绕 Oz_N 轴正向右旋 θ_a，再绕 Oy_2 轴负向右旋 ψ_2，θ_a 为速度高低角，ψ_2 为速度方向角）随速度矢量 v 的变化而转动，它相对于基准坐标系的方位由 θ_a、ψ_2 确定，则角速度矢量 Ω 为

$$\Omega = \dot{\theta}_a + \dot{\psi}_2 \qquad (7\text{-}90)$$

式中：$\dot{\theta}_a$ 矢量沿 Oz_N 方向；$\dot{\psi}_2$ 矢量沿 Oy_2 负方向。

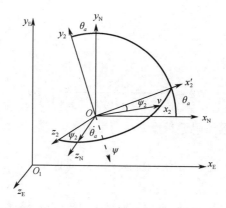

图 7-30　地面坐标系（E）、基准坐标系（N）和速度坐标系（V）

（4）弹轴坐标系（第一弹轴坐标系）：$O\xi\eta\zeta$（A）。

如图 7-31 所示，弹轴坐标系（先绕 Oz_N 轴正向右旋 φ_a，再绕 Oy_2 轴负向右旋 φ_2，φ_a 为弹轴高低角，φ_2 为弹轴方向角）随弹轴方位变化而转动，它相对于基准坐标系的方位由 φ_a、φ_2 确定，则角速度矢量 $\boldsymbol{\omega}_1$ 为

$$\boldsymbol{\omega}_1 = \dot{\boldsymbol{\varphi}}_a + \dot{\boldsymbol{\varphi}}_2 \tag{7-91}$$

式中：$\dot{\boldsymbol{\varphi}}_a$ 矢量沿 Oz_N 方向；$\dot{\boldsymbol{\varphi}}_2$ 矢量沿 $O\eta$ 负方向。

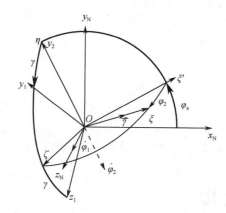

图 7-31　弹轴坐标系（A）、弹体坐标系（B）和基准坐标系（N）

（5）弹体坐标系：$Ox_1y_1z_1$（B）。

弹体坐标系的 Ox_1 与 $O\xi$ 重合，Oy_1 和 Oz_1 固连在弹体上并与弹体一同绕 Ox_1 旋转，弹体系的角速度 $\boldsymbol{\omega}$ 要比弹轴系的角速度 $\boldsymbol{\omega}_1$ 多一个自转角速度矢量 $\dot{\boldsymbol{\gamma}}$，即

$$\boldsymbol{\omega} = \boldsymbol{\omega}_1 + \dot{\boldsymbol{\gamma}} \tag{7-92}$$

式中：$\dot{\boldsymbol{\gamma}}$ 对于右旋弹指向弹轴前方。

（6）第二弹轴坐标系：$O\xi\eta_2\zeta_2$（A_2）。

如图 7-32 所示，此坐标系（先绕 Oz_2 轴正向右旋 δ_1，再绕 $O\eta_2$ 轴负向右旋 δ_2，δ_1 为高低攻角，δ_2 为方向攻角）用于确定弹轴相对于速度的方位和计算空气动力。

2）坐标变换

各方位角之间的关系为

$$\sin\delta_2 = \cos\psi_2\sin\varphi_2 - \sin\psi_2\cos\varphi_2\cos(\varphi_a - \theta_a) \tag{7-93}$$

$$\sin \delta_1 = \cos \varphi_2 \sin(\varphi_a - \theta_a)/\cos \delta_2 \qquad (7\text{-}94)$$

$$\sin a_B = \sin \psi_2 \sin(\varphi_a - \theta_a)/\cos \delta_2 \qquad (7\text{-}95)$$

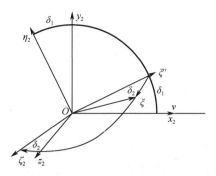

图 7-32　第二弹轴坐标系（A_2）与速度坐标系（V）的关系

2．弹丸运动方程的一般形式

1）弹道坐标系下的弹丸质心运动方程

弹丸质心相对于惯性坐标系的运动服从质心运动定理，则有

$$m \frac{\mathrm{d}\boldsymbol{v}}{\mathrm{d}t} = \boldsymbol{F} \qquad (7\text{-}96)$$

此处假定地面坐标系为惯性坐标系，至于地球旋转的影响可以用在方程的右边加上科氏惯性力来考虑。将此方程向弹道坐标系分解，由于弹道坐标系是一个动坐标系，转动角速度 $\boldsymbol{\Omega} = \dot{\boldsymbol{\theta}}_a + \dot{\boldsymbol{\psi}}_2$ 在 $Ox_2y_2z_2$ 三轴上的分量为

$$(\Omega_{x_2}, \Omega_{y_2}, \Omega_{z_2}) = (\dot{\theta}_a \sin \psi_2, -\dot{\psi}_2, \dot{\theta}_a \cos \psi_2) \qquad (7\text{-}97)$$

假设 $\dfrac{\partial \boldsymbol{v}}{\partial t}$ 表示速度 $\boldsymbol{v}$ 相对于动坐标系 $Ox_2y_2z_2$ 的矢端速度（或相对导数），$\boldsymbol{\Omega} \times \boldsymbol{v}$ 是由于动坐标系以 $\boldsymbol{\Omega}$ 转动产生的牵连矢端速度，则绝对矢端速度为二者之和，即

$$\frac{\mathrm{d}\boldsymbol{v}}{\mathrm{d}t} = \frac{\partial \boldsymbol{v}}{\partial t} + \boldsymbol{\Omega} \times \boldsymbol{v} \qquad (7\text{-}98)$$

上述质心运动方程在弹道坐标系下的标量方程组为

$$\begin{cases} m \dfrac{\mathrm{d}v}{\mathrm{d}t} = F_{x_2} \\[2mm] mv\cos \psi_2 \dfrac{\mathrm{d}\theta_a}{\mathrm{d}t} = F_{y_2} \\[2mm] mv \dfrac{\mathrm{d}\psi_2}{\mathrm{d}t} = F_{z_2} \end{cases} \qquad (7\text{-}99)$$

由此可得惯性坐标系下的质心位置坐标变化方程为

$$\begin{cases} \dfrac{\mathrm{d}x}{\mathrm{d}t} = v\cos \psi_2 \cos \theta_a \\[2mm] \dfrac{\mathrm{d}y}{\mathrm{d}t} = v\cos \psi_2 \sin \theta_a \\[2mm] \dfrac{\mathrm{d}z}{\mathrm{d}t} = v\sin \psi_2 \end{cases} \qquad (7\text{-}100)$$

此方程称为弹丸质心运动的运动学方程。

2）弹轴坐标系上弹丸绕质心转动的动量矩方程

弹丸绕质心的转动用动量矩定理描述：

$$\frac{\mathrm{d}\boldsymbol{G}}{\mathrm{d}t} = \boldsymbol{M} \tag{7-101}$$

式中：$\boldsymbol{G}$ 为弹丸对质心的动量矩；$\boldsymbol{M}$ 为作用于弹丸的外力对质心的力矩。

将上述方程两端的矢量向弹轴坐标系分解，可得到在弹轴坐标系上的标量方程，由于弹轴坐标系随弹丸一起转动，转动角速度为 $\boldsymbol{\omega}_1$，则有

$$\frac{\mathrm{d}\boldsymbol{G}}{\mathrm{d}t} = \frac{\partial \boldsymbol{G}}{\partial t} + \boldsymbol{\omega}_1 \times \boldsymbol{G} = \boldsymbol{M} \tag{7-102}$$

其中，$\boldsymbol{\omega}_1$ 在弹轴坐标系上的三个分量为

$$(\omega_{1\xi}, \omega_{1\eta}, \omega_{1\zeta}) = (\dot{\varphi}_a \sin \varphi_2, -\dot{\varphi}_2, \dot{\varphi}_a \cos \varphi_2) \tag{7-103}$$

设弹轴坐标系上的单位向量为 $\boldsymbol{i}$，$\boldsymbol{j}$，$\boldsymbol{k}$，动量矩 $\boldsymbol{G}$ 和外力矩 $\boldsymbol{M}$ 在弹轴坐标系上的分量为

$$\boldsymbol{M} = M_\xi \boldsymbol{i} + M_\eta \boldsymbol{j} + M_\zeta \boldsymbol{k}, \quad \boldsymbol{G} = G_\xi \boldsymbol{i} + G_\eta \boldsymbol{j} + G_\zeta \boldsymbol{k} \tag{7-104}$$

则有

$$\boldsymbol{w}_1 \times \boldsymbol{G} = \begin{bmatrix} \boldsymbol{i} & \boldsymbol{j} & \boldsymbol{k} \\ w_{1\xi} & w_{1\eta} & w_{1\zeta} \\ G_\xi & G_\eta & G_\zeta \end{bmatrix} \tag{7-105}$$

将 $\boldsymbol{M}$ 与 $\boldsymbol{G}$ 的分量表达式代入式（7-102），得到以弹轴坐标系三轴上分量表示的转动方程为

$$\begin{cases} \dfrac{\mathrm{d}G_\xi}{\mathrm{d}t} + \omega_{1\eta}G_\zeta - \omega_{1\zeta}G_\eta = M_\xi \\[2mm] \dfrac{\mathrm{d}G_\eta}{\mathrm{d}t} + \omega_{1\zeta}G_\xi - \omega_{1\eta}G_\zeta = M_\eta \\[2mm] \dfrac{\mathrm{d}G_\zeta}{\mathrm{d}t} + \omega_{1\xi}G_\eta - \omega_{1\eta}G_\xi = M_\zeta \end{cases} \tag{7-106}$$

3. 弹丸绕质心运动的动量矩计算

根据定义，对质心的总动量矩是弹丸上各质点相对质心运动的动量对质心之矩的总和。设任一小质点的质量为 m_i，到质心的矢量为 $\boldsymbol{r}_i$，速度为 $\boldsymbol{v}_i$，则动量矩为

$$\boldsymbol{G} = \sum_i \boldsymbol{r}_i \times (m_i \boldsymbol{v}_i) \tag{7-107}$$

式（7-107）两端中的矢量都向弹轴坐标系分解，其中 $\boldsymbol{G}$、$\boldsymbol{r}_i$ 用弹轴坐标系里的分量表示为

$$\begin{cases} \boldsymbol{G} = G_\xi \boldsymbol{i} + G_\eta \boldsymbol{j} + G_\zeta \boldsymbol{k} \\ \boldsymbol{r}_i = \xi \boldsymbol{i} + \eta \boldsymbol{j} + \zeta \boldsymbol{k} \end{cases} \tag{7-108}$$

式（7-108）中省去了 ξ、η、ζ 的下标 i。$\boldsymbol{v}_i$ 是质点 m_i 相对于质心的速度，是由弹丸绕质心转动形成，其值为

$$\boldsymbol{v}_i = \boldsymbol{\omega} \times \boldsymbol{r}_i \tag{7-109}$$

这里 $\boldsymbol{\omega}$ 是弹丸绕质心转动的总角速度，它比弹轴坐标系的转动角速度 $\boldsymbol{\omega}_1$ 多一个自转角速度 $\dot{\gamma}$，其三个分量为

$$\begin{cases} (\omega_\xi, \omega_\eta, \omega_\zeta) = (\dot{\gamma} + \dot{\varphi}_a \sin\varphi_2, -\dot{\varphi}_2, \dot{\varphi}_a \cos\varphi_2) \\ (\omega_{1\xi}, \omega_{1\eta}, \omega_{1\zeta}) = (\omega_\zeta \tan\varphi_2, \omega_\eta, \omega_\zeta) \end{cases} \tag{7-110}$$

将式（7-108）、（7-109）、（7-110）的代入动量矩矢表达式（7-107）中，得

$$\boldsymbol{G} = \sum_i \boldsymbol{r}_i \times (m_i \boldsymbol{v}_i) = \sum_i m_i \boldsymbol{r}_i \times (\boldsymbol{\omega} \times \boldsymbol{r}_i) = \sum_i m_i (r_i^2 \boldsymbol{\omega} - (\boldsymbol{r}_i \cdot \boldsymbol{\omega}) \boldsymbol{r}_i)$$
$$= \sum_i m_i [(\xi^2 + \eta^2 + \zeta^2)\boldsymbol{\omega} - (\xi\omega_\xi + \eta\omega_\eta + \zeta\omega_\zeta)\boldsymbol{r}_i] \tag{7-111}$$

由此可得

$$G_\xi = \omega_\xi \sum_i m_i(\xi^2 + \eta^2 + \zeta^2) - \sum_i m_i(\xi^2 \omega_\xi + \xi\eta\omega_\eta + \xi\zeta\omega_\zeta)$$
$$= J_\xi \omega_\xi - J_{\xi\eta}\omega_\eta - J_{\xi\zeta}\omega_\zeta \tag{7-112}$$

同理可得

$$G_\eta = J_\eta \omega_\eta - J_{\eta\xi}\omega_\xi - J_{\eta\zeta}\omega_\zeta \tag{7-113}$$

$$G_\zeta = J_\zeta \omega_\zeta - J_{\zeta\xi}\omega_\xi - J_{\zeta\eta}\omega_\eta \tag{7-114}$$

式中：对 ξ、η、ζ 轴的转动惯量为

$$\begin{cases} J_\xi = \sum_i m_i(\eta^2 + \zeta^2) \\ J_\eta = \sum_i m_i(\xi^2 + \zeta^2) \\ J_\zeta = \sum_i m_i(\xi^2 + \eta^2) \end{cases} \tag{7-115}$$

对 $\xi\eta$、$\xi\zeta$、$\eta\zeta$ 轴的惯性积为

$$\begin{cases} J_{\xi\eta} = J_{\eta\xi} = \sum_i m_i \xi\eta \\ J_{\xi\zeta} = \sum_i m_i \xi\zeta \\ J_{\eta\zeta} = \sum_i m_i \eta\zeta \end{cases} \tag{7-116}$$

用转动惯量矩阵或惯性张量表示，即

$$\begin{cases} \boldsymbol{G} = \boldsymbol{J}_A \boldsymbol{\omega} \\ \begin{bmatrix} G_\xi \\ G_\eta \\ G_\zeta \end{bmatrix} = \begin{bmatrix} J_\xi & -J_{\xi\eta} & -J_{\xi\zeta} \\ -J_{\eta\xi} & J_\eta & -J_{\eta\zeta} \\ -J_{\zeta\xi} & -J_{\zeta\eta} & J_\zeta \end{bmatrix} \begin{bmatrix} \omega_\xi \\ \omega_\eta \\ \omega_\zeta \end{bmatrix} \end{cases} \tag{7-117}$$

式中：$\boldsymbol{G}$、$\boldsymbol{\omega}$、$\boldsymbol{J}_A$ 分别是对弹轴坐标系的动量矩矩阵、角速度矩阵和转动惯量矩阵。

对于轴对称弹丸，其质量是轴对称分布的，则

$$\boldsymbol{J}_A = \begin{bmatrix} I_c & 0 & 0 \\ 0 & I_a & 0 \\ 0 & 0 & I_a \end{bmatrix} \tag{7-118}$$

实际上由于制造、运输等各种原因，弹丸并不总是准确对称的。弹丸的不对称包括质量分布不对称和几何外形不对称，前者使质心偏离几何中心，使惯性主轴偏离几何对称轴，后者使空气动力对称轴偏离几何轴，它们会对弹丸的运动产生干扰，增大弹道散布，使射

击密集度变坏。

4. 考虑动不平衡的惯性张量和动量矩

当有动不平衡时,弹轴不再是惯性主轴,两者有一夹角 β_{D},其值很小,但对高速旋转弹丸运动的影响却不可忽视。若惯性主轴坐标系向弹体坐标系转换的转换矩阵为 $\boldsymbol{A}_{\mathrm{B}\beta_{\mathrm{D}}}$,则坐标转换关系为

$$\begin{bmatrix} x_1 \\ y_1 \\ z_1 \end{bmatrix} = \boldsymbol{A}_{\mathrm{B}\beta_{\mathrm{D}}} \begin{bmatrix} \xi_1 \\ \eta_1 \\ \zeta_1 \end{bmatrix} = \begin{bmatrix} \cos\beta_{\mathrm{D}_2}\cos\beta_{\mathrm{D}_1} & -\sin\beta_{\mathrm{D}_1} & -\sin\beta_{\mathrm{D}_2}\cos\beta_{\mathrm{D}_1} \\ \cos\beta_{\mathrm{D}_2}\sin\beta_{\mathrm{D}_1} & \cos\beta_{\mathrm{D}_1} & -\sin\beta_{\mathrm{D}_2}\sin\beta_{\mathrm{D}_1} \\ \sin\beta_{\mathrm{D}_2} & 0 & \cos\beta_{\mathrm{D}_2} \end{bmatrix} \begin{bmatrix} \xi_1 \\ \eta_1 \\ \zeta_1 \end{bmatrix} \tag{7-119}$$

考虑 β_{D_1}、β_{D_2} 为小量,则

$$\boldsymbol{A}_{\mathrm{B}\beta_{\mathrm{D}}} = \begin{bmatrix} 1 & -\beta_{\mathrm{D}_1} & -\beta_{\mathrm{D}_2} \\ \beta_{\mathrm{D}_1} & 1 & 0 \\ \beta_{\mathrm{D}_2} & 0 & 1 \end{bmatrix} \tag{7-120}$$

假设弹丸的总角速度在 $Ox_1y_1z_1$ 和 $O\xi_1\eta_1\zeta_1$ 坐标系的投影矩阵分别为 $\boldsymbol{\omega}_{\mathrm{B}}$ 和 $\boldsymbol{\omega}'$,对应这两个坐标系的转动惯量矩阵分别为 $\boldsymbol{J}_{\mathrm{B}}$ 和 $\boldsymbol{J}'$,总的动量矩在这两个坐标系中的投影矩阵分别为 $\boldsymbol{G}_t$ 和 $\boldsymbol{G}_z$,则有

$$\boldsymbol{G}_{\mathrm{B}} = \boldsymbol{J}_{\mathrm{B}}\boldsymbol{\omega}_{\mathrm{B}}, \quad \boldsymbol{G}' = \boldsymbol{J}'\boldsymbol{\omega}' \tag{7-121}$$

根据两坐标系之间的关系可得,总角速度和总动量矩在两坐标系投影矩阵之间的关系为

$$\boldsymbol{G}' = \boldsymbol{A}_{\mathrm{B}\beta_{\mathrm{D}}}^{-1}\boldsymbol{G}_{\mathrm{B}}, \quad \boldsymbol{\omega}' = \boldsymbol{A}_{\mathrm{B}\beta_{\mathrm{D}}}^{-1}\boldsymbol{\omega}_{\mathrm{B}} \tag{7-122}$$

利用方向余弦矩阵的正交性可得

$$\boldsymbol{G}_{\mathrm{B}} = \boldsymbol{A}_{\mathrm{B}\beta_{\mathrm{D}}}\boldsymbol{J}'\boldsymbol{A}_{\mathrm{B}\beta_{\mathrm{D}}}^{-1}\boldsymbol{\omega}_{\mathrm{B}} \tag{7-123}$$

由于 $\boldsymbol{A}_{\mathrm{B}\beta_{\mathrm{D}}}$ 为正交矩阵,其逆矩阵等于转置矩阵,则可得

$$\boldsymbol{J}_{\mathrm{B}} = \boldsymbol{A}_{\mathrm{B}\beta_{\mathrm{D}}}\boldsymbol{J}'\boldsymbol{A}_{\mathrm{B}\beta_{\mathrm{D}}}^{-1} = \boldsymbol{A}_{\mathrm{B}\beta_{\mathrm{D}}}\boldsymbol{J}'\boldsymbol{A}_{\mathrm{B}\beta_{\mathrm{D}}}^{\mathrm{T}} \tag{7-124}$$

主转动惯量矩阵为

$$\boldsymbol{J}' = \begin{bmatrix} I_{\xi_1} & 0 & 0 \\ 0 & I_{\eta_1} & 0 \\ 0 & 0 & I_{\zeta_1} \end{bmatrix} \approx \begin{bmatrix} I_c & 0 & 0 \\ 0 & I_a & 0 \\ 0 & 0 & I_a \end{bmatrix} \tag{7-125}$$

式中:$I_c = I_{\xi_1}$ 为轴向转动惯量;$I_a = I_{\eta_1} = I_{\zeta_1}$ 为横向转动惯量,分别与弹丸的极转动惯量和赤道转动惯量近似相等。将主惯量矩阵代入可得

$$\begin{aligned} \boldsymbol{J}_{\mathrm{B}} &= \begin{bmatrix} I_{\xi_1} & (I_{\xi_1}-I_{\eta_1})\beta_{\mathrm{D}_1} & (I_{\xi_1}-I_{\zeta_1})\beta_{\mathrm{D}_2} \\ (I_{\xi_1}-I_{\eta_1})\beta_{\mathrm{D}_1} & I_{\eta_1} & 0 \\ (I_{\xi_1}-I_{\zeta_1})\beta_{\mathrm{D}_2} & 0 & I_{\zeta_1} \end{bmatrix} \\ &\approx \begin{bmatrix} I_c & (I_c-I_a)\beta_{\mathrm{D}_1} & (I_c-I_a)\beta_{\mathrm{D}_2} \\ (I_c-I_a)\beta_{\mathrm{D}_1} & I_a & 0 \\ (I_c-I_a)\beta_{\mathrm{D}_2} & 0 & I_a \end{bmatrix} \end{aligned} \tag{7-126}$$

由于转动运动方程是向弹轴坐标系分解的，因此有必要将惯性矩阵$\boldsymbol{J}_\mathrm{B}$再转换到弹轴坐标系中去。因弹轴坐标系与弹体坐标系只相差一个自转角，利用此二坐标系间的转换矩阵$\boldsymbol{A}_{\mathrm{AB}}$同理可得弹轴坐标系里的转动惯量矩阵$\boldsymbol{J}_\mathrm{A}$。即

$$\boldsymbol{J}_\mathrm{A} = \boldsymbol{A}_{\mathrm{AB}} \cdot \boldsymbol{J}_\mathrm{B} \cdot \boldsymbol{A}_{\mathrm{AB}}^\mathrm{T} = \begin{bmatrix} I_c & (I_c-I_a)\beta_{\mathrm{D}_\eta} & (I_c-I_a)\beta_{\mathrm{D}_\zeta} \\ (I_c-I_a)\beta_{\mathrm{D}_\eta} & I_a & 0 \\ (I_c-I_a)\beta_{\mathrm{D}_\zeta} & 0 & I_a \end{bmatrix} \tag{7-127}$$

式中：

$$\beta_{\mathrm{D}_\eta} = \beta_{\mathrm{D}_1}\cos\gamma - \beta_{\mathrm{D}_2}\sin\gamma \ , \quad \beta_{\mathrm{D}_\zeta} = \beta_{\mathrm{D}_1}\sin\gamma + \beta_{\mathrm{D}_2}\cos\gamma \tag{7-128}$$

显然，对弹轴坐标系而言，转动惯量矩阵随弹丸旋转方位角γ变化，因此也随时间变化。

$$\dot{\beta}_{\mathrm{D}_\eta} = (-\beta_{\mathrm{D}_1}\sin\gamma - \beta_{\mathrm{D}_2}\cos\gamma)\dot{\gamma} \approx -\beta_{\mathrm{D}_\zeta}\omega_\xi \tag{7-129}$$

$$\dot{\beta}_{\mathrm{D}_\zeta} = (\beta_{\mathrm{D}_1}\cos\gamma - \beta_{\mathrm{D}_2}\sin\gamma)\dot{\gamma} \approx \beta_{\mathrm{D}_\eta}\omega_\xi \tag{7-130}$$

将式（7-127）代入式（7-117），得到动量矩在弹轴坐标系里分量的矩阵形式为

$$\begin{bmatrix} G_\xi \\ G_\eta \\ G_\zeta \end{bmatrix} = \begin{bmatrix} I_c\omega_\xi + (I_c-I_a)(\beta_{\mathrm{D}_\eta}\omega_\eta + \beta_{\mathrm{D}_\zeta}\omega_\zeta) \\ (I_c-I_a)\beta_{\mathrm{D}_\eta}\omega_\xi + I_a\omega_\eta \\ (I_c-I_a)\beta_{\mathrm{D}_\zeta}\omega_\xi + I_a\omega_\zeta \end{bmatrix} \tag{7-131}$$

5. 弹丸绕心运动方程组

将式（7-131）代入方程（7-106）中运算，略去$\omega_{1\xi}$、ω_η、ω_ζ、$\tan\varphi_2$、β_{D_η}、β_{D_ζ}等小量的乘积项，并利用β_η、β_{D_ζ}、$\dot{\beta}_{\mathrm{D}_\eta}$、$\dot{\beta}_{\mathrm{D}_\zeta}$关系式以及$\omega_\xi \approx \dot{\gamma}$，$\dot{\omega}_\xi \approx \ddot{\gamma}$，可得到弹丸绕质心转动的动力学方程组为

$$\begin{cases} \dfrac{d\omega_\xi}{dt} = \dfrac{M_\xi}{I_c} \\[2mm] \dfrac{d\omega_\eta}{dt} = \dfrac{M_\eta}{I_a} - \dfrac{I_c}{I_a}\omega_\xi\omega_\zeta + \omega_\xi^2\tan\phi_2 + \dfrac{I_a-I_c}{I_a}(\beta_{\mathrm{D}_\eta}\ddot{\gamma} - \beta_{\mathrm{D}_\zeta}\dot{\gamma}^2) \\[2mm] \dfrac{d\omega_\zeta}{dt} = \dfrac{M_\zeta}{I_a} + \dfrac{I_c}{I_a}\omega_\xi\omega_\eta - \omega_\eta\omega_\zeta\tan\phi_2 + \dfrac{I_a-I_c}{I_a}(\beta_{\mathrm{D}_\zeta}\ddot{\gamma} - \beta_{\mathrm{D}_\eta}\dot{\gamma}^2) \end{cases} \tag{7-132}$$

弹丸绕心运动的运动学方程组为

$$\frac{\mathrm{d}\varphi_1}{\mathrm{d}t} = \frac{\omega_\zeta}{\cos\varphi_2}, \frac{\mathrm{d}\varphi_2}{\mathrm{d}t} = -\omega_\eta, \frac{\mathrm{d}\gamma}{\mathrm{d}t} = \omega_\xi - \omega_\zeta\tan\varphi_2 \tag{7-133}$$

7.4.4 有风情况下的气动力和力矩分量的表达式

1. 相对气流速度和相对攻角

1）风速$\boldsymbol{w}$在速度坐标系的投影

$$\begin{cases} w_{x_2} = w_x\cos\psi_2\cos\theta_a + w_z\sin\psi_2 \\ w_{y_2} = -w_x\sin\theta_a \\ w_{z_2} = -w_x\sin\psi_2\cos\theta_a + w_z\cos\psi_2 \end{cases} \tag{7-134}$$

式中：w_x、w_z 为风速在惯性坐标系中的分量，纵风 $w_x = -w\cos(\alpha_W - \alpha_N)$，横风 $w_z = -w\sin(\alpha_W - \alpha_N)$，$\alpha_W$ 为风向与正北方向夹角，α_N 为射击方向与正北方向夹角，实际弹道倾角 $\theta_a = \theta + \psi_1$。

2）弹丸相对于地面的速度 v 在速度坐标系的投影为

$$\begin{bmatrix} v_{x_2} \\ v_{y_2} \\ v_{z_2} \end{bmatrix} = \begin{bmatrix} v \\ 0 \\ 0 \end{bmatrix} \tag{7-135}$$

3）弹丸相对空气的运动速度 $v_r = v - w$ 在速度坐标系的投影为

$$\begin{bmatrix} v_{rx_2} \\ v_{ry_2} \\ v_{rz_2} \end{bmatrix} = \begin{bmatrix} v - w_{x_2} \\ -w_{y_2} \\ -w_{z_2} \end{bmatrix} \tag{7-136}$$

则有 $v_r = \sqrt{v_{rx_2}^2 + v_{ry_2}^2 + v_{rz_2}^2}$。

4）弹丸相对空气的运动速度 v_r 在弹轴坐标系内的投影为

$$\begin{bmatrix} v_{r\xi} \\ v_{r\eta} \\ v_{r\zeta} \end{bmatrix} = \begin{bmatrix} v_{rx2}\cos\delta_2\cos\delta_1 + v_{ry_2}\cos\delta_2\sin\delta_1 + v_{rz2}\sin\delta_2 \\ v_{r\eta_2}\cos\alpha_B + v_{r\zeta2}\sin\alpha_B \\ -v_{r\eta_2}\sin\alpha_B + v_{r\zeta2}\cos\alpha_B \end{bmatrix} \tag{7-137}$$

式中：$v_{r\eta_2} = -v_{rx_2}\sin\delta_1 + v_{ry_2}\cos\delta_1$；$v_{r\zeta2} = -v_{rx_2}\sin\delta_2\cos\delta_1 - v_{ry_2}\sin\delta_2\sin\delta_1 + v_{rz_2}\cos\delta_2$。

5）v_r 与弹轴的夹角，即相对攻角 δ_r，其值为

$$\delta_r = \arccos(v_r \cdot \xi / v_r) = \cos^{-1}(v_{r\xi}/v_r) \tag{7-138}$$

式中：ξ 为弹轴方向上单位向量。

2. 有风时的空气动力

1）阻力 R_x

阻力 R_x 沿相对速度矢量 v_r 的反方向，其矢量表达式为

$$R_x = \rho v_r S c_x(-v_r)/2 \tag{7-139}$$

写成分量形式，则有

$$\begin{bmatrix} R_{xx_2} \\ R_{xy_2} \\ R_{xz_2} \end{bmatrix} = -\frac{1}{2}\rho v_r S c_x \begin{bmatrix} v_{rx_2} \\ v_{ry_2} \\ v_{rz_2} \end{bmatrix} \tag{7-140}$$

式中：ρ 为空气密度；v_r 为弹丸相对空气运动的速度；S 为弹丸最大横截面积；c_x 为阻力系数，$c_x = c_{x_0} + c_{x_2}\delta_r^2 = c_{x_0}(1 + k\delta_r^2)$。

2）升力 R_y

升力在相对攻角平面内并垂直于相对速度 v_r，且与弹轴在 v_r 的同一侧，其矢量表达式为

$$R_y = \frac{\rho S}{2}c_y\frac{1}{\sin\delta_r}v_r \times (\xi \times v_r) \tag{7-141}$$

写成分量形式，则有

$$\begin{bmatrix} R_{yx_2} \\ R_{yy_2} \\ R_{yz_2} \end{bmatrix} = \frac{\rho S}{2} c_y \frac{1}{\sin \delta_r} \begin{bmatrix} v_r^2 \cos \delta_2 \cos \delta_1 - v_{r\xi} v_{rx_2} \\ v_r^2 \cos \delta_2 \sin \delta_1 - v_{r\xi} v_{ry_2} \\ v_r^2 \sin \delta_2 - v_{r\xi} v_{rz_2} \end{bmatrix} \tag{7-142}$$

式中：c_y 为升力系数，$c_y = c_y' \delta_r$，c_y' 为升力系数的导数。

3）马格努斯力 $\boldsymbol{R}_z$

旋转稳定弹的马格努斯力指向 $\dot{\boldsymbol{\gamma}} \times \boldsymbol{v}_r$ 方向，其矢量表达式为

$$\boldsymbol{R}_z = \frac{\rho S}{2} v_r c_z \frac{1}{\sin \delta_r} (\boldsymbol{\xi} \times \boldsymbol{v}_r) \tag{7-143}$$

写成分量形式，则有

$$\begin{bmatrix} R_{zx_2} \\ R_{zy_2} \\ R_{zz_2} \end{bmatrix} = \frac{\rho S}{2} v_r c_z \frac{1}{\sin \delta_r} \begin{bmatrix} 0 & -\xi_{z_2} & \xi_{y_2} \\ \xi_{z_2} & 0 & -\xi_{x_2} \\ -\xi_{y_2} & \xi_{x_2} & 0 \end{bmatrix} \begin{bmatrix} v_{rx_2} \\ v_{ry_2} \\ v_{rz_2} \end{bmatrix}$$

$$= \frac{\rho S}{2} v_r c_z \frac{1}{\sin \delta_r} \begin{bmatrix} -v_{ry_2} \sin \delta_2 + v_{rz_2} \cos \delta_2 \sin \delta_1 \\ v_{rx_2} \sin \delta_2 - v_{rz_2} \cos \delta_2 \cos \delta_1 \\ -v_{rx_2} \cos \delta_2 \sin \delta_1 + v_{ry_2} \cos \delta_2 \cos \delta_1 \end{bmatrix} \tag{7-144}$$

式中：马格努斯力系数 $c_z = c_z' (\omega_\xi d / v_r)$，$c_z' = c_z'' \delta_r$，$c_z'$ 为 c_z 对无因次转速 $(\omega_\xi d / v_r)$ 的导数，c_z'' 为 c_z 对攻角 δ_r 和无因次转速 $(\omega_\xi d / v_r)$ 的联合偏导数。

4）哥氏力 $\boldsymbol{F}_k$

哥氏力的矢量表达式为

$$\boldsymbol{F}_k = -2m\boldsymbol{\Omega}_E \times \boldsymbol{v} \tag{7-145}$$

写成分量形式，则有

$$\begin{bmatrix} F_{kx_2} \\ F_{ky_2} \\ F_{kz_2} \end{bmatrix} = 2\Omega_E m v \begin{bmatrix} 0 \\ \sin\psi_2 \cos\theta_a \cos\Lambda \cos\alpha_N + \sin\theta_a \sin\psi_2 \sin\Lambda + \cos\psi_2 \cos\Lambda \sin\alpha_N - \\ \sin\theta_a \cos\Lambda \cos\alpha_N + \cos\theta_a \sin\Lambda \end{bmatrix} \tag{7-146}$$

式中：地球自转角速度 $\Omega_E = 7.2922 \times 10^{-5} (1/s)$；$\Lambda$ 为纬度。

5）重力 $\boldsymbol{G}$

重力的分量形式为

$$\begin{bmatrix} G_{x_2} \\ G_{y_2} \\ G_{z_2} \end{bmatrix} = \begin{bmatrix} -mg \cos\psi_2 \sin\theta_a \\ -mg \cos\theta_a \\ mg \sin\psi_2 \sin\theta_a \end{bmatrix} \tag{7-147}$$

3. 有风时的空气动力矩

1）静力矩 $\boldsymbol{M}_z$

静力矩的矢量表达式为

$$M_z = \frac{1}{2}\rho S l v_r m_z \frac{1}{\sin\delta_r}(v_r \times \xi) \qquad (7\text{-}148)$$

式中：l 为特征长度（通常为弹长或弹径）；$m_z = m_z'\delta_r$（小攻角时），m_z' 为静力矩系数导数，$m_z' > 0$ 为翻转力矩，$m_z' < 0$ 为稳定力矩，$m_z' = (c_x + c_y')(x_{cg}/l - x_{cp})$。写成分量形式，则有

$$\begin{bmatrix} M_{z\xi} \\ M_{z\eta} \\ M_{z\zeta} \end{bmatrix} = \frac{1}{2}\rho S l v_r m_z \frac{1}{\sin\delta_r} \begin{bmatrix} 0 \\ v_{r\zeta} \\ -v_{r\eta} \end{bmatrix} \qquad (7\text{-}149)$$

式中：$v_{r\eta}$、$v_{r\zeta}$ 为相对速度在第二弹轴坐标系上的分量，$v_{r\eta} = v_{r\eta 2}\cos\beta + v_{r\zeta 2}\sin\beta$，$v_{r\zeta} = -v_{r\eta 2}\sin\beta + v_{r\zeta 2}\cos\beta$。

2）赤道阻尼力矩 M_{zz}

阻尼弹丸摆动的力矩与弹丸摆动角速度 ω_1 方向相反，其矢量表达式为

$$M_{zz} = -\frac{1}{2}\rho S l v_r^2 m_{zz} = -\frac{1}{2}\rho S l v_r^2 m_{zz}'(d\omega_1/v_r) = -\frac{1}{2}\rho S l d v_r m_{zz}'\omega_1 \qquad (7\text{-}150)$$

式中：$m_{zz} = m_{zz}'(d\omega_1/v_r)$，$m_{zz}'$ 为赤道阻尼力矩系数导数；ω_1 为弹体坐标系下的总角速度。

写成分量形式，则有

$$\begin{bmatrix} M_{zz\xi} \\ M_{zz\eta} \\ M_{zz\zeta} \end{bmatrix} = -\frac{1}{2}\rho S l v_r^2 m_{zz} = -\frac{1}{2}\rho S l v_r^2 m_{zz}'(d\omega_1/v_r) = -\frac{1}{2}\rho S l d v_r m_{zz}' \begin{bmatrix} 0 \\ \omega_{1\eta} \\ \omega_{1\zeta} \end{bmatrix} \qquad (7\text{-}151)$$

式中：ω_1 在弹轴坐标系的分量为 $\omega_{1\xi} = \omega_\xi - \dot{\gamma} = \omega_\zeta\tan\varphi_2 = \dot{\varphi}_a\sin\varphi_2$，$\omega_{1\eta} = \omega_\eta = -\dot{\varphi}_2$，$\omega_{1\zeta} = \omega_\zeta = \dot{\varphi}_a\cos\varphi_2$。

3）极阻尼力矩 M_{xz}

极阻尼力矩由弹丸绕纵轴旋转的角速度 $\omega_\xi \approx \dot{\gamma}$ 引起，可阻止弹丸旋转，其矢量方向与 ω_ξ 方向相反；对于右旋转弹即在弹轴的反方向，其矢量表达式为

$$M_{xz} = -\frac{1}{2}\rho S l v_r^2 m_{xz} = -\frac{1}{2}\rho S l v_r^2 m_{xz}'(\omega_\xi d/v_r) \qquad (7\text{-}152)$$

式中：极阻尼力矩系数 $m_{xz} = m_{xz}'(\omega_\xi d/v_r)$，$m_{xz}'$ 为 m_{xz} 对相对切向速度 $\omega_\xi d/v_r$ 的导数；ω_ξ 为弹丸在弹轴坐标系下的自转角速度。

写成分量形式，则有

$$\begin{bmatrix} M_{xz\xi} \\ M_{xz\eta} \\ M_{xz\zeta} \end{bmatrix} = -\frac{1}{2}\rho S l^2 v_r m_{xz}' \begin{bmatrix} \omega_\xi \\ 0 \\ 0 \end{bmatrix} \qquad (7\text{-}153)$$

4）马格努斯力矩 M_y

马格努斯力矩由垂直于相对攻角平面的马格努斯力产生，其矢量位于相对攻角平面内。马氏力矩在 $\xi \times (\xi \times v_r)$ 方向上，其矢量表达式为

$$M_y = \frac{1}{2}\rho S l d \omega_\xi m_y' \cdot \frac{1}{\sin\delta_r}\xi \times (\xi \times v_r) \qquad (7\text{-}154)$$

写成分量形式，则有

$$\begin{bmatrix} M_{y\xi} \\ M_{y\eta} \\ M_{y\zeta} \end{bmatrix} = -\frac{1}{2}\rho S l v_r^2 m_y = -\frac{1}{2}\rho S l v_r^2 m_y' \left(\omega_\xi d / v_r\right) = -\frac{1}{2}\rho S l d\omega_\xi \cdot \frac{m_y'}{\sin\delta_r}\begin{bmatrix} 0 \\ v_{r\eta} \\ v_{r\zeta} \end{bmatrix} \quad (7\text{-}155)$$

式中：马格努斯力矩系数 $m_y = m_y'\left(\omega_\xi d / v_r\right), m_y' = m_y''\delta_r$ ， m_y' 为 m_y 对无因次转速 $\omega_\xi d / v_r$ 的导数； m_y'' 为 m_y 对无因次转速 $\omega_\xi d / v_r$ 和攻角 δ_r 的导数。

4．弹丸的六自由度刚体弹道方程

将作用在弹丸上的所有力和力矩的表达式代入弹丸刚体运动一般方程中去，就可以得到弹丸六自由度刚体运动方程的具体形式，这种方程常称为 6D 方程。其表达式为

$$\begin{cases} \dfrac{dv}{dt} = \dfrac{1}{m}F_{x2}, \dfrac{d\theta_a}{dt} = \dfrac{1}{mv\cos\psi_2}F_{y2}, \dfrac{d\psi_2}{dt} = \dfrac{1}{mv}F_{z2} \\[2mm] \dfrac{dx}{dt} = v\cos\psi_2\cos\theta_a, \dfrac{dy}{dt} = v\cos\psi_2\sin\theta_a, \dfrac{dz}{dt} = v\sin\psi_2 \\[2mm] \dfrac{d\omega_\xi}{dt} = \dfrac{M_\xi}{I_c} \\[2mm] \dfrac{d\omega_\eta}{dt} = \dfrac{M_\eta}{I_a} - \dfrac{I_c}{I_a}\omega_\xi\omega_\zeta + \omega_\zeta^2\tan\varphi_2 + \dfrac{I_a - I_c}{I_a}\left(\beta_{D\eta}\ddot{\gamma} - \beta_{D\zeta}\dot{\gamma}^2\right) \\[2mm] \dfrac{d\omega_\zeta}{dt} = \dfrac{M_\zeta}{I_a} + \dfrac{I_c}{I_a}\omega_\xi\omega_\eta - \omega_\eta\omega_\zeta\tan\varphi_2 + \dfrac{I_a - I_c}{I_a}\left(\beta_{D\zeta}\ddot{\gamma} - \beta_{D\eta}\dot{\gamma}^2\right) \\[2mm] \dfrac{d\varphi_1}{dt} = \dfrac{\omega_\zeta}{\cos\varphi_2}, \dfrac{d\varphi_2}{dt} = -\omega_\eta, \dfrac{d\gamma}{dt} = \omega_\xi - \omega_\zeta\tan\varphi_2 \end{cases}$$

$$\begin{cases} \sin\delta_2 = \cos\psi_2\sin\varphi_2 - \sin\psi_2\cos\varphi_2\cos(\varphi_a - \theta_a) \\ \sin\delta_1 = \cos\varphi_2\sin(\varphi_a - \theta_a)/\cos\delta_2 \\ \sin\beta = \sin\psi_2\sin(\varphi_a - \theta_a)/\cos\delta_2 \end{cases}$$

$$\begin{cases} F_{x_2} = -\dfrac{\rho S}{2}v_r c_x v_{rx_2} + \dfrac{\rho S}{2}c_y\dfrac{1}{\sin\delta_r}\left(v_r^2\cos\delta_2\cos\delta_1 - v_{r\xi}v_{rx_2}\right) + \dfrac{\rho S}{2}v_r c_z\dfrac{1}{\sin\delta_r}\left(v_{rz_2}\cos\delta_2\sin\delta_1 - v_{ry_2}\sin\delta_2\right) - \\ \qquad mg\sin\theta_a\cos\psi_2 \\[2mm] F_{y_2} = -\dfrac{\rho S}{2}v_r c_x v_{ry_2} + \dfrac{\rho S}{2}c_y\dfrac{1}{\sin\delta_r}\left(v_r^2\cos\delta_2\sin\delta_1 - v_{r\xi}v_{ry_2}\right) + \dfrac{\rho S}{2}v_r c_z\dfrac{1}{\sin\delta_r}\left(v_{rx_2}\sin\delta_2 - v_{rz_2}\cos\delta_2\cos\delta_1\right) - \\ \qquad mg\cos\theta_a + 2\Omega_E mv(\sin\psi_2\cos\theta_a\cos\Lambda\cos\alpha_N + \sin\theta_a\sin\psi_2\sin\Lambda + \cos\psi_2\cos\Lambda\sin\alpha_N) \\[2mm] F_{z_2} = -\dfrac{\rho S}{2}v_r c_x v_{rz_2} + \dfrac{\rho S}{2}c_y\dfrac{1}{\sin\delta_r}\left(v_r^2\sin\delta_2 - v_{r\xi}v_{rz_2}\right) + \dfrac{\rho S}{2}v_r c_z\dfrac{1}{\sin\delta_r}\left(v_{ry_2}\cos\delta_2\cos\delta_1 - v_{rx_2}\cos\delta_2\sin\delta_1\right) + \\ \qquad mg\sin\theta_a\sin\psi_2 + 2\Omega_E mv(-\sin\theta_a\cos\Lambda\cos\alpha_N + \cos\theta_a\sin\Lambda) \end{cases}$$

$$
\left\{
\begin{array}{l}
M_\xi = -\dfrac{\rho Sld}{2} m'_{xz} v_r \omega_\xi \\[3mm]
M_\eta = \dfrac{\rho Sl}{2} v_r \dfrac{m_z}{\sin\delta_r} v_{r\zeta} - \dfrac{\rho Sld}{2} v_r m'_{zz} \omega_\eta - \dfrac{\rho Sld}{2} m'_y \dfrac{1}{\sin\delta_r} \omega_\xi v_{r\eta} \\[3mm]
M_\zeta = -\dfrac{\rho Sl}{2} v_r \dfrac{m_z}{\sin\delta_r} v_{r\eta} - \dfrac{\rho Sld}{2} v_r m'_{zz} \omega_\zeta - \dfrac{\rho Sld}{2} m'_y \dfrac{1}{\sin\delta_r} \omega_\xi v_{r\zeta}
\end{array}
\right.
$$

7.5 火箭弹外弹道

火箭弹的外弹道分为主动段和被动段两个阶段。在主动段上，弹丸除受到上述各种力与力矩的作用外，还有火箭发动机的推力；在被动段上，火箭发动机的工作已停止，弹丸受力与常规枪炮外弹道的相同。

7.5.1 火箭发动机喷管排气速度

1．一元稳定流基础

1）基本方程

（1）连续方程（质量方程）。对于流管上任意垂直于管轴的截面，其截面积为σ，某瞬时的气体速度和密度分别为U和ρ，则dt时间内的流量为$\rho U\sigma dt$。对于稳定的气流，dt时间内流过各截面的流量均相等，有一维稳定流的连续方程，即

$$\rho U\sigma = 常数$$

将上式取对数后微分，就可以得到微分形式的连续方程为

$$\frac{d\rho}{\rho} + \frac{dU}{U} + \frac{d\sigma}{\sigma} = 0$$

（2）动量方程。对于等熵的流动过程，当气体由截面 1 流到截面 2 时，单位时间内动量的增量为$\rho U\sigma dU$。作用在截面 1 的力为$F_1 = p\sigma$，作用在截面 2 的力为$F_2 = -(p+dp)(\sigma+d\sigma)$，而管壁作用于单元体侧表面的力在轴$x$方向上的合力为$F_3 = \left(p + \dfrac{dp}{2}\right)d\sigma$，可得单元体$x$方向上外力合力（略去二阶微量）为$F = -\sigma dp$。由动量原理可得一元稳定流的动量方程为

$$UdU = -\frac{dp}{\rho}$$

（3）能量方程。气体在流动过程中，除机械能变化外，热能也随之变化。根据能量守恒定律，有：从外界给气体的一切形式的能量应等于气体总能量的增量。为此，有能量方程：

$$\frac{1}{2}U^2 + \frac{k}{k-1}gRT = 常数$$

2）三个特殊状态

（1）滞止状态：气流中，任一质点的速度变为零的状态。

（2）极限状态：当气流的焓下降为零，流速达到最大的状态。

（3）临界状态：气流中，任一质点的速度变为同声速相等的状态。

2．喷管的速度

1）收敛喷管的临界速度

图 7-33 所示为高压气体从大容器中经过收敛喷管向外冲出的过程。

2）收敛—扩张喷管获得超声速

由连续方程、动量方程和等熵过程方程 $\dfrac{\mathrm{d}p}{p}=k\dfrac{\mathrm{d}\rho}{\rho}$，有

$$\frac{\mathrm{d}\sigma}{\sigma}=\left(\frac{p}{\rho U^2}-\frac{1}{k}\right)\frac{\mathrm{d}p}{p}=\frac{1}{k}\left(\frac{C^2}{U^2}-1\right)\frac{\mathrm{d}p}{p}$$

根据动量方程，只有当 $\mathrm{d}p<0$ 时才能使 $\mathrm{d}U>0$。这就是说，只有降低压力才有可能增大气流速度。如果要使 $\dfrac{\mathrm{d}p}{p}<0$，也就是要求：当 $U<C$（即 $M<1$）时，$\mathrm{d}\sigma<0$；当 $U>C$（即 $Ma>1$）时，$\mathrm{d}\sigma>0$。

由动量方程和声速方程 $\mathrm{d}p=C^2\mathrm{d}\rho$，有

$$\frac{\mathrm{d}\rho}{\rho}=-Ma^2\frac{\mathrm{d}U}{U}$$

上式说明：在亚声速（$Ma<1$）流动时，$\left|\dfrac{\mathrm{d}\rho}{\rho}\right|<\left|\dfrac{\mathrm{d}U}{U}\right|$，而且 Ma 数越小，密度变化率同流速变化率比较起来显得越小；在超声速（$Ma>1$）流动时，$\left|\dfrac{\mathrm{d}\rho}{\rho}\right|>\left|\dfrac{\mathrm{d}U}{U}\right|$，而且 Ma 数越大，密度变化率同流速变化率比较起来显得越大。

对于稳定流动过程，必须满足连续方程，因此有：

（1）在亚声速流动时，$\dfrac{\mathrm{d}U}{U}>0$，$\dfrac{\mathrm{d}\rho}{\rho}<0$，而 $\left|\dfrac{\mathrm{d}\rho}{\rho}\right|<\left|\dfrac{\mathrm{d}U}{U}\right|$，所以 $\dfrac{\mathrm{d}\rho}{\rho}+\dfrac{\mathrm{d}U}{U}>0$，要求 $\dfrac{\mathrm{d}\sigma}{\sigma}<0$。

（2）在超声速流动时，$\dfrac{\mathrm{d}U}{U}>0$，$\dfrac{\mathrm{d}\rho}{\rho}<0$，而 $\left|\dfrac{\mathrm{d}\rho}{\rho}\right|>\left|\dfrac{\mathrm{d}U}{U}\right|$，所以 $\dfrac{\mathrm{d}\rho}{\rho}+\dfrac{\mathrm{d}U}{U}<0$，要求 $\dfrac{\mathrm{d}\sigma}{\sigma}>0$。

3．气体流速公式

由能量方程，并忽略气流中比热的变化，有

$$U^2=\frac{2k}{k-1}gR(T_0-T)$$

将等熵过程的关系式

$$\frac{T}{T_0}=\left(\frac{p}{p_0}\right)^{\frac{k-1}{k}}=X^{\frac{k-1}{k}}$$

代入上式，得

$$U=\sqrt{\frac{2gk}{k-1}f_0\left(1-X^{\frac{k-1}{k}}\right)}$$

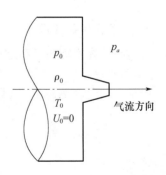

图 7-33　高压气体经收敛喷管外流

其中，$X=p/p_0$ 称为压力比或膨胀比。忽略入口速度，对于排气截面，即喷管的出口截面，排气速度为

$$U_e = \sqrt{\frac{2gk}{k-1} f_0 \left(1 - X_e^{\frac{k-1}{k}}\right)} \qquad (7\text{-}156)$$

7.5.2　火箭发动机反推力

1. 燃料的消耗

根据等熵过程关系式：

$$\rho = \rho_0 \left(\frac{p}{p_0}\right)^{\frac{1}{k}} = \rho_0 X^{\frac{1}{k}}$$

则流速公式可表示为

$$U = \sqrt{\frac{2gk}{k-1} \frac{p_0}{\rho_0} \left(1 - X^{\frac{k-1}{k}}\right)}$$

而由连续方程，通过喷管任一截面的每秒消耗量 $\mu = \rho U \sigma =$ 常数，有

$$\mu = \sigma \sqrt{\frac{2gk}{k-1} p_0 \rho_0 \left(X^{\frac{2}{k}} - X^{\frac{k-1}{k}}\right)} \qquad (7\text{-}157)$$

当稳定流动时，通过喷管任一截面的每秒消耗量都应相等。对于截面积最小的喉部，式（7-157）括号中的值必定取最大值。因此，有

$$\frac{\mathrm{d}}{\mathrm{d}X}\left(X^{\frac{2}{k}} - X^{\frac{k-1}{k}}\right) = \frac{2}{k} X^{\frac{2-k}{k}} - \frac{k+1}{k} X^{\frac{1}{k}} = 0$$

由此可求得临界压力比为

$$X_t = \left(\frac{2}{k+1}\right)^{\frac{k}{k-1}}$$

带入式（7-158）并简化，有

$$m_t = \sigma_t \sqrt{\frac{2gk}{k+1} p_0 \rho_0} \left(\frac{2}{k+1}\right)^{\frac{1}{k-1}} \qquad (7\text{-}158)$$

2. 排气速度的修正

针对喷管内实际的流动过程，应就以下主要因素进行修正。

1）入口速度

由于入口速度不为 0，而且 $U_0 \leqslant U_e$，则实际排气速度为

$$U_e = \frac{\sqrt{\frac{2gk}{k-1} f_0 \left(1 - X_e^{\frac{k-1}{k}}\right)}}{\sqrt{1-\varepsilon}}$$

式中：系数 $\varepsilon = U_0^2 / U_e^2$ 通常不大于 0.01。

2）喷管扩张角的影响

在收敛—扩张喷管中，燃气喷出的速度除了轴向分速外，还有径向分速，而径向分速对轴向推力不起作用。因此，排气速度的平均值为

$$U_{ex} = \lambda U_e = \frac{1+\cos\alpha}{2} U_e$$

式中：λ 为考虑喷管扩张角影响的修正系数；α 为喷管扩张半角。

3）燃气余容的影响

根据诺贝尔—艾贝尔状态方程：

$$p(v-\alpha) = RT \tag{7-159}$$

燃气的临界压力比为

$$(X_e)_\alpha = \left(\frac{p_e}{p_0}\right)_\alpha = \frac{T_e}{T_0} \cdot \frac{v_0-\alpha}{v_e-\alpha} = X_e\left(1-\frac{\alpha}{v_0}\right) \Big/ \left(1-\frac{\alpha}{v_e}\right)$$

因为 $p_0 \geqslant p_e$、$\rho_0 \geqslant \rho_e$、$v_e \geqslant v_0 > \alpha$，因此有

$$n'h\,(X_e)_\alpha \approx X_e\left[1-\alpha\left(\frac{1}{v_0}-\frac{1}{v_e}\right)\right] < X_e$$

上式说明，考虑余容时，燃气压力比有所降低，即燃气得到了更充分的膨胀，从而使燃气的排气速度有所提高。

此外，由于燃气的黏性而产生摩擦作用，也使气流速度降低。

入口速度、喷管扩张角、燃气余容、摩擦作用等影响喷管中气流速度的各因素用乘以流速系数 φ_1 来修正。

4）散热及化学反应的影响

大部分火箭燃气温度都在 2000℃ 以上，与周围介质的温差很大，且气流速度较高，使散热系数较高。但燃气与周围介质的接触时间很短，只有零点几毫秒，使总热量流失并不是很大。

火药燃烧是非常复杂的物理、化学反应，包括固体火药的汽化、分解、扩散和一系列复杂的化学反应。因此存在少量燃烧产物的化学反应没来得及全部完成、燃烧后期火药碎片在喷管局部燃烧、气流破坏燃气的化学平衡等。

散热及化学反应等对燃气能量的影响，统一用系数 χ 来修正，一般可取 χ 为 0.92 左右。

经各影响的修正，排气速度表示为

$$U_e = \varphi_1 F_U(\zeta_e)\sqrt{\chi f_0} \tag{7-160}$$

式中：

$$F_U(\zeta_e) = \sqrt{\frac{2gk}{k-1}\left(1-X_e^{\frac{k-1}{k}}\right)} \tag{7-161}$$

是直径比 ζ_e 的双值函数，亚声速气流 F_U 函数值随着 ζ_e 的增大而减小；而超声速气流 F_U 函数值随着 ζ_e 的增大而增大。

3. 火箭发动机反推力

设在瞬时 t，火箭的质量为 M，速度为 v，则动量 K_1 为

$$K_1 = Mv$$

经过时间 dt 后，火箭的质量减为（$M-\mu\mathrm{d}t$），速度增为（$v+\mathrm{d}v$），则此时火箭的动量 K_2' 为

$$K_2' = (M-\mu\mathrm{d}t)(v+\mathrm{d}v)$$

同时，质量为 μdt 的燃气相对喷口的速度增为 $\boldsymbol{U}_e$，则气流的动量 $\boldsymbol{K}_2''$ 为

$$\boldsymbol{K}_2'' = \mu dt(\boldsymbol{v} + d\boldsymbol{v} + \boldsymbol{U}_e)$$

在（$t+dt$）瞬时，火箭系统的动量 $\boldsymbol{K}_2$ 为

$$\boldsymbol{K}_2 = \boldsymbol{K}_2' + \boldsymbol{K}_2'' = (M - \mu dt)(\boldsymbol{v} + d\boldsymbol{v}) + \mu dt(\boldsymbol{v} + d\boldsymbol{v} + \boldsymbol{U}_e)$$

$$= M(\boldsymbol{v} + d\boldsymbol{v}) + \mu dt \boldsymbol{U}_e$$

所以，在 dt 时间内，火箭系统的动量变化量为

$$d\boldsymbol{K} = \boldsymbol{K}_2 - \boldsymbol{K}_1 = M(\boldsymbol{v} + d\boldsymbol{v}) + \mu dt \boldsymbol{U}_e - M\boldsymbol{v}$$

$$= M d\boldsymbol{v} + \mu dt \boldsymbol{U}_e$$

火箭系统动量变化量对时间的变化率为

$$\frac{d\boldsymbol{K}}{dt} = M \frac{d\boldsymbol{v}}{dt} + \mu \boldsymbol{U}_e$$

设火箭系统所受的外力合力为 $\boldsymbol{F}$，由微分形式的质点系动量定理，得

$$M \frac{d\boldsymbol{v}}{dt} + \mu \boldsymbol{U}_e = \boldsymbol{F}$$

令火箭的反推力为 $\boldsymbol{\Phi} = -\mu \boldsymbol{U}_e$，代入上式得变质量系统的运动基本方程式为

$$M \frac{d\boldsymbol{v}}{dt} = \boldsymbol{F} + \boldsymbol{\Phi}$$

由式（7-95）和式（7-96），得反推力大小为

$$\Phi = \mu U_e = \sigma \sqrt{\frac{2gk}{k-1} p_0 \rho_0 \left(X^{\frac{2}{k}} - X^{\frac{k-1}{k}} \right)} \cdot \varphi_1 F_U(\zeta_e) \sqrt{\chi f_0} \qquad (7\text{-}162)$$

7.5.3　火箭弹主动段模型

根据变质量系统的基本运动方程，火箭弹主动段的运动模型就是在弹丸运动方程的基础上，再加上火箭的反推力。

对于火箭弹主动段的质心运动，由于反推力通常与速度方向同向，因此在弹丸自然坐标系下的质心运动方程组下增加反推力，此时有

$$\begin{cases} \dfrac{dv}{dt} = \mu U_e - cH(y)F(v) - g\sin\theta \\[2mm] \dfrac{d\theta}{dt} = -\dfrac{g\cos\theta}{v} \\[2mm] \dfrac{dx}{dt} = v\cos\theta \\[2mm] \dfrac{dy}{dt} = v\sin\theta \end{cases} \qquad (7\text{-}163)$$

对于准确描述火箭弹主动段运动规律的六自由度模型，应在弹丸六自由度刚体弹道方程的基础上增加反推力，反推力方向与弹轴的相同。对于导弹来说，还需要考虑舵机或微推火箭工作产生的对偏航、俯仰和滚转控制力矩。

火箭弹弹道特点：与炮弹相比，火箭弹除了在主动段由于火箭发动机的反推力，使弹丸近似做稳加速运动外，其被动段与炮弹的相同。

7.6　外弹道计算举例

影响弹丸在空气中运动的因素非常复杂，往往在详细分析主要因素和次要因素的基础上，引入必要的简化，本文根据外弹道学经典理论，在外弹道基本假设条件下，用时间 t 为自变量的直角坐标系 $o\text{-}xy$ 下的质心运动方程组确定弹丸的质心位置（如图 7-34 所示），弹丸的主要几何尺寸如图 7-35 所示，H 为弹丸卵形部长，L 为弹丸全长，D 为弹丸直径；在不同的定距体制下，定距体制的弹道模型不同。下文中所指的标准条件是：某 30 弹假设给定气象条件 G_1=6.328×10^{-3}K/m，τ_{on}=288.9K，g=9.806 65m/s^2，R=287.053J/(kg·K)，无风雨，弹丸飞行在对流层；炮口初速 v_0=890m/s，射角为 20°10′，章动角 4°，温度为 15° 的标准条件。

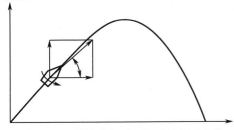

图 7-34　描绘弹丸质心运动的主要参数

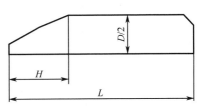

图 7-35　弹丸的主要几何尺寸

根据下式对弹丸飞行时间与距离的关系进行计算：

$$\begin{cases} \dfrac{dv_x}{dt} = -cH_\tau(y)G(v_\tau)v_x \\[2mm] \dfrac{dv_y}{dt} = -cH_\tau(y)G(v_\tau)v_y - g \\[2mm] \dfrac{dx}{dt} = v_x \\[2mm] \dfrac{dy}{dt} = v_y \end{cases} \tag{7-164}$$

$$\begin{cases} r = \sqrt{x^2 + y^2} \\[2mm] v_x = v \cdot \cos\theta \\[2mm] v_y = v \cdot \sin\theta \\[2mm] v = \sqrt{v_x^2 + v_y^2} \\[2mm] v_\tau = v\sqrt{\dfrac{\tau_{0N}}{\tau}} \end{cases} \tag{7-165}$$

式中：x 为弹丸的水平射程，m；y 为弹丸射高，m；r 为射程，m；θ 为弹道切线倾角，弧度；t 为弹丸从炮口飞出的时间，s；c 为弹道系数；v 为弹丸的瞬时速度，m/s；v_x 为弹丸的瞬时水平分速度，m/s；v_y 为弹丸的瞬时垂直分速度，m/s；g 为重力加速度，m/s^2；τ_{0N} 为标准虚温，K；τ 为虚温，K。

阻力函数为

$$G(v_\tau) = 4.737 \times 10^{-4} v_\tau \cdot c_x$$

式中：c_x 为阻力系数。

虚速为

$$v_\tau = v \cdot \sqrt{\frac{\tau_{0N}}{\tau}}$$

弹道系数为

$$c_x = c_0(1 + k\delta^2) = c_0\left(1 + \frac{k}{2}\delta_m^2\right)$$

式中：c 为章动角为 0 时的弹道系数；δ 为章动角；

空气密度函数为

$$H(y) = \left(1 - \frac{G_1 \cdot y}{\tau_{0N}}\right)^{\frac{g}{G_1 \cdot R} - 1}, \quad H_\tau(y) = \sqrt{\frac{\tau_{0N}}{\tau}} \cdot H(y)$$

式中：G_1 为常系数，单位为 K/m；R 为常系数，单位为 J/(kg·K)。

空气黏度函数为

$$K(y) = \frac{\mu(y)}{\mu_0}$$

式中：μ 为空气黏度系数。

由此模型在初值确定后可以解出 t 和 r 的关系，以此作为计时引信设计的基础模型。图 7-36 为计时模型的外弹道曲线，图 7-37 为标准条件下，定时 28.27s 的 t-r 关系曲线，表 7-1 为几个特殊定距点对应的装定时间。

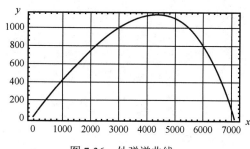

图 7-36　外弹道曲线

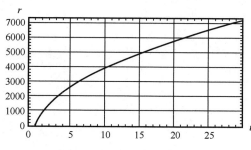

图 7-37　t-r 关系曲线

表 7-1　标准弹道环境下定距点与装定时间数值表

定距/m	1000	2000	3000	4000	5000
装定时间/s	1.356	3.393	6.4444	10.325	15.133

参 考 文 献

[1] 崔占忠. 引信发展若干问题[J]. 探测与控制学报, 2008(4): 1-4.

[2] 任海平. 世界常规兵器工业的发展现状与趋势[J]. 国防科技, 2003(10): 74-77.

[3] 王雨时. 我国引信技术发展刍议[J]. 国防技术基础, 2005(12): 31-34.

[4] 马宝华. 坚持自主创新, 实现我国引信技术与装备的跨越式发展[J]. 探测与控制学报, 2007(2): 1-4.

[5] 施坤林, 等. 国外引信技术发展趋势分析与加速发展我国引信技术的必要性[J]. 探测与控制学报, 2005(8): 1-5.

[6] 韩子鹏, 等. 弹箭外弹道学[M]. 北京: 北京理工大学出版社, 2008.

[7] 谈乐斌, 等. 火炮概论[M]. 北京: 北京理工大学出版社, 2005.

[8] 王连荣, 等. 火炮内弹道计算手册[M]. 北京: 国防工业出版社, 1987.

[9] 李向东, 等. 弹药概论[M]. 北京: 国防工业出版社, 2004.

[10] 王尔林, 等. 现代兵器概论[M]. 北京: 兵器工业出版社, 1995.

[11] 叶迎华. 火工品技术[M]. 北京: 北京理工大学出版社, 2007.

[12] 欧育湘. 炸药学[M]. 北京: 北京理工大学出版社, 2006.

[13] 杨越宁, 等. 高等动力学及在弹箭设计中的应用[M]. 沈阳: 东北大学出版社, 1993.

[14] 闵杰, 等. 实用外弹道学[M]. 北京: 兵器工业部教材编审室, 1986.

[15] 王儒策, 等. 灵巧弹药的构造及作用[M]. 北京: 兵器工业出版社, 2001.

[16] R.Germershausen. HANDBOOK ON WEAPENRY. 北京: 兵器工业出版社, 1992.

[17] 王晓燕. 某大口径火炮高平机的参数化设计与优化[D]. 南京: 南京理工大学, 2015.

[18] 欧阳青, 于存贵, 张延成. 国内外火炮身管烧蚀磨损问题研究进展[J]. 兵工自动化, 2012, 31(06): 44-46.

[19] 韦佳辉, 陈国光, 王波, 等. 现代自行火炮系统的特点与发展展望[J/OL]. 机械工程与自动化, 2015, (02): 223-224.

[20] 孙轶. 国外舰炮技术的发展[J]. 舰船电子工程, 2014, 34(04): 8-11.

[21] 王迎春, 王洁, 管维乐, 等. 穿甲弹的现状及发展趋势研究[J]. 飞航导弹, 2013, (1): 48-52.

[22] 张明星, 黄晓霞. 国外远程制导火箭弹技术现状与趋势[J]. 四川兵工学报, 2013, 34(7): 59-62,66.

[23] 刘吉平. 火炸药及其化学基础[M]. 贵州: 贵州人民出版社, 1988.

[24] 钱林方. 火炮弹道学[M]. 北京: 北京理工大学出版社, 2009.

[25] 韩子鹏. 弹箭外弹道学[M]. 北京: 北京理工大学出版社, 2008.

反侵权盗版声明

　　电子工业出版社依法对本作品享有专有出版权。任何未经权利人书面许可，复制、销售或通过信息网络传播本作品的行为，歪曲、篡改、剽窃本作品的行为，均违反《中华人民共和国著作权法》，其行为人应承担相应的民事责任和行政责任，构成犯罪的，将被依法追究刑事责任。

　　为了维护市场秩序，保护权利人的合法权益，我社将依法查处和打击侵权盗版的单位和个人。欢迎社会各界人士积极举报侵权盗版行为，本社将奖励举报有功人员，并保证举报人的信息不被泄露。

举报电话：（010）88254396；（010）88258888
传　　真：（010）88254397
E-mail：　dbqq@phei.com.cn
通信地址：北京市海淀区万寿路173信箱
　　　　　电子工业出版社总编办公室
邮　　编：100036